21 世纪应用型本科计算机专业实验系列教材

路由与交换技术实验教程

第二版

主　编　朱立才　鲍蓉　顾明霞　徐亚峰
主　审　叶传标

南京大学出版社

图书在版编目(CIP)数据

路由与交换技术实验教程 / 朱立才等主编. —2 版.
—南京：南京大学出版社，2016.8
21 世纪应用型本科计算机专业实验系列教材
ISBN 978-7-305-17515-2

Ⅰ.①路… Ⅱ.①朱… Ⅲ.①计算机网络－路由选择－高等学校－教材②计算机网络－信息交换机－高等学校－教材 Ⅳ.①TN915.05

中国版本图书馆 CIP 数据核字(2016)第 202796 号

出版发行	南京大学出版社
社　　址	南京市汉口路 22 号　　邮　编　210093
出 版 人	金鑫荣

丛 书 名	21 世纪应用型本科计算机专业实验系列教材
书　　名	路由与交换技术实验教程(第二版)
主　　编	朱立才　鲍　蓉　顾明霞　徐亚峰
责任编辑	耿士祥　　　　　编辑热线　025-83686531
照　　排	南京南琳图文制作有限公司
印　　刷	南京大众新科技印刷有限公司
开　　本	787×960　1/16　印张 20.75　字数 442 千
版　　次	2016 年 8 月第 2 版　2016 年 8 月第 1 次印刷
ISBN	978-7-305-17515-2
定　　价	40.00 元

网址：http://www.njupco.com
官方微博：http://weibo.com/njupco
微信服务号：njuyuexue
销售咨询热线：(025) 83594756

* 版权所有，侵权必究
* 凡购买南大版图书，如有印装质量问题，请与所购
　图书销售部门联系调换

第二版前言

网络技术的发展已对人们的生活产生了深刻的影响,但如何配置和管理好网络,也是人们一直追求的目标。许多高校为了提高学生的动手能力,开设了相应的网络课程,构建了相关的实验室,但教学效果并不显著。究其原因:一是缺少相应的实验教材;二是实验教材展示的是离散的实验,不能给学生工程的全貌;三是不能将理论与实验教学有机结合。我们利用学校实验室先进的设备,从工程的高度组织相关实验,并在实验之前详细讲解相关的原理,这样有利于培养学生举一反三的能力,而不会局限于某一设备。全书共安排了36个实验,既有验证性实验,也有设计性、综合性实验;既有基础性实验,也有对应目前网络流行技术的实验。具体说来本书有以下特点:

(1) 以实际应用为背景设置实验。有利于培养学生的工程意识,从总体上把握设备的使用。

(2) 紧密联系实践。本书"预备知识"中详细介绍了在实验中用到的理论知识,"以实践需要取舍理论内容"为理念,精心选取理论内容,这样能避免学生只知其然,不知其所以然的问题。从而有效防止学生只会配置某一厂商的设备,而不会配置其他厂商的设备。

(3) 可操作性强。将每个实验分为若干步骤,每一步骤分实验要求、命令参考和配置参考三个部分。

(4) 有利于培养学生分析问题的能力。每个实验都附有"习题",习题安排多以实验中发生的现象为基础,这样的安排能让学生通过现象看清本质,从而解决工程中的实际问题。实验之后布置有"拓展训练",有利于培养学生的自学能力,拓展学生的知识面。

(5) 实验内容全面。本书中安排了大量的目前常用技术的实验,包括 QoS、VRRP、

VPN、地址转换、策略路由等实验。

（6）适用面广。本书既可作为计算机网络技术的配套教材，也可单独作为教材使用。既适用于工程型、应用型等多种层面的学生，也适用于网络工程技术人员。

（7）配套数字资源丰富。本书引进了二维码技术，读者通过微信"扫一扫"即可进入微信服务平台，获得更多的数字资源，随时随地进行相关的学习。

本书由长期工作在教学第一线的多位教师共同编写完成。其中第一章、第四章由盐城师范学院朱立才老师编写，第二章由盐城师范学院顾明霞老师编写，第三章由徐州工程学院鲍蓉、徐亚峰老师共同编写。全书由三江学院叶传标老师主审。

需要说明的是，书中的实验要用到一些专业的网络设备，对不具备实验条件的读者，可以使用 Cisco 的 Tracer Packet 5 进行模拟。在本书编写的过程中，参考了锐捷公司的相关文档，在此表示由衷的感谢。

因水平有限，书中错漏之处在所难免，恳请广大读者批评指正。

编者联系方式：yctc_cai@126.com。

编　者

2016 年 7 月

目 录

第一章 交换机的配置与管理 … 1

实验 1.1 交换机的基本配置 … 1
实验 1.2 交换机的端口配置 … 20
实验 1.3 虚拟局域网的配置 … 35
实验 1.4 VLAN 间的路由配置 … 44
实验 1.5 链路聚合配置 … 51
实验 1.6 生成树协议配置 … 55
实验 1.7 基于 802.1x 的 AAA 服务 … 81
实验 1.8 交换机系统维护 … 91
实验 1.9 多交换机管理 … 99
实验 1.10 配置交换机日志与警告 … 110
实验 1.11 交换机 QoS 配置 … 116
实验 1.12 IPv6 基本配置 … 121
实验 1.13 IPv6 隧道配置 … 132
实验 1.14 SPAN 配置 … 141

第二章 路由器的配置和管理 … 147

实验 2.1 路由器的基本配置 … 147
实验 2.2 静态路由的配置 … 159
实验 2.3 RIP 路由的配置 … 166
实验 2.4 OSPF 路由的配置 … 170
实验 2.5 BGP 路由的配置 … 174
实验 2.6 访问控制列表配置 … 180
实验 2.7 地址转换 NAT 配置 … 189
实验 2.8 策略路由 … 197
实验 2.9 VPN 配置 … 201
实验 2.10 路由备份技术 … 213

实验 2.11　路由重分布 …………………………………………………… 218
实验 2.12　路由过滤原理与配置 ………………………………………… 223
实验 2.13　VRRP 原理与配置 …………………………………………… 232
实验 2.14　QoS 原理与配置 ……………………………………………… 237
实验 2.15　广域网协议 …………………………………………………… 251
实验 2.16　路由器系统维护 ……………………………………………… 259

第三章　无线局域网配置与管理 …………………………………………… 274

实验 3.1　构建自组网(Ad-Hoc)模式无线网络 ………………………… 274
实验 3.2　构建基础结构(Infrastructure)模式无线网络 ………………… 280
实验 3.3　构建无线分布式系统(WDS)模式无线网络 ………………… 287
实验 3.4　无线网络安全配置 ……………………………………………… 294

第四章　综合训练 …………………………………………………………… 305

实验 4.1　企业双出口网络 ………………………………………………… 305
实验 4.2　单核心网络 ……………………………………………………… 313

第一章 交换机的配置与管理

第一章

实验 1.1　交换机的基本配置

一、实验目的

(1) 认识交换机并掌握交换机线缆的连接；
(2) 掌握交换机操作系统的基本使用；
(3) 掌握交换机的配置模式；
(4) 掌握交换机的密码配置；
(5) 掌握交换机配置文件的查看。

二、预备知识

1. 认识交换机

交换机有二层交换机、三层交换机和多层交换机等。下面分别举例说明。

如图 1-1-1 所示是锐捷的 STAR-S2126G 的二层交换机的外观图。

图 1-1-1　锐捷二层交换机

　　二层交换机一般采用非模块化的结构。如图 1-1-1 所示的二层交换机主要包括 24 个 10/100M 自适应端口，一个 Console 口，一个电源接口，若干个端口指示灯。指示灯能反映交换机的工作状态。一般情况下，如果交换机的指示灯变成红色，则说明当前端口有故障。这款交换机在背面还提供了两个用于交换机堆叠的插槽。前面面板上还有与两个模块相关的指示灯。

　　如图 1-1-2 所示是锐捷的 RG-S3760-24 的三层交换机的外观图。

　　该款交换机具有 24 个 10/100M 自适应端口，4 个 SFP 接口，4 个复用的 10/100/1000M 电口，一个 Console 口，一个电源接口。与 RG-S2126G 不同的是，该款交换机每个端口只有一个指示灯，通过指示灯的颜色区分交换机端口的速率。

图 1-1-2　锐捷三层交换机

如图 1-1-3 所示是锐捷 RG-S8606 多业务核心交换机。该款交换机是一款模块式交换机，较前面两种交换机要复杂。它一般会拥有多个电源以实现冗余，有一个交换引擎，5 个空的插槽用于交换机的扩展，可以扩展电口、光口或其他特殊的模块。

 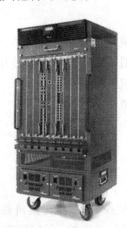

图 1-1-3　锐捷多业务核心交换机

2. 交换机的性能指标

（1）转发速率(Forwarding Rate)

也称吞吐量，单位是 pps。转发速率体现了交换引擎的转发性能。转发速率指基于 64 字节分组（在衡量交换机包转发能力时应当采用最小尺寸的包进行评价）在单位时间内交换机转发的数据总数。在计算数据包的个数时，除了考虑包本身的大小外，还要考虑每个帧的头部加上的 8 个字节的前导符以及用于检测和处理冲突的帧间隔，在以太网标准中帧间隔规定最小是 12 个字节。"线速转发"是指无延迟地处理线速收到的帧，无阻塞交换。因此交换机达到线速时包转发率的计算公式是：

（1 000 Mbit×千兆端口数量＋100 Mbit×百兆端口数量＋10 Mbit×十兆端口数量＋其他速率的端口类推累加）/((64＋12＋8)bytes×8bit/bytes)＝1.488 Mpps×千兆端口数量＋0.148 8 Mpps×百兆端口数量＋其他速率的端口类推累加。单位 Mpps。

如果交换机的该指标参数值小于此公式计算结果则说明不能够实现线速转发，反之还必须进一步衡量其他参数。

(2) 端口吞吐量

该参数反映端口的分组转发能力。常采用两个相同速率端口进行测试,与被测口的位置有关。吞吐量是指在没有帧丢失的情况下,设备能够接受的最大速率。其测试方法是:在测试中以一定速率发送一定数量的帧,并计算待测设备传输的帧,如果发送的帧与接收的帧数量相等,那么就将发送速率提高并重新测试;如果接收帧少于发送帧则降低发送速率重新测试,直至得出最终结果。

吞吐量和转发速率是反映网络设备性能的重要指标,一般采用 FDT(Full Duplex Throughput)来衡量,指 64 字节数据包的全双工吞吐量。

满配置吞吐量是指所有端口的线速转发率之和。

满配置吞吐量(Mpps)=1.488 Mpps×千兆端口数量+0.148 8 Mpps×百兆端口数量+其他速率的端口类推累加

(3) 背板带宽与交换容量

交换引擎的作用是实现系统数据包交换、协议分析、系统管理,它是交换机的核心部分,类似于 PC 机的 CPU 和操作系统(OS),分组的交换主要通过专用的 ASIC 芯片实现。

背板带宽是指交换机接口处理器或接口卡和数据总线间所能吞吐的最大数据量。由于所有端口间的通讯都要通过背板完成。带宽越大,能够给各通讯端口提供的可用带宽越大,数据交换速度越快;带宽越小,则能够给各通讯端口提供的可用带宽越小,数据交换速度也就越慢。因此,背板带宽越大,交换机的传输速率则越快。单位为 bps。背板带宽也叫交换带宽。如果交换机背板带宽大于交换容量,则可以实现线速交换。一般厂家在设计交换机的时候考虑了将来模块的升级,都会将背板带宽设计得较大。

交换容量(最大转发带宽、吞吐量)是指系统中用户接口之间交换数据的最大能力,用户数据的交换是由交换矩阵实现的。交换机达到线速时,交换容量等于端口数×相应端口速率×2(全双工模式)。如果这一数值小于背板带宽,则可实现线速转发。

背板带宽资源的利用率与交换机的内部结构息息相关。目前交换机的内部结构主要有以下几种:一是共享内存结构,这种结构依赖中心交换引擎来提供全端口的高性能连接,由核心引擎检查每个输入包以决定路由。这种方法需要很大的内存带宽、很高的管理费用,尤其是随着交换机端口的增加,中央内存的价格会很高,因而交换机内核成为性能实现的瓶颈;二是交叉总线结构,它可在端口间建立直接的点对点连接,这对于单点传输性能很好,但不适合多点传输;三是混合交叉总线结构,这是一种混合交叉总线实现方式,它的设计思路是,将一体的交叉总线矩阵划分成小的交叉矩阵,中间通过一条高性能的总线连接。其优点是减少了交叉总线数,降低了成本,减少了总线争用;但连接交叉矩阵的总线成为新的性能瓶颈。

(4) 端口

按端口的组合看目前主要有三种:纯百兆端口产品,百兆和千兆端口混和产品,纯千兆产品。每一种产品所应用的网络环境都不一样,如果是应用于核心骨干网路上,最好选择全千兆产品;如果是处于上连骨干网上,选择百兆和千兆的混和产品;如果是边缘接入,预算多一点就选择混和产品,预算少的话,直接采用原有的纯百兆产品。

(5) 缓存和 MAC 地址数量

每台交换机都有一张 MAC 地址表,记录 MAC 地址与端口的对应关系,从而根据 MAC 地址将访问请求直接转发到对应的端口。存储的 MAC 地址数量越多,数据转发的速度和效率也就越高,抗 MAC 地址溢出能力也就越强。

缓存用于暂时存储等待转发的数据。如果缓存容量较小,当并发访问量较大时,数据将被丢弃,从而导致网络通讯失败。只有缓存容量较大,才可以在组播和广播流量很大的情况下,提供更佳的整体性能,同时保证最大可能的吞吐量。目前,几乎所有的廉价交换机都采用共享内存结构,由所有端口共享交换机内存,均衡网络负载并防止数据包丢失。

(6) 管理功能

现在交换机厂商一般都提供管理软件或满足第三方管理软件的远程管理交换机。一般的交换机满足 SNMP MIB I/MIB II 统计管理功能,而复杂一些的千兆交换机会增加通过内置 RMON 组(mini&RMON)来支持 RMON 主动监视功能。有的交换机还允许外接 RMON 来监视可选端口的网络状况。

(7) 虚拟局域网(VLAN,也称虚网)

通过将局域网划分为虚拟网络 VLAN 网段,可以强化网络管理和网络安全,控制不必要的数据广播。在虚拟网络中,广播域可以是由一组任意选定的 MAC 地址组成的虚拟网段。这样,网络中工作组的划分可以突破共享网络中的地理位置限制,而完全根据管理功能来划分。目前好的产品可提供功能较为全面的虚网划分功能。

(8) 冗余支持

交换机在运行过程中可能会出现不同的故障,所以是否支持冗余也是其重要的指标。当有一个部件出现问题时,其他部件能够接着工作,而不影响设备的继续运转。冗余组件一般包括:管理卡、交换结构、接口模块、电源、冷却系统、机箱风扇等等。另外对于提供关键服务的管理引擎及交换阵列模块,不仅要求冗余,还要求这些部分具有"自动切换"的特性,以保证设备冗余的完整性,当有一块这样的部件失效时,冗余部件能够接替其工作,以保障设备的可靠性。

(9) 支持的网络类型

交换机支持的网络类型是由其交换机的类型来决定的,一般情况下固定配置不带扩展槽的交换机仅支持一种类型的网络,是按需定制的。机架式交换机和固定式配置带扩展槽交换机可支持一种以上的网络类型,如支持以太网、快速以太网、千兆以太网、ATM、令牌环及 FDDI 网络等。一台交换机支持的网络类型越多,其可用性、可扩展性就会越强,同时价格也会越昂贵。

3. 交换机的分类

(1) 根据在网络中的地位和作用分类

① 接入层交换机：主要用于用户计算机的连接。如 Cisco Catalyst 2950，锐捷 RG-S2126G 等，它们常被用作以太网桌面接入设备。

② 汇聚层交换机：主要用于接入层交换机的汇聚，并提供安全控制。如 Cisco Catalyst 4500 系列，锐捷 RG-S3760 系列等，它们提供了 2～4 层交换功能。可用于中型配线间、中小型网络核心层等。

③ 核心层交换机：主要提供汇聚层交换机间的高速数据交换。如 Cisco Catalyst 6500 系列，锐捷的 RG-S8606，它是一个智能化核心交换机，可用于高性能配线间或网络中心。

(2) 根据对数据包处理方式的不同分类

① 存储转发式交换机(Store and Forward)：交换机接收到整个帧并作检查，确认无误后再转发出去。它的优点是转发出去的帧是正确的，缺点是时延大。

② 直通式交换机(Cut-Through)：交换机检查帧的目标地址后就立即转发该帧。因为目标地址位于数据帧的前 14 个字节，所以交换机只检查前 14 个字节后就立即转发。很明显这种交换机的优点是转发速度快，时延小。但由于缺少 CRC 校验，可能会将碎片帧和无效帧转发出去。

③ 无碎片式交换机(Fragment Free)：这是对直通式交换机的改进。由于以太网最小的数据帧长度不得小于 64 个字节，因此如果能对数据帧的前 64 个字节进行检查，则就减少了发送无效帧的可能性，提高可靠性，这就是无碎片式交换机的工作原理。

(3) 根据工作的网络协议层次不同分类

① 二层交换机：根据 MAC 地址进行数据的转发，工作在数据链路层，交换机不加说明，通常是指二层交换机。

② 三层交换机：三层交换技术就是二层交换技术＋三层转发技术，即三层交换机就是具有部分路由器功能的交换机。三层交换机的最重要目的是加快大型局域网内部的数据交换，能够做到一次路由，多次转发。在企业网和校园网中，一般会将三层交换机用在网络的核心层，用三层交换机上的千兆端口或百兆端口连接不同的子网或 VLAN。但三层交换机的路由功能没有同一档次的专业路由器强。在实际应用过程中，典型的做法是：处于同一个局域网中的各个子网的互联以及局域网中 VLAN 间的路由，用三层交换机来代替路由器，而只有局域网与公网互联实现跨地域的网络访问时，才通过专业路由器。

③ 多层交换机：会利用第三层以及第三层以上的信息来识别应用数据流会话，这些信息包括 TCP/UDP 的端口号、标记应用会话开始与结束的"SYN/FIN"位以及 IP 源/目的地址。利用这些信息，多层交换机可以做出向何处转发会话传输流的智能决定。

4. 交换机的地址

(1) MAC 地址表

MAC 地址是以太网设备上固化的地址,用于唯一标识每一台设备。MAC 地址是 48 位地址,分为前 24 位和后 24 位,前 24 位用于分配给相应的厂商,后 24 位则由厂家自行指派。交换机就是根据 MAC 地址表进行数据的转发和过滤的。在交换机地址表中,地址类型有以下几类:

动态地址:动态地址是交换机通过接收到的报文自动学习到的地址。交换机通过学习新的地址和老化掉不再使用的地址来不断更新其动态地址表。可通过设置老化时间来更新地址表中的地址。

静态地址:静态地址是手工添加的地址。静态地址只能手工进行配置和删除,不能学习和老化。

过滤地址:过滤地址是手工添加的地址。当交换机接收到以过滤地址为源地址的包时将会直接丢弃。过滤 MAC 地址永远不会被老化,只能手工进行配置和删除。如果希望交换机能屏蔽掉一些非法的用户,可以将这些用户的地址设置为过滤地址。

MAC 地址和 VLAN 的关联:所有的 MAC 地址都和 VLAN 相关联,相同的 MAC 地址可以在多个 VLAN 中存在,不同 VLAN 可以关联不同的端口。每个都维护它自己逻辑上的一份地址表。一个 VLAN 已学习的 MAC 地址,对于其他 VLAN 而言可能就是未知的,仍然需要学习。

(2) IP 和 MAC 地址绑定

地址绑定功能是指将 IP 地址和 MAC 地址绑定起来,如果将一个 IP 地址和一个指定的 MAC 地址绑定,则当交换机收到源 IP 地址为这个 IP 地址的帧时,当帧的源 MAC 地址不为这个 IP 地址绑定的 MAC 地址时,这个帧将会被交换机丢弃。

利用地址绑定这个特性,可以严格控制交换机的输入源的合法性校验。

(3) MAC 地址变化通知

MAC 地址变化通知是网管员了解交换机中用户变化的有效手段。如果打开这一个功能,当交换机学习到一个新的 MAC 地址或删除掉一个已学习到的 MAC 地址,一个反映 MAC 地址变化的通知信息就会产生,并将以 SNMP Trap 的形式将通知信息发送给指定的 NMS(网络管理工作站),并将通知信息记录到 MAC 地址通知历史记录表中。所以可以通过 Trap 的 NMS 或查看 MAC 地址通知历史记录表来了解最近 MAC 地址变化的消息。虽然 MAC 地址通知功能是基于接口的,但 MAC 地址通知开关是全局的。只有全局开关打开,接口的 MAC 地址通知功能才会发生。

5. 交换机的工作原理

为了解决传统以太网由于碰撞引起的网络性能下降问题,人们提出了网段分割的解决方法。其基本出发点就是将一个共享介质网络划分为多个网段,以减少每个网段中的设备数量。网络分段最初是用网桥或路由器来实现的,它们确实可以解决一些网络瓶颈与可靠性方面的问题,但解决得并不彻底。网桥端口数目一般较少,而且每个网桥只有一个生成树协议。而路由器转发速度又比较慢。所以人们逐渐采用一种称为交换机(Switch)的设备来取代网桥和路由器对网络实施网段分割。

交换机(Switch)有多个端口,每个端口都具有桥接功能,可以连接一个局域网、一台服务器或工作站。所有端口由专用处理器进行控制,并经过控制管理总线转发信息。交换机运行多个生成树协议。交换机主要有以下三个功能。

(1) 地址学习功能

交换机通过检查被交换机接收的每个帧的源 MAC 地址来学习 MAC 地址,通过学习交换机就会在 MAC 地址表中加上相应的条目,从而为以后做出更好的选择。如图 1-1-4 所示,开始 MAC 地址是空的。

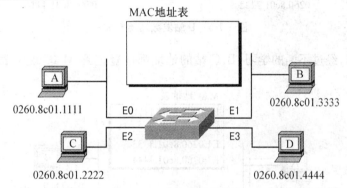

图 1-1-4　地址表初始状态

这时如果 A 站要发数据帧给 C 站,由于在 MAC 地址表中没有 C 站的地址,所以数据被转发到除 E0 端口以外的所有端口,同时 A 站的地址被登记到 MAC 地址表中。如图 1-1-5 所示。

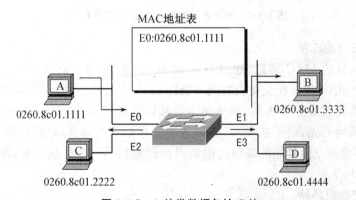

图 1-1-5　A 站发数据包给 C 站

同样如果 D 站要发数据帧给 C 站,由于在 MAC 地址表中没有 C 站地址,所以数据帧被转发到除 E3 端口以外的所有端口,同时 D 站的地址被登记到 MAC 地址表中。如图 1-1-6 所示。

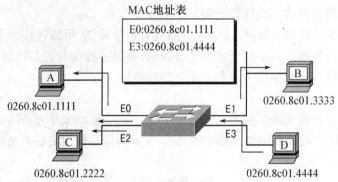

图 1-1-6 D 站发数据给 C 站

同样的道理,经过不断的学习,B、C 站的地址都被登记到 MAC 地址表中。如图 1-1-7 所示。

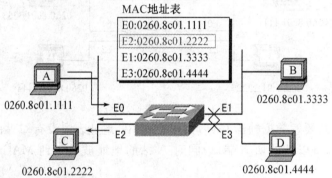

图 1-1-7 地址表形成后 A 站发数据给 C 站

(2) 转发或过滤选择

交换机根据目的 MAC 地址,通过查看 MAC 地址表,决定转发还是过滤。如果目标 MAC 地址和源 MAC 地址在交换机的同一物理端口,则过滤该帧。例如,如果与 A 站位于同一网段的站点发数据帧给 A 站,则该帧不会被转发到其他端口,此功能称为过滤。如果 A 站要发数据帧给 C 站,由于在 MAC 地址表中已有 C 站的信息,则数据帧通过 E2 端口转发给 C 站,而不会转发给其他的端口。但如果目标地址是一个广播地址,则数据帧会转发给所有目标端口。

(3) 防止交换机环路

物理冗余链路有助于提高局域网的可用性,当一条链路发生故障时,另一条链路可继续使用,从而不会使数据通信中止。但如果因为冗余链路而让交换机构成环,则数据会在交换机环中作无休止地循环,形成广播风暴。多帧的重复拷贝导致 MAC 地址表的不稳定。解决这一问题的方法就是使用生成树协议。生成树协议有传统的生成树协议和快速生成树协议。

6. 交换机的密码体制

(1) 交换机密码的种类

① 登录密码

用户进入用户模式必须提供的密码,这是进入交换机的第一道关卡。

② 特权密码

用户进入特权模式必须提供的密码,这个密码对整个系统的安全非常重要。用户一旦获取该密码,交换机的安全性将受到严重的威胁。该密码可分为加密的密码,也可以是不加密的密码,建议使用加密密码,这样即使其他用户获取到交换机的配置文件,也不能获取交换机正确的密码。

③ 远程登录密码

在日常的网络维护中,常常要对交换机进行远程管理。必须正确设置交换机的远程登录密码才能对交换机进行远程管理。如果不设置密码,将无法对交换机进行远程管理。常用的远程管理方法是使用 Telnet 命令。

(2) 通过命令的授权控制用户的访问

① 用户口令的级别

在一个大型的网络中,对网络的管理要实行分级管理,不同的管理员具有不同的权限,可执行不同的管理功能,这可通过口令级别划分来实现。锐捷交换机的用户级别为 0~15,Level 1 是普通用户级别,如果不指明用户的级别则缺省为 15 级。

② 设置对访问方式的限制

除可能通过超级终端对交换机进行带外管理之外,还可以通过 Telnet、Web 和 SNMP 软件对交换机进行远程管理。在缺省情况下,交换机上的 Telnet Server、SNMP Agent 处于打开状态,Web Server 处于关闭状态。

7. 交换机的配置

(1) 交换机的配置方式

对交换机进行配置可使用以下方式。

① 使用超级终端

对交换机进行初始化配置或清除交换机密码,一般使用超级终端。方法如下:

将交换机的控制口 Console 通过专用电缆(反转线)与计算机的串口相连;运行超级终端软件,并对超级终端作如下设置:速度 9 600 bps,数据位 8 位,无奇偶校验,停止位 1 位,无数据流控制功能。在操作时,只要点击"还原为默认值"按钮,即可获得上述数据。最后即可出现交换机配置画面。

② 使用 Telnet 工具

使用这一工具的前题是必须已经为交换机配置了相应的 IP 地址并设置了远程登录口令。

③ 使用 Web 浏览器

使用这种方法的前题是必须已经给交换机配置了相应的 IP 地址，并且允许通过 Web 进行配置。

④ 使用网络管理工具。

(2) 超级终端

超级终端是在进行交换机和路由器配置时常用的工具，特别是在进行设备初始化配置和恢复密码时，最为常用。

启动超级终端："开始"→"程序"→"附件"→"通信"→"超级终端"。

设置超级终端。主要设置两个内容，一是选择端口，如图 1-1-8 所示；二是设置端口速率，此时只要点击"还原为默认值"按钮即可，如图 1-1-9 所示。

图 1-1-8　选择端口

图 1-1-9　端口设置

(3) TFTP

TFTP，即 Trivial File Transfer Protocol，简单文件传输协议的英文缩写。与 FTP 相比，TFTP 略去了 FTP 中大部分较为复杂的功能，而突出了文件传输的两个操作，即文件的读和写操作。TFTP 去掉了权限控制和客户与服务器之间的复杂的交互过程，仅提供了单纯的文件传输。TFTP 使用数据报协议（UDP），并且使用确认系统来保证 TFTP 服务器和客户之间的数据发送。

TFTP 在设备配置中，主要作用是备份和恢复设备操作系统以及配置文件。有许多 TFTP 服务器软件。一般的设备厂商都提供这一软件。以下是 Cisco 提供的 TFTP 服务器软件，如图 1-1-10 所示。软件的配置也比较简单，主要是设定备份文件夹的位置和日志的存放位置。点击工具栏上的第二个图标,即可设置文件夹位置,如图 1-1-11 所示。

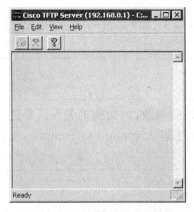

图 1-1-10　Cisco TFTP 主界面

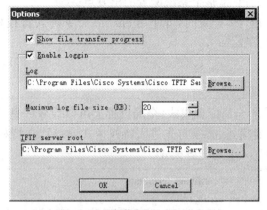

图 1-1-11　TFTP 配置界面

三、实验环境及拓扑结构

（1）锐捷 STAR-S2126G 交换机一台;
（2）控制线一根;
（3）带有超级终端的计算机两台。
实验拓扑如图 1-1-12 所示。

图 1-1-12　实验拓扑

四、实验内容

1. 设备连接

按图 1-1-12 连接好设备,并配置好超级终端。

2. 不同配置模式的切换

（1）实验要求

在不同的配置模式之间进行切换,包括用户模式、特权模式、全局配置模式和子配置模式。

（2）命令参考

① 用户模式:在用户模式下,用户只能运行少数基本的网络管理命令,如 Ping、Telnet 等,而且不能对交换机进行配置。在没有进行任何配置的情况下,缺省的交换机提示符为:

switch>

在具体配置时,如果没有设置登录密码,只要按 Enter 键即可进入用户配置模式。

② 特权模式:特权模式下可以使用比用户模式下多得多的命令。绝大多数命令用于测

试网络、检查系统等,不能对端口及网络协议进行配置。要进行交换机配置,首先要进入特权模式,它是整个系统配置的出发点。

在具体配置时,可使用 enable 命令进入特权模式,如果已设定密码,会提示用户输入密码。

```
switch>enable
Switch#
```

③ 全局配置模式:全局设置上可以设置一些全局性的参数,如交换机名等。要进入全局配置模式,必须首先进入特权模式,然后,在特权模式下键入 configure terminal ,按回车键即进入全局配置模式。

```
Switch#configure terminal
Switch(config)#
```

④ 子配置模式:主要是对交换机的各个子项进行配置,如端口配置模式可对交换机的各个端口进行配置,在全局模式下通过使用 interface 端口名编号的方式进行配置。线路配置模式可对各线路设置密码等,在全局模式下可用 line 线路名编号的方式进行配置。

进入端口配置模式:

```
Switch(config)#interface fastEthernet 0/1
Switch(config-if)#exit
Switch(config)#
```

进入线路配置模式:

```
Switch(config)#line console
Switch(config-line)#
```

(3) 配置参考

```
Press RETURN to get started!
Switch>enable
Password:
Switch#configure terminal
Switch(config)#interface fastEthernet 0/1
XSwitch(config-if)#exit
Switch(config)#line console 0
Switch(config-line)#exit
Switch(config)#exit
Switch#exit
Press RETURN to get started!
Switch>
```

3. 交换机基本编辑命令和帮助命令

（1）实验要求

掌握交换机的基本编辑命令，以及使用内容帮助命令获得帮助。

（2）命令参考

Ctrl+A：光标移动到行首。

Ctrl+E：光标移动到行尾。

Ctrl+B：光标前移一个字符。

Ctrl+F：光标后移一个字符。

Ctrl+P：调出已经使用过的命令。

↑：向前移动到已用过的命令。

↓：向后移动到已用过的命令。

后三个命令能调出的命令个数与历史缓冲区大小有关。对历史缓冲区，可使用如下命令进行设置：

Switch# **terminal history size 20**

Tab：补全所使用的命令。绝大部分命令无须输入全部字母，只要输入前面的几个字母即可实现相应功能，也可输入几个字母后按下 Tab 键将剩余的字母补上。至于输入多少个字母，没有统一标准，只要在当前模式下此命令是唯一的即可。

Exit：返回上一级模式。

Ctrl+Z：返回特权模式。

Disable：由特权模式返回用户模式。

?：获得帮助信息。输入命令中的前几个字符，紧接着输入?，可获得以这几个字符开头的所有命令。输入某一命令后如不知道如何使用这一命令，可空一格后再输入?，即可得到紧跟这一命令后的子命令。直接输入?可得到这一模式下所有命令。

（3）配置参考

```
Switch>en
Password:
Switch# c?
clear    clock    configure    copy
Switch# copy?
  flash:            Copy from flash: file system
  running-config    Copy from current system configuration
  startup-config    Copy from startup configuration
  tftp:             Copy from tftp: file system
  xmodem            Copy from xmodem file system
```

```
Switch#configure terminal
Switch(config)#interface fastEthernet 0/1
Switch(config-if)#^Z
Switch#disable
Switch>
```

4. 配置文件的保存

(1) 实验要求

配置文件是指导交换机进行工作的指导性文件,由于配置文件是存放于 RAM 中的,为了使配置文件在关机状态下不丢失,必须对配置文件进行保存。

(2) 命令参考

copy running-config startup-config

write memory

这两个命令都可实现配置文件的保存。

(3) 配置参考

```
Switch#copy running-config startup-config
Building configuration...
[OK]
Switch#write
Building configuration...
[OK]
Switch#
```

5. 查看交换机的工作状态

(1) 实验要求

学会查看交换机运行时配置文件、版本信息、端口状态等信息。

(2) 命令参考

① 查看运行时配置文件:show running-config

通过此命令能查看交换机的当前配置情况。

② 查看系统版本:show version

③ 显示端口状态信息:show interfaces status

④ 显示某一接口的详细信息:show interfaces *interface-id*

(3) 配置参考

```
Switch#show running-config
System software version : 1.66(8) Build Dec 22 2006 Rel
Building configuration...
```

实验1.1 交换机的基本配置

```
Current configuration : 196 bytes
!
version 1.0
!
hostname Switch
vlan 1
!
enable secret level 14 5 &.Z,1u_;C2Y-8U0<D5U. tj9=GY+/7R;>H
enable secret level 15 5 (24.Y*T73-,tZ[V/4∧+S(\W&QU1X)sv'
!
interface vlan 1
!
End
```

```
Switch#show version
System description: Red-Giant Gigabit Intelligent Switch(S2126G) By
                    Ruijie Network
System uptime            : 0d:6h:52m:56s
System hardware version  : 3.3
System software version  : 1.66(8) Build Dec 22 2006 Rel
System BOOT version      : RG-S2126G-BOOT    03-03-02
System CTRL version      : RG-S2126G-CTRL    03-11-02
Running Switching Image  : Layer2
```

```
Switch#show interfaces status
Interface  Status  vlan  duplex   speed    type
---------  ------  ----  -------  -------  -----------
Fa0/1      up      1     Full     100      10/100BaseTX
Fa0/2      down    1     Unknown  Unknown  10/100BaseTX
Fa0/3      down    1     Unknown  Unknown  10/100BaseTX
Fa0/4      down    1     Unknown  Unknown  10/100BaseTX
Fa0/5      down    1     Unknown  Unknown  10/100BaseTX
Fa0/6      down    1     Unknown  Unknown  10/100BaseTX
Fa0/7      down    1     Unknown  Unknown  10/100BaseTX
Fa0/8      down    1     Unknown  Unknown  10/100BaseTX
Fa0/9      down    1     Unknown  Unknown  10/100BaseTX
Fa0/10     up      1     Full     100      10/100BaseTX
Fa0/11     down    1     Unknown  Unknown  10/100BaseTX
```

Fa0/12	down	1	Unknown	Unknown	10/100BaseTX
Fa0/13	down	1	Unknown	Unknown	10/100BaseTX
Fa0/14	down	1	Unknown	Unknown	10/100BaseTX
Fa0/15	down	1	Unknown	Unknown	10/100BaseTX
Fa0/16	down	1	Unknown	Unknown	10/100BaseTX
Fa0/17	down	1	Unknown	Unknown	10/100BaseTX
Fa0/18	down	1	Unknown	Unknown	10/100BaseTX
Fa0/19	down	1	Unknown	Unknown	10/100BaseTX
Fa0/20	down	1	Unknown	Unknown	10/100BaseTX
Fa0/21	down	1	Unknown	Unknown	10/100BaseTX
Fa0/22	down	1	Unknown	Unknown	10/100BaseTX
Fa0/23	down	1	Unknown	Unknown	10/100BaseTX
Fa0/24	down	1	Unknown	Unknown	10/100BaseTX

```
Switch#show interfaces fastEthernet0/1
Interface     : FastEthernet100BaseTX 0/1
Description:
AdminStatus : up
OperStatus  : up
Hardware    : 10/100BaseTX
Mtu         : 1500
LastChange  : 0d:6h:20m:30s
AdminDuplex : Auto
OperDuplex  : Full
AdminSpeed  : Auto
OperSpeed   : 100
FlowControlAdminStatus : Off
FlowControlOperStatus  : Off
Priority    : 0
Broadcast blocked            :DISABLE
Unknown multicast blocked    :DISABLE
Unknown unicast blocked      :DISABLE
```

6. 设置交换机的密码

（1）实验要求

能够设置不同级别的用户密码。

（2）命令参考

enable secret [level *level*] {*encryption-type encrypted-password*}

level *level* 口令应用到的交换机的管理级别，可以设置 0 到 15 共 16 个级别，如果不指明级别则缺省为 15 级。

encryption-type：加密类型。0 表示用明文输入口令，5 表示用密文输入口令。

encrypted-password：输入的口令。如果加密类型为 0，则口令是以明文形式输入，如果加密类型为 5，则口令是以密文形式输入。

（3）配置参考

```
Switch(config)# enable secret level15 0 12345
Switch(config)# enable secret level14 0 12345
Switch# show running-config
System software version : 1.66(8) Build Dec 22 2006 Rel
Building configuration ...
Current configuration : 196 bytes
!
version 1.0
!
hostname Switch
vlan 1
!
enable secret level 14 5 %tdhl&-8quein'.trbfjo+/7scgkE,1u
enable secret level 15 5 %t-/-aehqu~1'dfir+.t{bcks,|7zygl
!
interface vlan 1
!
End
```

7. 设置对访问方式的限制

（1）实验要求

控制用户通过 Telnet、Web 浏览器和网络管理软件对交换机的访问；控制用户可以访问交换机的主机。

（2）命令参考

① 通过相关服务实现对交换机的访问

enable services { snmp-agent | telnet-server | web-server | ssh-server }

no enable services { snmp-agent | telnet-server | web-server|ssh-server }

telnet server：通过 telnet 对交换机的访问。

web server：通过 web 浏览器对交换机的访问。

snmp agent：通过 snmp 代理管理对交换机的访问。

② 通过 IP 地址限制对交换机的访问

services telnet host *host-ip* [*mask*]

no services telnet { host *host-ip* [*mask*] | all }
services web host *host-ip* [*mask*]
no services web { host *host-ip* [*mask*] | all }

在允许通过 Telnet 或 Web 对交换机进行访问时,也可以通过 IP 地址进一步限制对交换机的访问。可以是单个 IP 地址,也可以通过子网掩码设置一组 IP 地址。如果是单个不连续的 IP 地址,可通过重复执行相应命令来实现。

(3) 配置参考

```
Switch(config)# enable services telnet-server
Switch(config)# enable services web-server
Switch(config)# enable services snmp-agent
Switch(config)# services telnet host10.10.1.33
Switch(config)# services web host10.10.1.32 255.255.255.224
```

8. 配置 IP 等相关信息

对于三层交换机只能将接口转换成三层模式(路由模式)才能对接口进行 IP 等信息的配置。但也可通过 SVI(Switch Virtual Interface,交换机虚拟接口)方式对虚网配置 IP 地址等信息。对于二层交换机只能配置管理用虚网 IP 地址等信息,对每一个二层交换机默认管理用虚网只有一个,即虚网 1。

(1) 实验要求

设置交换机 S21 的地址为 10.10.1.59/27,网关为 10.10.1.60,DNS 为 210.28.176.1,并为 S31 配置主机名和 IP 地址的映射。

(2) 命令参考

① IP 地址配置　　ip address *ip_address subnet_mask* [*secondary*]
② 配置交换机网关　　ip default-gateway *ip-address*
③ 配置 DNS Server　　ip name-server *ip-address*
④ 打开域名解析服务　　ip domain-lookup
⑤ 静态配置主机名和 IP 地址映射　　ip host *host-name ip-address*
⑥ 域名解析信息显示　　show host　　查看 DNS 的相关参数

(3) 配置参考

```
S21(config)# interface vlan 1
S21(config-if)# ip address 10.10.1.59 255.255.255.224
S21(config-if)# exit
S21(config)# ip default-gateway 10.10.1.60
S21(config)# ip name-server 210.28.176.1
S21(config)# ip host S31 10.10.1.58
```

```
S21(config)#end
S21#show host
DNS state              : DISABLE
DNS name server        : 210.28.176.1
host name                          type         ip address      TTL(sec)
------------------------------------ -------- ---------------- ----------
S31                                static       10.10.1.58      ---
```

五、实验注意事项

（1）要求用户输入的密码不会在屏幕上显示出来，不同于 Windows 下的密码。

（2）在路由器上可以对用户登录密码、特权密码和远程管理密码进行设置，交换机 STAR-S2126G 远程管理密码的设置不同于路由器。

六、拓展训练

（1）如何给不同级别的用户分配不同的命令？

（2）如何通过 Radius 对用户身份进行认证以控制对交换机的访问？

习　题

1. 某二层交换机的背板带宽为 12.8 Gbps，有 24 个 10/100M 自适应端口，该交换机能否实现线性转发？

2. 在购买一台交换机时，主要应注意哪些性能指标？

3. 交换机是根据 MAC 地址表进行转发和过滤的，MAC 地址是如何形成的？

4. 以下是用 show version 显示的信息。

```
System description: Red-Giant Gigabit Intelligent Switch(S2126G) By
                    Ruijie Network
System uptime             : 0d:6h:52m:56s
System hardware version   : 3.3
System software version   : 1.66(8) Build Dec 22 2006 Rel
System BOOT version       : RG-S2126G-BOOT    03-03-02
System CTRL version       : RG-S2126G-CTRL    03-11-02
Running Switching Image   : Layer2
```

请从上面的信息中，找出系统硬件和软件版本号，找出系统已运行时间，并找出交换机的类型。

5. 如果用户不能通过 Telnet 方式登录到交换机，可能的原因有哪些？

实验 1.2　交换机的端口配置

一、实验目的

（1）掌握交换机端口的参数配置；
（2）掌握交换机 MAC 地址配置与管理；
（3）掌握交换机端口安全配置。

二、预备知识

1. 交换机端口分类

交换机的端口可分为两种类型，即二层端口和三层端口。

（1）二层端口

二层端口有两种类型：Switch Port 和 L2 Aggregate Port。

① Switch Port

由交换机上的单个物理端口构成，只有二层交换功能。分为 Access Port、Trunk Port 和 Hybrid Port。

Access Port：一般用于连接计算机。Access Port 发送出的数据帧是不带 TAG 的，每个 Access Port 只能属于一个 VLAN，Access Port 只传输属于这个 VLAN 的帧。Access Port 只接收以下三种帧：untagged 帧；vid 为 0 的 tagged 帧；vid 为 Access Port 所属 VLAN 的帧。只发送 untagged 帧。

Trunk Port：每个 Trunk Port 可以属于多个 VLAN，能够接收和发送属于多个 VLAN 的帧，一般用于设备之间的连接，也可以用于连接用户的计算机。Trunk Port 传输属于多个 VLAN 的帧，缺省情况下 Trunk Port 将传输所有 VLAN 的帧。可通过设置 VLAN 许可列表来限制 Trunk Port 传输哪些 VLAN 的帧。每个接口都属于一个 Native VLAN，所谓 Native VLAN，就是指在这个接口上收发的 UNTAG 报文，都被认为是属于这个 VLAN 的。

Hybrid Port：Hybrid 类型的端口可以属于多个 VLAN，可以接收和发送多个 VLAN 的报文，可以用于设备之间连接，也可以用于连接用户的计算机。Hybrid 端口和 Trunk 端口的不同之处在于 Hybrid 端口可以允许多个 VLAN 的报文发送时不打标签，而 Trunk 端口只允许缺省 VLAN 的报文发送时不打标签，需要注意的是，Hybrid 端口加入的 VLAN 必须已经存在。

② L2 Aggregate Port

可以把多个物理链接捆绑在一起形成一个简单的逻辑链接,这个逻辑链接称之为一个 Aggregate Port(以下简称 AP)。AP 是链路带宽扩展的一个重要途径,符合 IEEE 802.3ad 标准。它可以把多个端口的带宽叠加起来使用,比如全双工快速以太网端口形成的 AP 最大可以达到 800 Mbps,或者千兆以太网接口形成的 AP 最大可以达到 8 Gbps。

AP 根据报文的 MAC 地址或 IP 地址进行流量平衡,即把流量平均地分配到 AP 的成员链路中去。流量平衡可以根据源 MAC 地址、目的 MAC 地址或源 IP 地址/目的 IP 地址对。

由多个物理端口构成的 Switch Port。对于二层交换来说 L2 Aggregate Port 就好象一个高带宽的 Switch Port,通过 L2 Aggregate Port 发送的帧将在 L2 Aggregate Port 的成员端口上进行流量平衡,当一个成员端口链路失效后,L2 Aggregate Port 会自动将这个成员端口上的流量转移到别的端口上。同样 L2 Aggregate Port 可以为 Access Port 或 Trunk Port,但 L2 Aggregate Port 成员端口必须为同一类型。

(2) 三层端口

三层端口可分为以下几种类型:SVI(Switch Virtual Interface)、Routed Port、L3 Aggregate Port 。

① SVI(Switch Virtual Interface)

SVI 是和某个 VLAN 关联的 IP 接口。每个 SVI 只能和一个 VLAN 关联,可分为以下两种类型:SVI 是本机的管理接口,通过该管理接口管理员可管理交换机;SVI 是一个网关接口,用于三层交换机中跨 VLAN 之间的路由。

② Routed Port

在三层交换机上,可以使用单个物理端口作为三层交换的网关接口,这个接口称为 Routed Port。Routed Port 不具备二层交换的功能。可通过 no switchport 命令将一个二层接口 Switch Port 转变为 Routed Port,然后给 Routed Port 分配 IP 地址来建立路由。

③ L3 Aggregate Port

L3 Aggregate Port 使用一个 Aggregate Port 作为三层交换的网关接口。L3 Aggregate Port 不具备二层交换的功能。可通过 no switchport 将一个无成员二层接口 L2 Aggregate Port 转变为 L3 Aggregate Port,接着将多个 Routed Port 加入此 L3 Aggregate Port,然后给 L3 Aggregate Port 分配 IP 地址来建立路由。

(3) 端口参数

① 速度

② 工作方式

③ 流量控制

④ 最大数据传输单元:当端口进行大吞吐量数据交换时,可能会遇到大于以太网标准

帧长度的帧,这种帧被称为 Jumbo 帧。可以通过设置端口的 MTU(Maximum Transmission Unit)来控制该端口允许收发的最大帧长。MTU 是指帧中有效数据段的长度,不包括以太网封装的开销。端口的 MTU 检查只在输入时进行,输出时不会检查 MTU。端口收到的帧,如果长度超过设置的 MTU,将被丢弃。MTU 允许设置的范围是 64~9 216 字节,粒度为 4 字节,缺省为 1 500 字节。此配置命令一般只对物理端口有效。

2. 端口编号规则

对于 Switch Port,其编号由两个部分组成:插槽号,端口在插槽上的编号。例如端口所在的插槽编号为 2,端口在插槽上的编号为 3,则端口对应的编号为 2/3。插槽的编号是从 0 至插槽的个数。插槽的编号规则是:面对交换机的面板,插槽按照从前至后,从左至右,从上至下的顺序依次排列,对应的插槽号从 0 开始依次增加。静态模块(固定端口所在模块)编号为 0。插槽上的端口编号是从 1 至插槽上的端口数,编号顺序是从左到右。

3. 端口安全

利用端口安全这个特性,可以通过限制允许访问交换机上某个端口的 MAC 地址以及 IP(可选)来实现严格控制对该端口的输入。当为安全端口(打开了端口安全功能的端口)配置了一些安全地址后,则除了源地址为这些安全地址的包外,这个端口将不转发其他任何包。此外,还可以限制一个端口上能包含的安全地址最大个数,如果将最大个数设置为 1,并且为该端口配置一个安全地址,则连接到这个端口的工作站(其地址为配置的安全 MAC 地址)将独享该端口的全部带宽。

为了增强安全性,可以将 MAC 地址和 IP 地址绑定起来作为安全地址。也可以只指定 MAC 地址而不绑定 IP 地址。

如果一个端口被配置为一个安全端口,当其安全地址的数目已经达到允许的最大个数后,如果该端口收到一个源地址不属于端口上的安全地址的包时,一个安全违例将产生。当安全违例产生时,可以选择多种方式来处理违例,比如丢弃接收到的报文,发送违例通知或关闭相应端口等。

4. 端口的安全控制

(1) 风暴控制(Storm Control)

当一个端口上接收到过量的广播、未知名多播或未知名单播包时,一个数据包的风暴就会产生,这会导致网络变慢和报文传输超时的概率大大增加。协议栈的执行错误或对网络的错误配置都有可能导致风暴的产生。

(2) 端口阻塞(Port Blocking)

缺省情况下,交换机任意端口会将接收到的广播报文、未知名多播报文、未知名单播报文转发到所有和该端口在同一个 VLAN 的其他所有端口,这样造成其他端口负担的增加。通过 Port Blocking 功能,可以配置一个端口拒绝或者接收其他端口转发的广播/未知名多播/未知名单播报文。

(3) 保护口(Protected Port)

有些应用环境下,要求一台交换机上的部分端口之间不能互相通讯。在这种环境下,这些端口之间的通讯,不管是单播帧,还是广播帧,以及多播帧,都只有通过三层设备进行通讯。可以通过将某些端口设置为保护口(Protected Port)来达到目的。

三、实验环境与拓扑结构

(1) 锐捷 STAR-S2126G 二层交换机一台;
(2) 锐捷 RG-3760 多层交换机一台;
(3) PC 机两台;
(4) 控制线一根。
实验拓扑如图 1-2-1 所示。

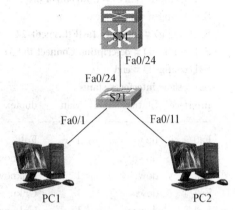

图 1-2-1 实验拓扑结构图

四、实验内容

1. 设备连接

按图 1-2-1 连接好设备。控制线可在两台设备间切换。

2. 端口参数配置

(1) 实验要求

在 S21 上进行如下配置,将端口 1-10 配置成全双工模式,速度为 100M,关闭流控功能。给端口 24 设置描述信息"Connect to S31"。

(2) 命令参考

① 进入接口配置模式

interface *interface ID*   单个接口

interface range {*port-range* | *macro macro_name*}   一组接口

② 接口描述

description *string*   接口描述是为了记住一个接口的功能而给接口取的一个名字

③ 关闭与启动接口

在接口模式下输入如下命令

shutdown   关闭接口

no shutdown   打开接口

④ 配置接口的双工、速度和流控

duplex {*auto* | *full* | *half*}

speed {*10* | *100* | *1000* | *auto*}

flowcontrol {*auto* | *on* | *off*}

（3）配置参考

```
S21(config)#interface range fastEthernet0/1 - 10
S21(config-if-range)#speed100
S21(config-if-range)#duplex full
S21(config-if-range)#flowcontrol off
S21(config-if-range)#exit
S21(config)#interface fastEthernet0/24
S21(config-if)#description Connect to S31
S21(config-if)#end
S21#show interfaces status
```

Interface	Status	vlan	duplex	speed	type
Fa0/1	up	1	Full	100	10/100BaseTX
Fa0/2	down	1	Unknown	Unknown	10/100BaseTX
Fa0/3	down	1	Unknown	Unknown	10/100BaseTX
Fa0/4	down	1	Unknown	Unknown	10/100BaseTX
Fa0/5	down	1	Unknown	Unknown	10/100BaseTX
Fa0/6	down	1	Unknown	Unknown	10/100BaseTX
Fa0/7	down	1	Unknown	Unknown	10/100BaseTX
Fa0/8	down	1	Unknown	Unknown	10/100BaseTX
Fa0/9	down	1	Unknown	Unknown	10/100BaseTX
Fa0/10	up	1	Full	100	10/100BaseTX
Fa0/11	down	1	Unknown	Unknown	10/100BaseTX
Fa0/12	down	1	Unknown	Unknown	10/100BaseTX
Fa0/13	down	1	Unknown	Unknown	10/100BaseTX
Fa0/14	down	1	Unknown	Unknown	10/100BaseTX
Fa0/15	down	1	Unknown	Unknown	10/100BaseTX
Fa0/16	down	1	Unknown	Unknown	10/100BaseTX
Fa0/17	down	1	Unknown	Unknown	10/100BaseTX
Fa0/18	down	1	Unknown	Unknown	10/100BaseTX
Fa0/19	down	1	Unknown	Unknown	10/100BaseTX
Fa0/20	down	1	Unknown	Unknown	10/100BaseTX
Fa0/21	down	1	Unknown	Unknown	10/100BaseTX
Fa0/22	down	1	Unknown	Unknown	10/100BaseTX
Fa0/23	up	1	Full	100	10/100BaseTX
Fa0/24	down	1	Unknown	Unknown	10/100BaseTX

3. 二、三层接口转换

（1）实验要求

将 S31 的 Fa0/15-20 接口配置转换成三层接口。

(2) 命令参考
① 将三层接口转换成二层接口
switchport
② 将二层接口转换成三层接口
no switchport
(3) 配置参考

```
S31（config）#interface range fastEthernet0/15-20
S31（config-if-range）#no switchport
S31（config-if-range）#end
S31#show interfaces status
```

Interface	Status	vlan	duplex	speed	type
Fa0/1	down	1	Unknown	Unknown	10Base-T/100Base-TX
Fa0/2	down	1	Unknown	Unknown	10Base-T/100Base-TX
Fa0/3	down	1	Unknown	Unknown	10Base-T/100Base-TX
Fa0/4	down	1	Unknown	Unknown	10Base-T/100Base-TX
Fa0/5	down	1	Unknown	Unknown	10Base-T/100Base-TX
Fa0/6	down	1	Unknown	Unknown	10Base-T/100Base-TX
Fa0/7	down	1	Unknown	Unknown	10Base-T/100Base-TX
Fa0/8	down	1	Unknown	Unknown	10Base-T/100Base-TX
Fa0/9	down	1	Unknown	Unknown	10Base-T/100Base-TX
Fa0/10	down	1	Unknown	Unknown	10Base-T/100Base-TX
Fa0/11	down	1	Unknown	Unknown	10Base-T/100Base-TX
Fa0/12	down	1	Unknown	Unknown	10Base-T/100Base-TX
Fa0/13	down	1	Unknown	Unknown	10Base-T/100Base-TX
Fa0/14	down	1	Unknown	Unknown	10Base-T/100Base-TX
Fa0/15	down	routed	Unknown	Unknown	10Base-T/100Base-TX
Fa0/16	down	routed	Unknown	Unknown	10Base-T/100Base-TX
Fa0/17	down	routed	Unknown	Unknown	10Base-T/100Base-TX
Fa0/18	down	routed	Unknown	Unknown	10Base-T/100Base-TX
Fa0/19	down	routed	Unknown	Unknown	10Base-T/100Base-TX
Fa0/20	down	routed	Unknown	Unknown	10Base-T/100Base-TX
Fa0/21	down	1	Unknown	Unknown	10Base-T/100Base-TX
Fa0/22	down	1	Unknown	Unknown	10Base-T/100Base-TX
Fa0/23	down	1	Unknown	Unknown	10Base-T/100Base-TX
Fa0/24	down	1	Unknown	Unknown	10Base-T/100Base-TX
Gi0/25	down	1	Unknown	Unknown	1000Base-T

Gi0/26	down	1	Unknown	Unknown	1000Base-T
Gi0/27	down	1	Unknown	Unknown	1000Base-T
Gi0/28	down	1	Unknown	Unknown	1000Base-T

4. 管理 MAC 地址

(1) 实验要求

能对 MAC 地址表进行查看和管理,并能合理配置 MAC 地址表的相关参数。

(2) 命令参考

① 查看 MAC 地址表

show mac-address-table

② 配置老化时间

mac-address-table aging-time [0 | 300-1000000]

设置为 0,地址老化功能将被关闭

③ 删除动态地址表项

clear mac-address-table dynamic   删除交换机上所有的动态地址

clear mac-address-table dynamic address *mac-address*   删除一个特定 MAC 地址

clear mac-address-table dynamic interface *interface-id*   删除一个特定物理端口或 Aggregate Port 上的所有动态地址

clear mac-address-table dynamic vlan *vlan-id*   删除指定 VLAN 上的所有动态地址

④ 增加和删除静态地址表项

mac-address-table static *mac-addr* vlan *vlan-id* interface *interface-id*

⑤ 增加和删除过滤地址表项

mac-address-table filtering *mac-addr*   vlan *vlan-id*

⑥ 相关查看命令

show mac-address-table aging-time   显示当前的地址老化时间

show mac-address-table dynamic   显示所有动态地址信息

show mac-address-table static   显示所有静态地址信息

show mac-address-table filtering   显示所有过滤地址信息

show mac-address-table interface   显示指定接口的所有类型的地址信息

show mac-address-table vlan   显示指定 VLAN 的所有类型的地址信息

show mac-address-table count   显示地址表中 MAC 地址的统计信息

(3) 配置参考

```
S21#show mac-address-table
Vlan    MAC Address       Type         Interface
----    --------------    ----------   ---------
1       001b.7888.886f    DYNAMIC      Fa0/1
1       001b.7888.8db1    DYNAMIC      Fa0/10
1       00d0.f805.c812    DYNAMIC      Fa0/23
S21#conf   t
S21(config)#mac-address-table aging-time 3600
S21(config)#end
S21#clear mac-address-table dynamic
S21#show mac-address-table
Vlan    MAC Address       Type         Interface
----    --------------    ----------   ---------

S21#configure terminal
S21(config)#mac-address-table static   001b.7888.886f vlan 1 interface fa0/1
S21(config)#end
S21#show mac-address-table
Vlan    MAC Address       Type         Interface
----    --------------    ----------   ---------
1       001b.7888.886f    STATIC       Fa0/1
1       001b.7888.8db1    DYNAMIC      Fa0/10
1       00d0.f805.c812    DYNAMIC      Fa0/23
```

5. 配置 IP 与 MAC 地址绑定

(1) 实验要求

实现 IP 地址与 MAC 地址的绑定,能有效地防止 IP 地址欺骗,防止 ARP 病毒。将 PC1 的 MAC 地址和 IP 地址进行绑定。

(2) 命令参考

① 配置绑定

address-bind *ip-address   mac-address*

② 验证配置

show address-bind

(3) 配置参考

```
S21(config)#address-bind 10.10.1.33   001b.7888.886f
S21(config)#end
S21#show address-bind
```

IP Address	Binding MAC Addr	Type
10.10.1.33	001b.7888.886f	static

6. 端口安全性配置

（1）实验要求

将交换机 S21 的第 1 个接口设置为安全接口，并将此端口与 PC1 的 MAC 地址进行绑定，一旦有违例产生立即关闭该端口。对结果进行验证。

（2）命令参考

① 配置安全端口及违例处理方式

switchport mode access　　设置接口为 access 模式

switchport port-security　　打开该接口的端口安全功能

switchport port-security maximum value　　设置接口上安全地址的最大个数，范围是 1～128，缺省值为 128

switchport port-security violation{protect | restrict | shutdown}

当违例产生时，你可以设置下面几种针对违例的处理模式：

protect：当安全地址个数满后，安全端口将丢弃未知名地址（不是该端口的安全地址中的任何一个）的包

restrict：当违例产生时，将发送一个 trap 通知。

shutdown：当违例产生时，将关闭端口并发送一个 trap 通知。

② 配置安全端口上的安全地址

switchport port-security [mac-address mac-address] [ip-address ip-address]

③ 查看端口安全信息

show port-security interface [*interface-id*]　　查看接口的端口安全配置信息

show port-security address　　查看安全地址信息

show port-security [*interface-id*] address　　显示某个接口上的安全地址信息

show port-security　　显示所有安全端口的统计信息，包括最大安全地址数，当前安全地址数以及违例处理方式等

（3）配置参考

```
S21(config)#interface fastEthernet 0/1
S21(config-if)#switchport mode access
S21(config-if)#switchport port-security
S21(config-if)#switchport port-security maximum 1
S21(config-if)#switchport port-security mac-address 001b.7888.886f
```

```
S21(config-if)#switchport port-security violation shutdown
S21(config-if)#end
S21#show interfaces fa0/1
Interface              : FastEthernet100BaseTX 0/1
Description            :
AdminStatus            : up
OperStatus             : up
Hardware               : 10/100BaseTX
Mtu                    : 1500
LastChange             : 0d:0h:2m:45s
AdminDuplex            : Full
OperDuplex             : Full
AdminSpeed             : 100
OperSpeed              : 100
FlowControlAdminStatus : Off
FlowControlOperStatus  : Off
Priority               : 0
Broadcast blocked              :DISABLE
Unknown multicast blocked      :DISABLE
Unknown unicast blocked        :DISABLE
```

将 PC2 插入第 1 个端口,再执行下面的命令。

```
S21#show interfaces fa0/1
Interface              : FastEthernet100BaseTX 0/1
Description            :
AdminStatus            : up
OperStatus             : down
Hardware               : 10/100BaseTX
Mtu                    : 1500
LastChange             : 0d:0h:6m:44s
AdminDuplex            : Full
OperDuplex             : Unknown
AdminSpeed             : 100
OperSpeed              : Unknown
FlowControlAdminStatus : Off
FlowControlOperStatus  : Off
Priority               : 0
Broadcast blocked              :DISABLE
```

```
    Unknown multicast blocked      :DISABLE
    Unknown unicast blocked        :DISABLE
S21#show port-security interface fastEthernet 0/1
Interface : Fa0/1
Port Security : Enabled
Port status : psecure-violation
Violation mode : Shutdown
Maximum MAC Addresses : 1
Total MAC Addresses : 1
Configured MAC Addresses : 1
Aging time : 0 mins
Secure static address aging : Disabled
S21#show port-security address
Vlan Mac Address    IP Address    Type    Port    Remaining Age(mins)
---  ----------------  ---------------  --------------------------------
1    001b.7888.886f                  Configured  Fa0/1
S21#show port-security
Secure Port   MaxSecureAddr(count) CurrentAddr(count) Security Action
-------------    --------------------    --------------------    --------------------
Fa0/1            1                       1                       Shutdown
```

7. 设置端口的安全控制功能

(1) 实验要求

启动 S31 的第 1 个端口的广播风暴抑制功能；将 S21 的第 11 至 15 端口设置为端口阻塞多播帧模式；将 S21 的第 1 和第 10 端口设置为保护模式。

(2) 命令参考

① 风暴控制

storm-control broadcast 打开对广播风暴的控制功能

storm-control multicast 打开对未知名多播风暴的控制功能

storm-control unicast 打开对未知名单播风暴的控制功能

show storm-control [*interface-id*] 验证配置

② Port Blocking

switchport block broadcast 打开对广播报文的屏蔽功能

switchport block multicast 打开对未知名多播报文的屏蔽功能

switchport block unicast 打开对未知名单播报文的屏蔽功能

show interfaces [*interface-id*] 显示 Port Blocking 状态

③ Protected Port

switchport protected 将该接口设置为保护端口
show interfaces switchport 验证配置

（3）配置参考

```
S31(config)#interface fa 0/1
S31(config-if)#storm-control broadcast
S31(config-if)#end
S31#show storm-control
```

Interface	Broadcast Control	Multicast Control	Unicast Control
Fa0/1	Enabled	Disabled	Disabled
Fa0/2	Disabled	Disabled	Disabled
Fa0/3	Disabled	Disabled	Disabled
Fa0/4	Disabled	Disabled	Disabled
Fa0/5	Disabled	Disabled	Disabled
Fa0/6	Disabled	Disabled	Disabled
Fa0/7	Disabled	Disabled	Disabled
Fa0/8	Disabled	Disabled	Disabled
Fa0/9	Disabled	Disabled	Disabled
Fa0/10	Disabled	Disabled	Disabled
Fa0/11	Disabled	Disabled	Disabled
Fa0/12	Disabled	Disabled	Disabled
Fa0/13	Disabled	Disabled	Disabled
Fa0/14	Disabled	Disabled	Disabled
Fa0/15	Disabled	Disabled	Disabled
Fa0/16	Disabled	Disabled	Disabled
Fa0/17	Disabled	Disabled	Disabled
Fa0/18	Disabled	Disabled	Disabled
Fa0/19	Disabled	Disabled	Disabled
Fa0/20	Disabled	Disabled	Disabled
Fa0/21	Disabled	Disabled	Disabled
Fa0/22	Disabled	Disabled	Disabled
Fa0/23	Disabled	Disabled	Disabled
Fa0/24	Disabled	Disabled	Disabled
Gi0/25	Disabled	Disabled	Disabled
Gi0/26	Disabled	Disabled	Disabled
Gi0/27	Disabled	Disabled	Disabled
Gi0/28	Disabled	Disabled	Disabled
Ag1	Disabled	Disabled	Disabled

```
S21(config)#interface range fastEthernet 0/10-15
S21(config-if-range)#switchport block multicast
S21#show interfaces fa0/12
Interface         : FastEthernet100BaseTX 0/12
Description       :
AdminStatus       : up
OperStatus        : down
Hardware          : 10/100BaseTX
Mtu               : 1500
LastChange        : 0d:0h:0m:0s
AdminDuplex       : Auto
OperDuplex        : Unknown
AdminSpeed        : Auto
OperSpeed         : Unknown
FlowControlAdminStatus : Off
FlowControlOperStatus  : Off
Priority          : 0
Broadcast blocked           :DISABLE
Unknown multicast blocked   :ENABLE
Unknown unicast blocked     :DISABLE
S21(config)#interface fastEthernet 0/1
S21(config-if)#switchport protected
S21(config-if)#interface fastEthernet 0/10
S21(config-if)#switchport protected
S21(config-if)#end
```

```
S21#show interfaces switchport
Interface  Switchport  Mode    Access  Native  Protected  VLAN lists
---------  ----------  ------  ------  ------  ---------  ----------
Fa0/1      Enabled     Access    1       1     Enabled    All
Fa0/2      Enabled     Access    1       1     Disabled   All
Fa0/3      Enabled     Access    1       1     Disabled   All
Fa0/4      Enabled     Access    1       1     Disabled   All
Fa0/5      Enabled     Access    1       1     Disabled   All
Fa0/6      Enabled     Access    1       1     Disabled   All
Fa0/7      Enabled     Access    1       1     Disabled   All
Fa0/8      Enabled     Access    1       1     Disabled   All
Fa0/9      Enabled     Access    1       1     Disabled   All
```

实验 1.2 交换机的端口配置

Fa0/10	Enabled	Access	1	1	Enabled	All
Fa0/11	Enabled	Access	1	1	Disabled	All
Fa0/12	Enabled	Access	1	1	Disabled	All
Fa0/13	Enabled	Access	1	1	Disabled	All
Fa0/14	Enabled	Access	1	1	Disabled	All
Fa0/15	Enabled	Access	1	1	Disabled	All
Fa0/16	Enabled	Access	1	1	Disabled	All
Fa0/17	Enabled	Access	1	1	Disabled	All
Fa0/18	Enabled	Access	1	1	Disabled	All
Fa0/19	Enabled	Access	1	1	Disabled	All
Fa0/20	Enabled	Access	1	1	Disabled	All
Fa0/21	Enabled	Access	1	1	Disabled	All
Fa0/22	Enabled	Access	1	1	Disabled	All
Fa0/23	Enabled	Access	1	1	Disabled	All
Fa0/24	Enabled	Access	1	1	Disabled	All

五、实验注意事项

（1）在同一个端口上不能同时应用绑定 IP 的安全地址和安全 ACL，否则系统会提示"属性冲突"，即在同一个端口上，这两种功能是互斥的，如果一个功能已经设置，则禁止另外一个功能设置。

（2）交换机端口在默认状态下是开启的，AdminStatus 是 UP 状态，如果该端口没有实际连接其他设备，OperStatus 是 DOWN 状态。

（3）通过地址绑定控制交换机的输入，将优先于 802.1X、端口安全生效以及 ACL 生效。

（4）为使交换机的 MAC 表能反映当前的连接情况，在所连计算机中做适当操作，如执行 ping 命令。

六、拓展训练

（1）正确配置 LLDP，并掌握该协议在网络拓扑发现中的作用。
（2）如何使用 MAC 地址变化通知功能来保证网络的安全访问？

1. 从下面的信息中，你知道用什么方法判断某台主机是连接于交换机的某一端口？

```
S21#show mac-address-table
Vlan    MAC Address      Type        Interface
----    --------------   -------     ---------
1       001b.7888.886f   DYNAMIC     Fa0/1
1       001b.7888.8db1   DYNAMIC     Fa0/10
1       00d0.f805.c812   DYNAMIC     Fa0/23
```

2. 在地址表为空的情况下,如何使地址表中再有表项?

```
S21#show mac-address-table
Vlan    MAC Address      Type        Interface
----    --------------   -------     ---------
```

3. 从下面的信息中,解释 STATIC 与 DYNAMIC 的条目的区别。

```
S21#show mac-address-table
Vlan    MAC Address      Type        Interface
----    --------------   -------     ---------
1       001b.7888.886f   STATIC      Fa0/1
1       001b.7888.8db1   DYNAMIC     Fa0/10
1       00d0.f805.c812   DYNAMIC     Fa0/23
```

4. 从下面显示的信息中,你能得出哪些有用的信息?

```
S21#show port-security interface fastEthernet 0/1
Interface:Fa0/1
Port Security:Enabled
Port status:psecure-violation
Violation mode:Shutdown
Maximum MAC Addresses:1
Total MAC Addresses:1
Configured MAC Addresses:1
Aging time:0 mins
Secure static address aging:Disabled
```

5. 如果某电脑网卡工作正常,连接线缆正确,但所连交换机端口的指示灯不亮,可能的原因有哪些?

6. 对一个三层交换机的端口,为什么不能给该端口配上 IP 地址?

实验1.3 虚拟局域网的配置

一、实验目的

（1）掌握单交换机虚网的配置方法；
（2）掌握多交换机虚网的配置方法；
（3）掌握 VLAN 信息在交换机间的传递方法和原理。

二、预备知识

1. 冲突域与广播域

连接于同一网桥或交换机端口的计算机构成一个冲突域，也就是说处于同一端口的计算机在某一时刻只能有一台计算机发送数据，其他处于监听状态，如果出现两台或两台以上计算机同时发送数据，便会出现冲突。网桥/交换机的本质和功能是通过将网络分割成多个冲突域来增强网络服务，但是网桥/交换机网络仍是一个广播域，因为网桥会向所有端口转发未知目的端口的数据帧，可能导致网络上充斥广播包（广播风暴）以致无法正常通信。控制广播风暴就要对广播域进行分割，通常有两种方法，一是使用路由器，处于同一路由器端口的属于同一广播域。但路由器转发效率较低，往往会成为网络速度的瓶颈。于是人们又利用转发速度更快的三层交换机来构建虚网实现分割广播域。本质上一个虚网就是一个广播域。虚网结构如图1-3-1所示。从图中可以看出，可以将位于不同物理位置的计算机组合成一个逻辑虚网。

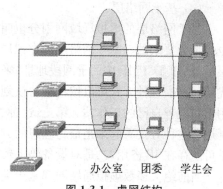

图1-3-1 虚网结构

2. 虚网的优点

安全性好。在没有路由的情况下，不同虚网间不能相互通信。

网络分段。可将物理网络逻辑分段，而不是按物理分段。可以将不同地点、不同部门的计算机划分在一个虚网上，为网络的有效管理提供了方便。

提供较好的灵活性。可以很方便地将一站点加入某个虚网中或从某个虚网中删除。

3. 划分虚网的方法

(1) 基于端口

基于端口的虚拟局域网划分是比较流行和最早的划分方式,其特点是将交换机按照端口进行分组,每一组定义为一个虚拟局域网。这些交换机端口分组可以在一台交换机上也可以跨越几个交换机。特点是一个虚拟局域网的各个端口上的所有终端都在一个广播域中,它们相互可以通信,不同的虚拟局域网之间进行通信需经过路由或者三层交换机来完成。这种虚拟局域网划分方式的优点在于简单、容易实现,从一个端口发出的广播,直接发送到虚拟局域网内的其他端口,也便于直接监控。缺点是使用不够灵活,当任一个终端发生物理位置的变化时都要进行重新设置,但这一点可以通过灵活的网络管理软件来弥补。

(2) 基于 MAC 地址

使用这种方式,虚拟局域网的交换机必须对终端的 MAC 地址和交换机端口进行跟踪。在新终端入网时根据已经定义的虚拟局域网——MAC 对应表将其划归至某一个虚拟局域网,而无论该终端在网络中怎样移动,由于其 MAC 地址保持不变,故不需进行虚拟局域网的重新配置。这种划分方式减少了网络管理员的日常维护工作量。不足之处在于所有终端必须被明确地分配在一个具体的虚拟局域网中,任何时候增加终端或者更换网卡,都要对虚拟局域网数据库进行调整,以实现对该终端的动态跟踪。

(3) 基于网络层

基于网络层的虚拟局域网划分也叫做基于策略的划分,它是这几种划分方式中最高级也是最为复杂的。基于网络层的虚拟局域网使用协议(如果网络中存在多协议的话)或网络层地址(如 TCP/IP 中的子网段地址)来确定网络成员。利用网络层定义虚拟网有以下几点优势:首先,这种方式可以按传输协议划分网段。其次,用户可以在网络内部自由移动而不用重新配置自己的工作站。第三,这种类型的虚拟网可以减少由于协议转换而造成的网络延迟。这种方式看起来是最为理想的方式,但是在采用这种划分之前,要明确两件事情:一是可能存在 IP 盗用,二是对设备要求较高,不是所有设备都支持这种方式。

当前绝大多数虚拟局域网都基于端口划分,且基于端口划分的虚拟局域网技术最成熟。

4. 交换机间的数据传输

在多个交换机互联的网络中,同一个虚网可能要跨越多个交换机。这时就需要一条链路承载同一虚网在不同交换机间的通信。但由于同一交换机上可能有多个虚网,因而链路要为多个虚网承载数据传输任务。那么怎样区分不同虚网间的数据呢?这就要为不同的虚网加上不同的标记和编号。Cisco 交换机支持两种不同中继协议——机间交换链路(ISL)和 802.1Q。

ISL 是在 IEEE 标准化一个中继协议之前由 Cisco 创建的,因而它只适用于两个 Cisco 交换机之间。ISL 将每一个原始以太网帧完全封装在 ISL 头部和尾部之间。ISL 头部有 26 个字节,尾部有 4 个字节。ISL 头部有很多字段,其中最重要的是 VLAN 字段,它用来保存

VLAN 的编号,正是通过它,中继链路才能知道数据帧是属于哪个 VLAN 的。如图 1-3-2 所示。

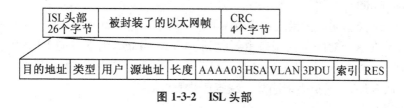

图 1-3-2　ISL 头部

IEEE 802.1Q 是 IEEE 标准化的链路间中继协议,它与 ISL 采用完全不同的方法。它是在原始帧的头部加上一个特殊的 4 个字节的头部。这个附加的头部包含一个用来标识 VLAN 编号的字段。由于原始帧头已经发生改变,802.1Q 必须重新计算并生成以太网尾部的 FCS 字段。但是这个协议不支持多生成树协议。如图 1-3-3 所示。

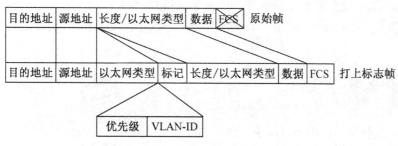

图 1-3-3　采用 802.1Q 中继的头部

5. GVRP 概述

(1) GVRP 的作用

GVRP(GARP VLAN Registration Protocol)是一种动态配置和扩散 VLAN 成员关系的 GARP(Generic Attribute Registration Protocol)应用。

通过 GVRP 协议,交换机监听各端口上 GVRP PDU,从 GVRP PDU 中学习到与之相连 GVRP-aware 设备的 VLAN 信息,并据此配置接收 GVRP PDU 的端口上的 VLAN 成员。

通过 GVRP,交换网内的交换机可动态创建 VLAN,并且实时保持 VLAN 配置的一致性。通过在网络内部自动通告 VLAN ID,GVRP 降低了由于配置不一致而产生错误的可能性。而且,当一个设备上 VLAN 配置发生变化时,GVRP 可以自动改变相连设备上的 VLAN 配置,从而减少用户的手工配置工作。

(2) GVRP 中定时器的设置

① Join timer

Join timer 控制端口发出通告前的最大时延,实际发送间隔在零到这个最大时延之间。缺省值是 200 ms。

② Leave timer

Leave timer 控制端口在接收到 Leave Message 后,将端口从 VLAN 中删除前所要等待的时间,如果在这个时间段内端口重新收到 Join Message,则端口的 VLAN 成员关系仍然保留,同时定时器失效;如果在定时器超时前仍未收到 Join Message,则端口的状态变为 Empty,端口从 VLAN 成员表中删除。缺省值是 600 ms。

③ LeaveAll timer

LeaveAll timer 控制在端口上发送 LeaveAll Message 的最小间隔,如果在定时器超时前端口收到 LeaveAll Message,则定时器开始重新计时;如果定时器超时,则在端口上发送 LeaveAll Message,LeaveAll Message 同时也发送给端口本身,从而触发 Leave timer 也开始计数。缺省值是 10 000 ms。实际发送间隔在 leaveall 与 leaveall+join 之间。

设置定时器时,必须保证 Leave Value 大于三倍的 Join Value(leave>=join * 3),同时 Leaveall 必须大于 Leave(leaveall>leave)。如果不能满足以上条件,设置定时器操作将返回失败。

三、实验环境及拓扑结构

(1) PC 机三台;
(2) 二层交换机 STAR-S2126G 一台;
(3) 多层交换机 RG-S3760 一台。
实验拓扑如图 1-3-4 所示。

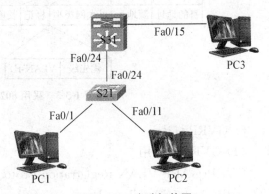

图 1-3-4 实验拓扑图

四、实验内容

1. 设备连接

按图 1-3-4 所示连接好设备,并将三台主机的地址分别设置为 10.10.1.33/27,10.10.1.34/27,10.10.1.35/27,并测试它们的连通性。

2. 创建虚网

(1) 实验要求

在 S31 上创建两个虚网 10 和 20,分别命名为 student1 和 student2。

(2) 命令参考

vlan *vlan-id*   输入一个 VLAN ID
name *vlan-name*   (可选)为 VLAN 取一个名字
show vlan { *vlan-id*}检查一下刚才的配置是否正确

(3) 配置参考

```
S31(config)#vlan 10
S31(config-vlan)#name student1
S31(config-vlan)#vlan 20
S31(config-vlan)#name student2
S31(config-vlan)#end
S31#show vlan
VLAN Name                      Status      Ports
---------------------------------- -------- ---------------------------
1    default                   active      Fa0/1 ,Fa0/2 ,Fa0/3 ,Fa0/4
                                           Fa0/5 ,Fa0/6 ,Fa0/7 ,Fa0/8
                                           Fa0/9 ,Fa0/10,Fa0/11,Fa0/12
                                           Fa0/13,Fa0/14,Fa0/15,Fa0/16
                                           Fa0/17,Fa0/18,Fa0/19,Fa0/20
                                           Fa0/21,Fa0/22,Fa0/23,Fa0/24
                                           Gi0/25,Gi0/26,Gi0/27,Gi0/28
10   student1                  active
20   student2                  active
```

3. GVRP 配置

(1) 实验要求

在 S31 和 S21 上启动 GVRP，查看在 S21 是否有虚网 10 和 20 的信息。

(2) 命令参考

① 配置 GVRP

[no] gvrp enable

show gvrp configuration

② 控制动态 VLAN 的创建

当一个端口接收到的信息中所指示的 VLAN 在本地交换机不存在时，GVRP 可能会创建这个 VLAN。是否允许动态创建 VLAN 由用户控制。

[no] gvrp dymanic-vlan-creation enable

③ 配置端口的登记方式

端口有两种登记模式：

GVRP Registration Normal

GVRP Registration Disabled

将一个端口设置为 normal registration 模式，将允许动态创建（如果 Dynamic VLAN Creation Enabled）、登记或注销端口上的 VLAN。

当端口设置为 disabled registration 模式时，禁止任何动态登记或注销 VLAN 的行动。

[no] gvrp registration mode {normal|disabled}

④ 配置端口的通告模式

端口有两种通告模式，控制端口是否发送 GVRP 通告。

GVRP Normal Applicant　允许在端口上通告本端口的 VLAN，包括所有动态及静态 VLAN

GVRP Non-Applicant　禁止在端口上通告本端口的 VLAN

[no] gvrp applicant state {normal|non-applicant}　设置端口的 GVRP 通告模式

⑤ 设置 GVRP 定时器

[no] gvrp timer {join|leave|leaveall} *timer_value*　设置端口的定时器值

⑥ GVRP 的统计值

show gvrp statistics { *interface-id* | all } 显示端口的统计值

⑦ 清除 GVRP 的统计值

clear gvrp statistics { *interface-id* | all } 清除端口的统计值

⑧ GVRP 的运行状态

show gvrp status

(3) 配置参考

```
S21(config)# gvrp enable
S21(config)# end
S21# show gvrp configuration
Global GVRP Configuration:
GVRP Feature : enabled
GVRP dynamic VLAN creation : disabled
Join Timers(ms) : 200
Leave Timers(ms) : 600
LeaveAll Timers(ms) : 10000
Port based GVRP Configuration:
Port            Applicant Status Registration Mode
----------      ---------------- -----------------
Fa0/1-24        normal           normal
```

4. 将指定端口分配给相应虚网

(1) 实验要求

测试 PC2 和 PC1 的连通性以及 PC1 和 PC3 的连通性。将交换机 S31 的第 24 口和 S21 的 24 口设置为 trunk 口。再次查看 S21 上的虚网信息。将 PC1 和 PC3 分配给虚网 10，将 PC2 分配给虚网 20。测试 PC1 和 PC3 的连通性。

(2) 命令参考

① 定义端口工作方式

switchport mode access　将一个接口设置成为 access 模式

switchport mode trunk　将一个接口设置成为 trunk 模式

② 将 access 口分配给某一虚网

switchport access *vlan vlan-ID*

（3）配置参考

```
S21(config)#interface fa0/1
S21(config-if)#switchport mode access
S21(config-if)#switchport access vlan 10
S21(config-if)#exit
S21(config)#interface fastEthernet 0/11
S21(config-if)#switchport mode access
S21(config-if)#switchport access vlan 20
S21(config-if)#end
S21#show vlan
VLAN Name                        Status     Ports
----------------------------------------------------
1    default                     active     Fa0/2 ,Fa0/3 ,Fa0/4
                                            Fa0/5 ,Fa0/6 ,Fa0/7
                                            Fa0/8 ,Fa0/9 ,Fa0/11
                                            Fa0/12,Fa0/13,Fa0/14
                                            Fa0/15,Fa0/16,Fa0/17
                                            Fa0/18,Fa0/19,Fa0/20
                                            Fa0/21,Fa0/22,Fa0/23
                                            Fa0/24
10   student1                    active     Fa0/1 ,Fa0/24
20   student2                    active     Fa0/11,Fa0/24
S31(config)#interface fastEthernet 0/15
S31(config-if)#switchport mode access
S31(config-if)#switchport access vlan 10
S31(config-if)#end
S31#show vlan
VLAN Name                        Status     Ports
----------------------------------------------------
1    default                     active     Fa0/1 ,Fa0/2 ,Fa0/3 ,Fa0/4
                                            Fa0/5 ,Fa0/6 ,Fa0/7 ,Fa0/8
                                            Fa0/9 ,Fa0/11,Fa0/12,Fa0/13
```

			Fa0/14, Fa0/15, Fa0/16, Fa0/17
			Fa0/18, Fa0/19, Fa0/20, Fa0/21
			Fa0/22, Fa0/23, Fa0/24, Gi0/25
			Gi0/26, Gi0/27, Gi0/28
10	student1	active	Fa0/24, Fa0/15
20	student2	active	Fa0/24

5. 限制通过 Trunk 口的流量

（1）实验要求

限制通过 Trunk 口的 VLAN 10 流量。

（2）命令参考

定义 Trunk 口的许可 VLAN 列表。

一个 Trunk 口缺省可以传输本交换机支持的所有 VLAN（1～4094）的流量。但是，也可以通过设置 Trunk 口的许可 VLAN 列表来限制某些 VLAN 的流量不能通过这个 Trunk 口。

switchport trunk allowed vlan { all | [add | remove | except]} vlan-list

（3）配置参考

S31(config-if)#**switchport trunk allowed vlan except 10**
S31(config-if)#**end**
S31#**show vlan**

VLAN	Name	Status	Ports
1	default	active	Fa0/1, Fa0/2, Fa0/3, Fa0/4
			Fa0/5, Fa0/6, Fa0/7, Fa0/8
			Fa0/9, Fa0/11, Fa0/12, Fa0/13
			Fa0/14, Fa0/15, Fa0/16, Fa0/17
			Fa0/18, Fa0/19, Fa0/20, Fa0/21
			Fa0/22, Fa0/23, Fa0/24, Gi0/25
			Gi0/26, Gi0/27, Gi0/28
10	student1	active	Fa0/10
20	student2	active	Fa0/1

五、实验注意事项

（1）两台交换机相连的端口应设置为 tag vlan 模式。

（2）Trunk 接口在默认的情况下支持所有的 VLAN 传输。

（3）VLAN 1 属于系统的默认 VLAN，不可以被删除。

六、拓展训练

（1）什么是 native vlan？如何正确配置 native vlan？

（2）什么是 super vlan、protocol vlan、private vlan？它们有什么样的应用场景？如何配置？

1. 物理子网与逻辑子网的区别是什么？
2. 在一台交换机配置了 VLAN 信息，但这样的信息不能被其他交换机获得？可能的原因是什么？
3. 举例说明为什么要限制通过 Trunk 口的流量？

实验1.4 VLAN间的路由配置

一、实验目的

(1) 掌握不同虚网间通信的基本原理;
(2) 掌握不同虚网间通信的基本方法。

二、预备知识

1. VLAN之间的路由

在一个交换的VLAN环境下,数据只在相同的VLAN之间传送。不同的VLAN之间不能进行数据传输。要使不同的虚网之间能进行通信,必须使用三层设备,即路由器或三层交换机。路由器必须要满足以下条件:

(1) 路由器必须知道如何到达所有互联VLAN。为了确定在VLAN中互联了哪一个终端设备,每个终端必须给出一个网络层地址。每个路由器还必须知道到达每个目的VLAN网络的路径。路由器已经知道直接连接的网络,但也必须知道非直接连接到路由器的网络。

(2) 每个VLAN中路由器必须有一个独立的物理连接,或主干必须是一个可用的单一物理连接。

2. 实现VLAN路由的方法

(1) 通过交换机的路由端口:将三层交换机的默认二层端口转化成三层端口。为每个端口配置IP地址等信息,作为某一虚网主机的网关。

(2) 通过SVI方式:为每个虚网配置IP地址等信息,将此IP地址作为某一虚网主机的网关。

(3) 通过子接口方式:为了支持ISL或802.1Q主干,路由器上的物理层快速以太网口必须分成多个逻辑的可寻址的端口,每个VLAN一个,这种端口也叫子端口,如图1-4-1所示。可以用三个子端口与三个虚网对应。

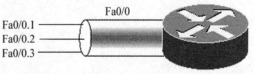

图1-4-1 子接口

三、实验环境及拓扑结构

(1) PC机三台;
(2) 二层交换机STAR-S2126G两台;

(3) 三层交换机 RG-S3760 一台；

(4) 路由器 R1760 一台。

实验拓扑如图 1-4-2、图 1-4-3 和图 1-4-4 所示。

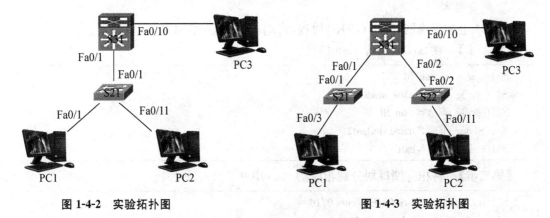

图 1-4-2　实验拓扑图　　　　　　图 1-4-3　实验拓扑图

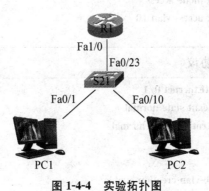

图 1-4-4　实验拓扑图

四、实验内容

1. 通过 SVI 方式实现虚网间的通信

(1) 设备连接

按图 1-4-2 连接好设备，将 PC1 和 PC3 的地址分别设置为 10.10.1.33/27 和 10.10.1.34/27，将 PC2 的地址设置为 10.10.1.65/27。

(2) 通过 SVI 方式

① 实验要求

配置虚网 10 和 20 的地址分别为 10.10.1.62/27 和 10.10.1.94/27，并分别作为 PC1 和 PC3 以及 PC2 的网关。测试 PC1 和 PC2 的连通性。

② 命令参考

interface vlan *vlan-id*

ip address *ip-address subnet mask*

③ 配置参考

在 S31 上配置虚网,启动 GVRP 协议,将端口 10 划入虚网 10,配置主干。

【第一步】 在 S31 上配置 vlan 信息

```
S31(config)#vlan 10
S31(config-vlan)#name student1
S31(config-vlan)#vlan 20
S31(config-vlan)#name student2
S31(config-vlan)#exit
```

【第二步】 将相应端口划分到相应的 vlan 中

```
S31(config)#interface fastEthernet 0/10
S31(config-if)#switchport mode access
S31(config-if)#switchport access vlan 10
S31(config-if)#exit
```

【第三步】 启动 gvrp 协议

```
S31(config)#interface fastEthernet 0/1
S31(config-if)#gvrp applicant state normal
S31(config-if)#gvrp registration mode normal
S31(config-if)#exit
S31(config)#gvrp enable
S31(config)#gvrp dynamic-vlan-creation enable
S31(config)#exit
```

【第四步】 配置主干

```
S31(config)#interface fastEthernet 0/1
S31(config-if)#switchport mode trunk
S31(config-if)#end
```

【第五步】 显示虚网信息

```
S31#show vlan
VLAN Name                         Status    Ports
---------------------------------  --------  ------------------------------
1    default                       active    Fa0/1 ,Fa0/2 ,Fa0/3 ,Fa0/4
                                             Fa0/5 ,Fa0/6 ,Fa0/7 ,Fa0/8
```

实验 1.4 VLAN 间的路由配置

			Fa0/9, Fa0/11, Fa0/12, Fa0/13
			Fa0/14, Fa0/15, Fa0/16, Fa0/17
			Fa0/18, Fa0/19, Fa0/20, Fa0/21
			Fa0/22, Fa0/23, Fa0/24, Gi0/25
			Gi0/26, Gi0/27, Gi0/28
10	student1	active	Fa0/1, Fa0/10
20	student2	active	Fa0/1

【第六步】 在 S21 上进行相应配置

在 S21 上启动 GVRP 协议,配置主干,将相应的端口 2 和 11 分别分配给虚网 10 和 20。

```
S21(config)#interface fastEthernet 0/1
S21(config-if)#gvrp applicant state normal
S21(config-if)#gvrp registration mode normal
S21(config-if)#switchport mode trunk
S21(config-if)#exit
S21(config)#gvrp enable
S21(config)#gvrp dynamic-vlan-creation enable
S21(config)#end
S21#show vlan
```

VLAN	Name	Status	Ports
1	default	active	Fa0/1, Fa0/2, Fa0/3
			Fa0/4, Fa0/5, Fa0/6
			Fa0/7, Fa0/8, Fa0/9
			Fa0/10, Fa0/11, Fa0/12
			Fa0/13, Fa0/14, Fa0/15
			Fa0/16, Fa0/17, Fa0/18
			Fa0/19, Fa0/20, Fa0/21
			Fa0/22, Fa0/23, Fa0/24
10	VLAN0010(dynamic)	active	Fa0/1

```
S21(config)#interface fastEthernet 0/2
S21(config-if)#switchport mode access
S21(config-if)#switchport access vlan 10
S21(config-if)#exit
S21(config)#interface fastEthernet 0/11
S21(config-if)#switchport mode access
S21(config-if)#switchport access vlan 20
```

【第七步】 配置虚网 IP 地址

```
S31(config)#interface vlan 10
S31(config-if)#ip address 10.10.1.62 255.255.255.224
S31(config-if)#exit
S31(config)#interface vlan 20
S31(config-if)#ip address 10.10.1.94 255.255.255.224
```

【第八步】 验证连通性

将虚网 10 的地址分别作为 PC1 和 PC3 的网关,将虚网 20 的地址作为 PC2 的网关,测试它们的连通性。

2. 通过交换机三层端口实现虚网间通信

(1) 设备连接

按图 1-4-3 连接好设备,将 PC1、PC3 的地址分别设置为 10.10.1.33/27,10.10.1.65/27,将 PC2 的地址设置为 10.10.1.97/27。

(2) 通过交换机三层端口方式

① 实验要求

将交换机 S31 的 1、2、10 端口转化成三层端口,且地址分别为 10.10.1.62/27,10.10.1.94/27 和 10.10.1.126/27,并分别作为 PC1、PC2 和 PC3 主机的网关。测试 PC1 和 PC2 的连通性。

② 命令参考

interface fastEther *id*

no switchport

ip address *ip-address subnet mask*

③ 配置参考

【第一步】 配置虚网信息

【第二步】 将端口 1、2 和 10 转化为三层端口并配置相应 IP 地址

```
S31(config)#interface fastEthernet 0/1
S31(config-if)#no switchport
S31(config-if)#ip address 10.10.1.62 255.255.255.224
S31(config-if)#no shut
S31(config-if)#exit
S31(config)#interface fastEthernet 0/2
S31(config-if)#no switchport
S31(config-if)#ip address 10.10.1.94 255.255.255.224
S31(config-if)#no shut
S31(config-if)#end
S31(config)#interface fastEthernet 0/10
```

```
S31(config-if)#no switchport
S31(config-if)#ip address 10.10.1.126 255.255.255.224
S31(config-if)#exit
```

【第三步】 将端口 1、2 和 10 的地址分别作为 PC1、PC2 和 PC3 的网关

【第四步】 测试 PC1、PC2 和 PC3 之间的连通性

3. 通过子接口方式实现虚网间的通信

(1) 设备连接

按图 1-4-4 连接好设备,将 PC1、PC2 的地址分别设置为 10.10.1.33/27 和 10.10.1.65/27。

(2) 通过路由器子接口方式

① 在路由器的 Fa1/0 口上划分两个子接口,分别将子接口的地址设置为 10.10.1.62/27 和 10.10.1.94/24,并分别作为 PC1 和 PC2 两主机的网关。测试 PC1 和 PC2 的连通性。

② 命令参考

interface fastEther *id*

no ip address

interface fastether *id*/*subid*

ip address *ip-address subnet mask*

encapsulation dot1Q *vlan-id*

③ 配置参考

【第一步】 配置虚网信息

【第二步】 将端口划分给相应的虚网

```
S21(config)#interface fa0/1
S21(config-if)#switchport access vlan 10
S21(config-if)#interface fa0/10
S21(config-if)#switchport access vlan 20
```

【第三步】 配置主干

```
S21(config-if)#interface fa0/23
S21(config-if)#switchport mode trunk
S21(config-if)#end
```

【第四步】 在路由器上配置子接口

```
R1(config)#interface fastEthernet 1/0
R1(config-if)#no ip address
R1(config-if)#exit
R1(config)#interface fastEthernet 1/0.1
```

```
R1(config-subif)# encapsulation dot1Q 10
R1(config-subif)# ip address 10.10.1.62 255.255.255.224
R1(config-subif)# exit
R1(config)# interface fastEthernet 1/0.2
R1(config-subif)# encapsulation dot1Q 20
R1(config-subif)# ip address 10.10.1.94 255.255.255.224
```

【第五步】 将两个子接口的地址分别作为 PC1 和 PC2 的网关,然后测试连通性。

五、实验注意事项

(1) 在配置子接口时要先配置它的封装,然后配置它的 IP 地址。
(2) 第二种配置方式适用于物理子网通过不同的交换机连接的情况。

六、拓展训练

如何在园区网中合理规划与配置虚网?

习　题

1. 比较三种实现不同虚网之间通信方法的优缺点。并说明它们的应用场合。
2. 如果虚网信息配置正确,但两台计算机不能正常通信,可能的原因是什么?
3. 如果能进入某一子接口,却不能为之配置相应的 IP 地址,可能的原因是什么?

实验 1.5　链路聚合配置

一、实验目的

(1) 掌握链路聚合的作用和配置方法；
(2) 掌握 LACP 协议的作用和配置。

二、预备知识

1. 链路聚合的含义

链路聚合是符合 IEEE 803.2ad 标准的，将多个物理链接捆绑在一起形成一个逻辑链接，从而增大链路带宽，这个逻辑链接我们称之为 Aggregate Port(简称 AP)。典型的链路聚合如图 1-5-1 所示。

2. 链路聚合的作用

(1) 增加链路带宽

通过将多个物理链接进行捆绑能有效增加交换机之间的带宽。

(2) 实现流量平衡

AP 可以根据报文的源 MAC 地址、目的 MAC 地

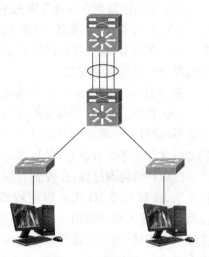

图 1-5-1　链路聚合

址、源 MAC 地址＋目的 MAC 地址、源 IP 地址、目的 IP 地址以及源 IP 地址＋目的 IP 地址等特征值把流量平均地分配到 AP 的成员链路中，从而实现流量平衡。

3. LACP 协议

(1) LACP 协议概述

LACP(Link Aggregation Control Protocol，链路聚合控制协议)是一个关于动态链路聚合的协议，它通过协议报文 LACPDU(Link Aggregation Control Protocol Data Unit，链路聚合控制协议数据单元)和相连的设备交互信息。当端口启用 LACP 协议后，端口通过发送 LACPDU 来通告自己的系统优先级、系统 MAC、端口的优先级、端口号和操作 key 等。相连设备收到该报文后，根据所存储的其他端口的信息，选择端口进行相应的聚合操作，从而可以使双方在端口退出或者加入聚合组上达到一致。

(2) LACP 端口模式

LACP 的端口有两种模式：主动(Active)模式和被动模式(Passive)。处于主动模式的

端口会主动发起 LACP 报文协商。处于被动模式的端口只能和处于主动模式的端口进行聚合。

（3）LACP 端口状态

聚合组内的成员有可能处于三种状态：

Down 状态。此时端口不可能转发任何数据报文，显示为"down"状态。

Up 状态。端口被置于聚合状态，可以进行数据转发，显示为"bndl"状态。

Sups 状态。由于对端没有启用 LACP，或者因为端口属性和主端口不一致等因素导致经过报文协商端口被置于挂起状态，此时不能进行数据转发，显示为"sups"状态。

（4）动态链路聚合的优先级关系

LACP 的系统 ID：系统 ID 由 LACP 的系统优先级和设备 MAC 地址组成。ID 小者优先级高。系统 ID 优先级较高的系统决定端口状态，低优先级系统的端口状态随高优先级系统的端口状态变化而变化。

端口 ID：端口 ID 由 LACP 的端口优先级和端口号组成。端口 ID 小者优先级高。

LACP 的主端口：当有动态成员处于 Up 状态时，LACP 会根据端口的速率、双工速率等关系，选择一个聚合组内端口 ID 优先级最高的端口作为主端口。只有和主端口属性相同的端口才能处于聚合状态，参与聚合组的数据转发。

LACP 的协商过程：在收到对端的 LACP 报文后，选取系统 ID 优先级比较高的系统。在系统 ID 优先级较高的一端，按照端口 ID 优先级从高到低的顺序，设置聚合组内端口处于聚合状态。对端收到更新后的 LACP 报文后，也会把相应的端口设置成聚合状态。

三、实验环境及拓扑结构

（1）PC 机三台；

（2）二层交换机 STAR-S2126G 两台；

（3）三层交换机 RG-S3760 两台。

实验拓扑如图 1-5-2 所示。

四、实验内容

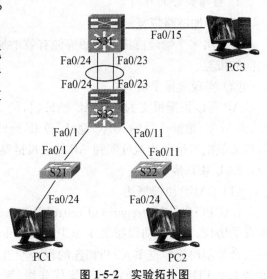

图 1-5-2　实验拓扑图

1. 设备连接

按图 1-5-2 连接好相关设备。

2. 通过链路聚合增加带宽

（1）实验要求

实验 1.5　链路聚合配置

将交换机 S31 和 S32 进行链路聚合,并验证其可靠性。

(2) 命令参考

进入相关端口,执行如下命令,即可将相关端口加入到链路聚合组中。

port-group *port-group-number*

(3) 配置参考

【第一步】　将两台三层交换机的 23 和 24 口进行聚合

```
S21# configure terminal
Ruijie(config)# interface range FastEthernet 0/23-24
Ruijie(config-if-range)# port-group 5
Ruijie(config-if-range)# end
```

【第二步】　验证可靠性

测试 PC1 和 PC2 的连通性。拔下 23 口的连接线,从图中可以看出,会引起部分数据包的丢失,但很快就恢复了正常。如图 1-5-3 所示。

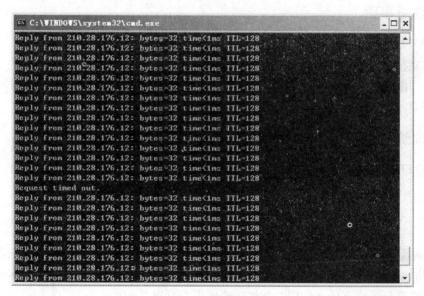

图 1-5-3　连通性测试

3. 配置动态链路聚合协议

(1) 实验要求

将 S31 设置 LACP 系统优先级为 4 096,在端口 Fa0/23、Fa0/24 上启用动态链路聚合协议,并设置端口的 LACP 端口优先级为 4 096。

(2) 命令参考

配置 LACP 系统的优先级,可选范围为 0~65 535,默认优先级为 32 768。

lacp system-priority *system-priority*

配置端口的优先级,可选范围为 0~65 535,默认优先级为 32 768。

lacp port-priority port-priority

把端口加入聚合组并指定端口的动态聚合模式,如果聚合组不存在,则会创建一个聚合组。

port-group key mode active | passive

(3) 配置参考

```
switch# configure terminal
switch(config)# lacp system-priority 4096
switch(config)# interface range GigabitEthernet 0/1-3
switch(config-if-range)# lacp port-priority 4096
switch(config-if-range)# port-group 3 mode active
switch(config-if-range)# end
```

五、实验注意事项

(1) AP 成员端口的端口速率必须一致。

(2) 二层端口只能加入二层 AP,三层端口只能加入三层 AP。包含成员口的 AP 口不允许改变二层/三层属性。

(3) AP 不能设置端口安全功能。

六、拓展训练

正确进行负载均衡配置,使 PC1 的流量经过 Fa0/23,PC2 的流量经过 Fa0/24。

习 题

1. 用两双绞线将两台交换机的 Fa0/23 和 Fa0/24 相连,两台计算机之间将不能通信,同时交换指示灯闪烁速度加快,这是什么原因引起的?如何解决?

2. 链路聚合协议有什么作用?如何正确使用 LACP 协议?

3. 在进行链路聚合时应注意哪些问题?

实验 1.6 生成树协议配置

一、实验目的

(1) 掌握生成树协议的作用和工作原理；
(2) 掌握生成树协议的类型；
(3) 掌握生成树协议的配置方法。

二、预备知识

1．STP、RSTP 和 MSTP 概述

STP、RSTP 和 MSTP 分别遵循 IEEE 802.1d、IEEE 802.1w 和 IEEE 802.1s 标准。

STP，即生成树协议(Spanning Tree Protocol)，是用来避免链路环路产生的广播风暴，并提供链路冗余备份的协议。对二层以太网来说，两个 LAN 间只能有一条活动着的通路，否则就会产生广播风暴。但是为了加强一个局域网的可靠性，建立冗余链路又是必要的。这就要求其中的一些通路必须处于备份状态，当活动链路失效时，另一条链路能自动升为活动状态。这就是 STP 的作用。由于树型结构没有环路，因此 STP 通过生成一个最佳树型拓扑结构来实现上述功能。

RSTP，即快速生成树协议(Rapid Spanning Tree Protocol)，除了具有 STP 的功能外，它最大的特点是"快"。STP 协议是选好端口角色(Port Role)后等待 30 秒后再 Forwarding，而且每当网络拓扑发生变化后，每个网桥的 Root Port 和 Designated Port 又要重新经过 30 秒再 Forwarding，因此要等待整个网络拓扑稳定为一个树型结构就大约需要 50 秒。RSTP 生成新拓扑树的时间不会超过 1 秒。

MSTP，即多生成树协议(Multiple Spanning Tree Protocol)，是在传统的 STP、RSTP 的基础上发展而来的。由于传统的生成树协议与 VLAN 没有任何联系，因此在特定网络拓扑下就会产生部分 VLAN 内交换机无法通信的情况。解决这一问题的方法是使用 MSTP 协议。可以把一台交换机的一个或多个 vlan 划分为一个 Instance，有着相同 Instance 配置的交换机就组成一个域(MST Region)，运行独立的生成树(这个内部的生成树称为 IST，Internal Spanning-Tree)；这个 MST Region 组合就相当于一个大的交换机整体，与其他 MST Region 再进行生成树算法运算，得出一个整体的生成树，称为 CST(Common Spanning Tree)。

2. STP 的工作原理

各交换之间通过交换 BPDU(Bridge Protocol Data Units,桥接协议数据单元)帧来获得建立最佳树形拓扑结构所需要的信息。

(1) BPDU 包结构

BPDU 包结构如表 1-6-1 所示,主要域的含义如下:

表 1-6-1 BPDU 包结构

值 域	占用字节数	值 域	占用字节数	值 域	占用字节数
协议 ID	2	根桥 ID	8	Message Age	2
协议版本号	1	根路径开销	4	Max Age	2
BPDU 类型	1	网桥 ID	8	Hello Time	2
标志位	1	指定端口 ID	2	Forward Delay	2

Root Bridge ID:根桥 ID。网桥 ID 由桥优先级和 MAC 地址组合而成。

Root Path Cost:根路径花费。

Bridge ID:网桥 ID。

Message Age:报文已存活的时间。

Port ID:端口的 ID,由端口优先级和端口号组合而成。

Hello Time:定时发送 BPDU 报文的时间间隔。

Forward-Delay Time:端口状态改变的时间间隔。当 RSTP 协议以兼容 STP 协议模式运行时,端口从 listening 转变向 learning,或者从 learning 转向 forwarding 状态的时间间隔。

Max-Age Time:BPDU 报文消息生存的最长时间。当超出这个时间,报文消息将被丢弃。

(2) 树的生成

选择根网桥(Root Bridge)。选择 ID 最小的网桥为根网桥。网桥的 ID 由 2 个字节的优先级和 6 个字节的 MAC 地址构成。首先比较优先级,优先级越小越优先。优先级相同的情况下比较 MAC 地址,MAC 越小越优先。

选择根端口(Root Port)。除根桥外的每个网桥都有一个根口,即提供最短路径到 Root Bridge 的端口。选择最短路径的依据为:根路径成本最小,发送网桥 ID 最小,发送端口 ID 最小。根路径成本参考值为:10G,2;1000M,4;100M,19;10M,100。

选择指定端口(Designated Port)。在每个 LAN 网段选择一个指定端口。选择指定端口的依据为:根路径成本最小,发送网桥 ID 最小,发送端口 ID 最小。

根口(Root Port)和指定端口进入 Forwarding 状态。其他端口就处于 Discarding

状态。

如图 1-6-1 所示。在这个网络拓扑中有三台交换机。由于三台交换机的优先级相同，所以选择 MAC 最小的 A 交换机作为根交换机。又由于所有链路都是 100M，所以交换机 B 和 C 的 port 0 端口为根端口。对于下面的网段，由于两交换机的 port 1 端口的根路径成本相同，所以根据网桥 ID 作为选择指定端口的依据，则交换机 B 的 port 1 端口为指定端口，交换机 C 的 port 1 端口作为阻塞端口。这样就构成了一棵无环的树型结构。

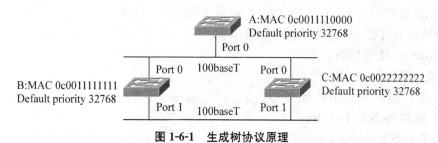

图 1-6-1　生成树协议原理

（3）端口状态

阻塞状态（Blocking）：初始启用端口的状态。端口不能接受或传输数据，不能将 MAC 地址加入到 MAC 地址表，只能接受 BPDU。

监听状态（Listening）：如果一个端口可能变为根端口或指定端口，那么它就转变为监听状态。此时端口就不能接收或转发数据，也不能将 MAC 地址加入到 MAC 地址表，但可以接收和转发 BPDU。此时，端口参与根端口和指定端口的选择。

学习状态（Learning）：在转发延迟时间超时（默认 15 s）后，端口进入学习状态。此时，端口不传输数据，但可以发送和接受 BPDU，也可以学习 MAC 地址，并加入地址表中。

转发状态（Forwarding）：在下一次转发延时计时时间到后，端口进入转发状态，此时，端口能接收和发送数据、学习 MAC 地址、发送和接收 BPDU。

3. RSTP

当网络拓扑结构发生变更的时候，快速生成树协议（RSTP）能明显加快生成树的计算速度。快速生成树协议除了根端口和指定端口外，还新增了两种端口角色：替代端口（Alternate Port），作为根端口的替代端口，一旦根端口失效，该端口就立即变成根端口。备份端口（Backup Port），当一个网桥有两个端口连到同一个 LAN 上，则优先级高的端口成为指定端口，另一个端口就是备份端口。

RSTP 的端口只有三种状态：丢弃（Discarding）、学习（Learning）和转发（Forwarding）。在 STP 中的禁用、阻塞和监听就对应于 RSTP 中的丢弃状态。

4. MSTP

（1）STP 与 RSTP 存在的问题

以上两种生成树协议并没有考虑VLAN存在的情况。如果网络中存在不同的VLAN,使用以上两种生成树协议,就会导致同一VLAN间的设备不能通信的情况。如图1-6-2所示,如果A、C、D的路径优于A、B、D之间的路径,则A、B之间的链路就被Dis-

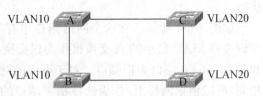

图1-6-2 传统STP存在的问题

carding,从而导致同一VLAN之间的两台设备不能通信。这在实际网络中是应该避免的。

要解决这个问题,可以使用MSTP。在MSTP中,将一台设备的一个或多个VLAN划分为一个Instance,具有相同的Instance的设备构成一个域(MST Region)。每个MST Region运行独立的生成树协议,MST Region相当于一个大的设备,再与其他的MST Region运行生成树算法,得出一个整体生成树。工作原理如图1-6-3所示。这样既避免了环路,又能保证同一VLAN的设备间正常通信。

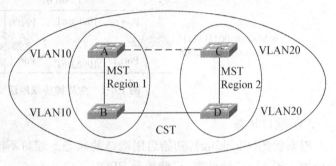

图1-6-3 MSTP工作原理

(2) MSTP工作原理

① MSTP Region划分信息

MST配置信息包括:

MST配置名称(name):最长可用32个字节长的字符串来标识MSTP region。

MST revision number:用一个16bit长的修正值来标识MSTP region。

MST instance-vlan的对应表:每台交换机都最多可以创建64个Instance,Instance 0是强制存在的,用户还可以按需要分配1~4 094个VLAN属于不同的Instance(0~64),未分配的VLAN缺省就属于Instance 0。

② MSTP region内的生成树(IST)

划分好MSTP region后,每个region里就按各个instance所设置的bridge priority、port priority等参数选出各个instance独立的root bridge,以及每台交换机上各个端口的port role,然后就port role指定该端口在该Instance内是Forwarding还是Discarding。

这样,经过MSTP BPDU的交流,IST就生成了,而各个Instance也独立的有了自己的生成树(MSTI),其中Instance 0所对应的生成树称为CIST(Common Instance Spanning Tree)。也就是说,每个Instance都为各自的"VLAN组"提供了一条单一的、不含环路的网络拓扑。

用户在这里要注意的是MSTP协议本身不关心一个端口属于哪个VLAN,所以用户应该根据实际的 vlan 配置情况来为相关端口配置对应的 path cost 和 priority，以防 MSTP 协议打断了不该打断的环路。

③ MSTP region 间的生成树（CST）

每个 MSTP region 对 CST 来说可以相当于一个大的交换机整体，不同的 MSTP region 也生成一个大的网络拓扑树，称为 CST。

④ Hop Count

IST 和 MSTI（Multiple Spanning Tree Instance，多生成树实例）已经不用 message age 和 max age 来计算 BPDU 信息是否超时，而是用类似于 IP 报文 TTL 的机制来计算，它就是 Hop Count。

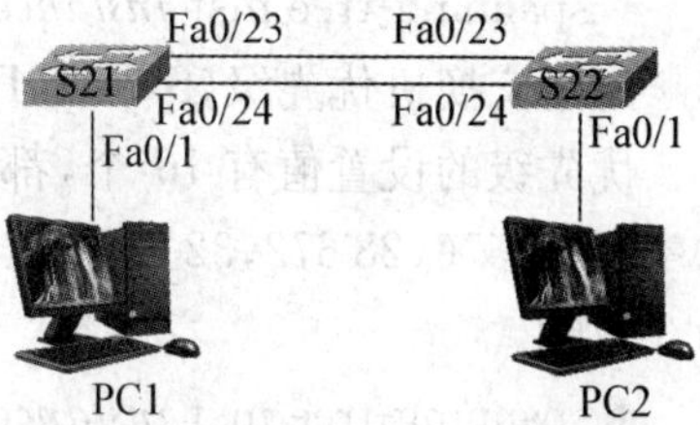

三、实验环境及拓扑结构

（1）PC 机四台；
（2）二层交换机 STAR-S2126G 两台；
（3）三层交换机 RG-S3760 两台。
实验拓扑如图 1-6-4 和图 1-6-5 所示。

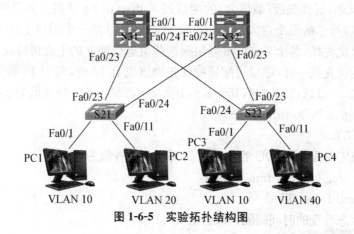

图 1-6-4 实验拓扑结构图

图 1-6-5 实验拓扑结构图

四、实验内容

1. RSTP 配置

（1）设备连接

按图 1-6-4 连接好设备。

（2）配置 RSTP 协议

① 实验要求

启动快速生成树协议。改变交换机 S22 的优先级为 4 096,使之成为根交换机。改变交换机的计时器参数,使发送报文时间为 4 s,进入转发状态的时间为 20 s,BPDU 报文存活时间为 20 s。并查看各端口的状态。断开交换机之间的一条链路,观察 ping 丢包的情况。并查看生成树协议的相关信息。

② 命令参考
- spanning-tree mode rstp
- show spanning-tree
- spanning-tree mst *instance-id* priority *priority*

配置交换机优先级(Switch Priority)

优先级的设置值有 16 个,都为 4 096 的倍数,分别是 0,4 096,8 192,12 288,16 384,20 480,24 576,28 672,32 768,36 864,40 960,45 056,49 152,53 248,57 344,61 440。缺省值为 32 768。

- spanning-tree mst *instance-id* port-priority *priority*

配置端口优先级(Port Priority)

当有两个端口都连在一个共享介质上,交换机会选择一个高优先级(数值小)的端口进入 forwarding 状态,低优先级(数值大)的端口进入 discarding 状态。如果两个端口的优先级一样,就选端口号小的那个进入 forwarding 状态。可以在一个端口上给不同的 instance 分配不同的端口优先级,各个 instance 可根据这些值运行独立的生成树协议。

和交换机的优先级一样,端口可配置的优先级值也有 16 个,都为 16 的倍数,分别是 0,16,32,48,64,80,96,112,128,144,160,176,192,208,224,240。缺省值为 128。

- spanning-tree hello-time *seconds*

配置 Hello Time

配置交换机定时发送 BPDU 报文的时间间隔。缺省值为 2 秒。

- spanning-tree forward-time *seconds*

配置 Forward-Delay Time

配置端口状态改变的时间间隔。缺省值为 15 秒。

取值范围为 4 到 30 秒,缺省值为 15 秒。

- spanning-tree max-age *seconds*

配置 Max-Age Time

配置 BPDU 报文消息生存的最长时间。缺省值为 20 秒。

取值范围为 6 到 40 秒,缺省值为 20 秒。

- 显示命令

show spanning-tree interface *interface-id*

show spanning-tree interface interface-id

show spanning-tree mst instance-id interface interface-id
show spanning-tree mst *instance-id*

③ 配置参考

【第一步】 交换机 S21 基本配置

```
S21(config)#vlan 10
S21(config-vlan)#name stu1
S21(config-vlan)#exit
S21(config)#interface fastEthernet 0/1
S21(config-if)#switchport access vlan 10
S21(config-if)#exit
S21(config)#interface range fastEthernet 0/23 - 24
S21(config-if-range)#switchport mode trunk
```

【第二步】 交换机 S22 基本配置

```
S22(config)#vlan 10
S22(config-vlan)#name stu1
S22(config-vlan)#exit
S22(config)#interface fastEthernet 0/1
S22(config-if)#switchport access vlan 10
S22(config-if)#exit
S22(config)#interface range fastEthernet 0/23 - 24
S22(config-if-range)#switchport mode trunk
```

【第三步】 配置快速生成树协议

```
S21(config)#spanning-tree
S21(config)#spanning-tree mode rstp
S22(config)#spanning-tree
S22(config)#spanning-tree mode rstp
```

【第四步】 验证 RSTP 已启动

```
S21#show spanning-tree
StpVersion : RSTP
SysStpStatus : Enabled
BaseNumPorts : 24
MaxAge : 20
HelloTime : 2
ForwardDelay : 15
BridgeMaxAge : 20
BridgeHelloTime : 2
```

BridgeForwardDelay：15
MaxHops：20
TxHoldCount：3
PathCostMethod：Long
BPDUGuard：Disabled
BPDUFilter：Disabled
BridgeAddr：00d0.f87c.0d29
Priority：32768　！交换机优先级
TimeSinceTopologyChange：0d:0h:0m:14s
TopologyChanges：0
DesignatedRoot：800000D0F87C0D29
RootCost：0　！交换机到达根交换机的开销，0代表交换机为根
RootPort：0　！查看交换机的根端口，0代表本交换机为根

S22# **show spanning-tree**
StpVersion：RSTP
SysStpStatus：Enabled
BaseNumPorts：24
MaxAge：20
HelloTime：2
ForwardDelay：15
BridgeMaxAge：20
BridgeHelloTime：2
BridgeForwardDelay：15
MaxHops：20
TxHoldCount：3
PathCostMethod：Long
BPDUGuard：Disabled
BPDUFilter：Disabled
BridgeAddr：00d0.f88c.380a
Priority：32768
TimeSinceTopologyChange：0d:0h:1m:2s
TopologyChanges：0
DesignatedRoot：800000D0F87C0D29
RootCost：200000
RootPort：Fa0/23

从上面的信息可以看出，交换机 S21 为根交换机。

【第五步】 配置 S22 交换机的相关参数，使之成为根交换机

实验1.6 生成树协议配置

```
S22(config)#spanning-tree priority 4096
S22(config)#spanning-tree hello-time 4
S22(config)#spanning-tree forward-time 20
S22(config)#spanning-tree max-age 20
```

【第六步】 验证配置信息

```
S22#show spanning-tree
StpVersion：RSTP
SysStpStatus：Enabled
BaseNumPorts：24
MaxAge：20
HelloTime：4
ForwardDelay：20
BridgeMaxAge：20
BridgeHelloTime：4
BridgeForwardDelay：20
MaxHops：20
TxHoldCount：3
PathCostMethod：Long
BPDUGuard：Disabled
BPDUFilter：Disabled
BridgeAddr：00d0.f88c.380a
Priority：4096
TimeSinceTopologyChange：0d:0h:2m:11s
TopologyChanges：0
DesignatedRoot：100000D0F88C380A
RootCost：0
RootPort：0
```

```
S21#show spanning-tree
StpVersion：RSTP
SysStpStatus：Enabled
BaseNumPorts：24
MaxAge：20
HelloTime：4
ForwardDelay：20
BridgeMaxAge：20
BridgeHelloTime：2
BridgeForwardDelay：15
MaxHops：20
```

```
    TxHoldCount : 3
    PathCostMethod : Long
    BPDUGuard : Disabled
    BPDUFilter : Disabled
    BridgeAddr : 00d0.f87c.0d29
    Priority : 32768
    TimeSinceTopologyChange : 0d:0h:3m:9s
    TopologyChanges : 0
    DesignatedRoot : 100000D0F88C380A
    RootCost : 200000
    RootPort : Fa0/23
```

```
S22#show spanning-tree interface fastEthernet 0/23
    PortAdminPortfast : Disabled
    PortOperPortfast : Disabled
    PortAdminLinkType : auto
    PortOperLinkType : point-to-point
    PortBPDUGuard: Disabled
    PortBPDUFilter: Disabled
    PortState : forwarding
    PortPriority : 128
    PortDesignatedRoot : 100000D0F88C380A
    PortDesignatedCost : 0
    PortDesignatedBridge : 100000D0F88C380A
    PortDesignatedPort : 8017
    PortForwardTransitions : 1
    PortAdminPathCost : 0
    PortOperPathCost : 200000
    PortRole : designatedPort
```

```
S22#show spanning-tree interface fastEthernet 0/24
    PortAdminPortfast : Disabled
    PortOperPortfast : Disabled
    PortAdminLinkType : auto
    PortOperLinkType : point-to-point
    PortBPDUGuard: Disabled
    PortBPDUFilter: Disabled
    PortState : forwarding
    PortPriority : 128
    PortDesignatedRoot : 100000D0F88C380A
```

PortDesignatedCost：0
PortDesignatedBridge：100000D0F88C380A
PortDesignatedPort：8018
PortForwardTransitions：1
PortAdminPathCost：0
PortOperPathCost：200000
PortRole：designatedPort

S21# show spanning-tree interface fastEthernet 0/23
PortAdminPortfast：Disabled
PortOperPortfast：Disabled
PortAdminLinkType：auto
PortOperLinkType：point-to-point
PortBPDUGuard：Disabled
PortBPDUFilter：Disabled
PortState：forwarding
PortPriority：128
PortDesignatedRoot：100000D0F88C380A
PortDesignatedCost：0
PortDesignatedBridge：100000D0F88C380A
PortDesignatedPort：8017
PortForwardTransitions：2
PortAdminPathCost：0
PortOperPathCost：200000
PortRole：rootPort

S21# show spanning-tree interface fastEthernet 0/24
PortAdminPortfast：Disabled
PortOperPortfast：Disabled
PortAdminLinkType：auto
PortOperLinkType：point-to-point
PortBPDUGuard：Disabled
PortBPDUFilter：Disabled
PortState：discarding
PortPriority：128
PortDesignatedRoot：100000D0F88C380A
PortDesignatedCost：0
PortDesignatedBridge：100000D0F88C380A
PortDesignatedPort：8018
PortForwardTransitions：1

PortAdminPathCost：0
PortOperPathCost：200000
PortRole：alternatePort

拔掉端口 23 的连线，观察端口状态的变化如图 1-6-6 所示。

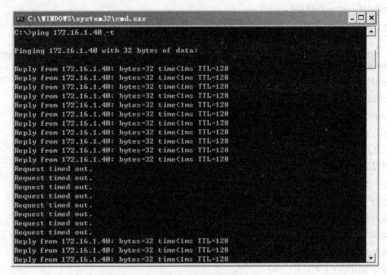

图 1-6-6　连通性测试

S21♯show spanning-tree interface fastEthernet 0/24
PortAdminPortfast：Disabled
PortOperPortfast：Disabled
PortAdminLinkType：auto
PortOperLinkType：point-to-point
PortBPDUGuard：Disabled
PortBPDUFilter：Disabled
PortState：forwarding
PortPriority：128
PortDesignatedRoot：100000D0F88C380A
PortDesignatedCost：0
PortDesignatedBridge：100000D0F88C380A
PortDesignatedPort：8018
PortForwardTransitions：2
PortAdminPathCost：0
PortOperPathCost：200000
PortRole：rootPort

2. MSTP 配置

(1) 设备连接

按图 1-6-5 所示连接好设备。

(2) 配置 MSTP

① 实验要求

在 S21 中将虚网 10 和 20 加入 MST 的第一个实例中。在 S22 中将虚网 10 和 40 加入 MST 的第二个实例中。

② 命令参考

● 配置 MSTP region

要让多台交换机处于同一个 MSTP region,就要让这几台交换机有相同的名称 (name)、相同的 revision number、相同的 instance-vlan 对应表。一台交换机最多支持新创建 64 个 instance,可以配置 0～64 号 instance 包含哪些 vlan,剩下的 vlan 就自动分配给 instance 0。一个 vlan 只能属于一个 instance。

spanning-tree mst configuration

instance *instance-id* vlan *vlan-range*

instance-id,范围为 0～64；vlan-range,范围为 1～4 094。

name name

指定 MST 配置名称,该字符串最多可以有 32 个字节。

revision version

指定 MST revision number,范围为 0～65 535。缺省值为 0。

● MSTP 信息显示

show spanning-tree mst configuration　显示 MSTP 的配置信息

show spanning-tree mst *instance-id*　显示该 instance 的 MSTP 信息

show spanning-tree mst *instance-id interface interface-id*　显示指定 interface 的对应 instance 的 MSTP 信息

show spanning-tree interface *interface-id*　显示指定 interface 的所有 instance 的 MSTP 信息

③ 配置参考

【第一步】 配置 S21 交换机

```
S21(config)# spanning-tree
S21(config)# spanning-tree mode mstp ！使用 MSTP 生成树模式
S21(config)# interface vlan 1
S21(config-if)# ip address 172.16.1.1 255.255.255.0
S21(config-if)# exit
```

```
S21(config)#vlan 10
S21(config-vlan)#vlan 20
S21(config-vlan)#exit
S21(config)#interface fastEthernet 0/1
S21(config-if)#switchport access vlan 10
S21(config-if)#exit
S21(config)#interface fastEthernet 0/11
S21(config-if)#switchport access vlan 20
S21(config-if)#exit
S21(config)#interface fastEthernet 0/23
S21(config-if)#switchport mode trunk
S21(config-if)#exit
S21(config)#interface fastEthernet 0/24
S21(config-if)#switchport mode trunk
S21(config-if)#exit
S21(config)#spanning-tree mst configuration
S21(config-mst)#instance 1 vlan 10,20 ！配置实例 1 并关联 vlan 10 和 20
S21(config-mst)#name stu1 ！配置名称
S21(config-mst)#revision 1 ！配置版本
```

【第二步】 验证交换机 S21 的生成树配置

```
S21#show spanning-tree ！显示交换机生成树状态
StpVersion : MSTP
SysStpStatus : Enabled
BaseNumPorts : 24
MaxAge : 20
HelloTime : 2
ForwardDelay : 15
BridgeMaxAge : 20
BridgeHelloTime : 2
BridgeForwardDelay : 15
MaxHops : 20
TxHoldCount : 3
PathCostMethod : Long
BPDUGuard : Disabled
BPDUFilter : Disabled

###### MST 0 vlans mapped : 1-9,11-19,21-4094
BridgeAddr : 00d0.f87c.0d29
Priority : 32768
```

```
TimeSinceTopologyChange : 0d:0h:10m:30s
TopologyChanges : 0
DesignatedRoot : 800000D0F87C0D29
RootCost : 0
RootPort : 0
CistRegionRoot : 800000D0F87C0D29
CistPathCost : 0

###### MST 1 vlans mapped : 10,20
BridgeAddr : 00d0.f87c.0d29
Priority : 32768
TimeSinceTopologyChange : 0d:15h:5m:38s
TopologyChanges : 0
DesignatedRoot : 800100D0F87C0D29
RootCost : 0
RootPort : 0
```

```
S21#show spanning-tree mst configuration ！显示 MSTP 全局配置
Multi spanning tree protocol : Enabled
Name      : stu1
Revision : 1
Instance     Vlans Mapped
----------   ----------------------------------
0            1-9,11-19,21-4094
1            10,20
----------------------------------------------
```

【第三步】 配置交换机 S22

```
S22(config)#interface vlan 1
S22(config-if)#ip address 172.16.1.2 255.255.255.0
S22(config-if)#no shut
S22(config-if)#exit
S22(config)#vlan 10
S22(config-vlan)#vlan 40
S22(config-vlan)#exit
S22(config)#interface fastEthernet 0/1
S22(config-if)#switchport access vlan 10
S22(config)#interface fastEthernet 0/11
S22(config-if)#switchport access vlan 40
S22(config-if)#exit
```

```
S22(config)#interface fastEthernet 0/23
S22(config-if)#switchport mode trunk
S22(config-if)#exit
S22(config)#interface fastEthernet 0/24
S22(config-if)#switchport mode trunk
S22(config-if)#exit
S22(config)#spanning-tree mst configuration
S22(config-mst)#instance 2 vlan 10,40
S22(config-mst)#name stu2
S22(config-mst)#revision 2
```

【第四步】 验证交换机 S22 的生成树配置

```
S22#show spanning-tree
StpVersion : MSTP
SysStpStatus : Disabled
BaseNumPorts : 24
MaxAge : 20
HelloTime : 2
ForwardDelay : 15
BridgeMaxAge : 20
BridgeHelloTime : 2
BridgeForwardDelay : 15
MaxHops : 20
TxHoldCount : 3
PathCostMethod : Long
BPDUGuard : Disabled
BPDUFilter : Disabled

###### MST 0 vlans mapped : 1-9,11-39,41-4094
BridgeAddr : 00d0.f88c.380a
Priority : 32768
TimeSinceTopologyChange : 0d:15h:16m:12s
TopologyChanges : 0
DesignatedRoot : 800000D0F88C380A
RootCost : 0
RootPort : 0
CistRegionRoot : 800000D0F88C380A
CistPathCost : 0

###### MST 2 vlans mapped : 10,40
BridgeAddr : 00d0.f88c.380a
```

```
Priority : 32768
TimeSinceTopologyChange : 0d:15h:16m:12s
TopologyChanges : 0
DesignatedRoot : 800200D0F88C380A
RootCost : 0
RootPort : 0
```

```
S22#show spanning-tree mst configuration
Multi spanning tree protocol : Disabled
Name        : stu2
Revision : 2
Instance    Vlans Mapped
--------   ------------------------------------
0           1-9,11-39,41-4094
2           10,40
------------------------------------------------
```

【第五步】 配置交换机 S31

```
S31(config)#spanning-tree
S31(config)#spanning-tree mode mstp
S31(config)#interface vlan 1
S31(config-if)#ip address 172.16.1.3 255.255.255.0
S31(config-if)#no shut
S31(config-if)#exit
S31(config)#vlan 10
S31(config-vlan)#vlan 20
S31(config-vlan)#vlan 40
S31(config-vlan)#exit
S31(config)#interface fastEthernet 0/1
S31(config-if)#switchport mode trunk
S31(config-if)#exit
S31(config)#interface fastEthernet 0/23
S31(config-if)#switchport mode trunk
S31(config-if)#exit
S31(config)#interface fastEthernet 0/24
S31(config-if)#switchport mode trunk
S31(config-if)#exit
S31(config)#spanning-tree mst 1 priority 4096
S31(config)#spanning-tree mst configuration
S31(config-mst)#instance 1 vlan 10,20
S31(config-mst)#name stu1
```

```
S31(config-mst)# revision 1
```

【第六步】 验证交换机 S31

```
S31# show spanning-tree
StpVersion : MSTP
SysStpStatus : Enabled
BaseNumPorts : 28
MaxAge : 20
HelloTime : 2
ForwardDelay : 15
BridgeMaxAge : 20
BridgeHelloTime : 2
BridgeForwardDelay : 15
MaxHops : 20
TxHoldCount : 3
PathCostMethod : Long
BPDUGuard : Disabled
BPDUFilter : Disabled

###### MST 0 vlans mapped : 1-9,11-19,21-4094
BridgeAddr : 00d0.f805.cad2
Priority : 32768
TimeSinceTopologyChange : 0d:0h:3m:20s
TopologyChanges : 0
DesignatedRoot : 800000D0F805CAD2
RootCost : 0
RootPort : 0
CistRegionRoot : 800000D0F805CAD2
CistPathCost : 0

###### MST 1 vlans mapped : 10,20
BridgeAddr : 00d0.f805.cad2
Priority : 4096
TimeSinceTopologyChange : 0d:15h:13m:1s
TopologyChanges : 0
DesignatedRoot : 100100D0F805CAD2
RootCost : 0
RootPort : 0
```

实验 1.6 生成树协议配置

```
S31#show spanning-tree mst configuration
Multi spanning tree protocol : Enabled
Name       : stu1
Revision : 1
Instance      Vlans Mapped
--------   -----------------------------------------
0          1-9,11-19,21-4094
1          10,20
```

【第七步】 配置交换机 S32

```
S32(config)#spanning-tree
S32(config)#spanning-tree
S32(config)#spanning-tree mode mstp
S32(config)#interface vlan 1
S32(config-if)#ip address 172.16.1.4 255.255.255.0
S32(config-if)#no shut
S32(config-if)#exit
S32(config)#vlan 10
S32(config-vlan)#vlan 20
S32(config-vlan)#vlan 40
S32(config-vlan)#exit
S32(config)#interface fastEthernet 0/1
S32(config-if)#switchport mode trunk
S32(config-if)#exit
S32(config)#interface fastEthernet 0/23
S32(config-if)#switchport mode trunk
S32(config-if)#exit
S32(config)#interface fastEthernet 0/24
S32(config-if)#switchport mode trunk
S32(config-if)#exit
S32(config)#spanning-tree mst 2 priority 4096
S32(config)#spanning-tree mst configuration
S32(config-mst)#instance 1 vlan 10,20
S32(config-mst)#name stu1
S32(config-mst)#revision 1
S32(config-mst)#instance 2 vlan 40
S32(config-mst)#name stu2
S32(config-mst)#revision 1
```

【第八步】 验证交换机 S32

```
S32#show spanning-tree
StpVersion : MSTP
SysStpStatus : Enabled
BaseNumPorts : 28
MaxAge : 20
HelloTime : 2
ForwardDelay : 15
BridgeMaxAge : 20
BridgeHelloTime : 2
BridgeForwardDelay : 15
MaxHops : 20
TxHoldCount : 3
PathCostMethod : Long
BPDUGuard : Disabled
BPDUFilter : Disabled

###### MST 0 vlans mapped : 1-9,11-19,21-39,41-4094
BridgeAddr : 00d0.f8b5.6b8c
Priority : 32768
TimeSinceTopologyChange : 0d:0h:3m:52s
TopologyChanges : 0
DesignatedRoot : 800000D0F805CAD2
RootCost : 200000
RootPort : Fa0/1
CistRegionRoot : 800000D0F8B56B8C
CistPathCost : 0

###### MST 1 vlans mapped : 10,20
BridgeAddr : 00d0.f8b5.6b8c
Priority : 32768
TimeSinceTopologyChange : 0d:15h:19m:43s
TopologyChanges : 0
DesignatedRoot : 800100D0F8B56B8C
RootCost : 0
RootPort : 0

###### MST 2 vlans mapped : 40
BridgeAddr : 00d0.f8b5.6b8c
Priority : 4096
TimeSinceTopologyChange : 0d:15h:19m:43s
TopologyChanges : 0
```

```
DesignatedRoot：100200D0F8B56B8C
RootCost：0
RootPort：0
```

```
S32#show spanning-tree mst configuration
Multi spanning tree protocol：Enabled
Name        ：stu2
Revision    ：1
Instance      Vlans Mapped
--------------------------------------------
0          1-9,11-19,21-39,41-4094
1          10,20
2          40
```

【第九步】 验证交换机端口状态，测试网络连通性

```
S21#show spanning-tree mst 1 interface fastEthernet 0/23
###### MST 1 vlans mapped：10,20
PortState：**forwarding**！转发状态
PortPriority：128
PortDesignatedRoot：100100D0F805CAD2
PortDesignatedCost：0
PortDesignatedBridge：100100D0F805CAD2
PortDesignatedPort：8017
PortForwardTransitions：2
PortAdminPathCost：0
PortOperPathCost：200000
PortRole：rootPort
```

```
S21#show spanning-tree mst 1 interface fastEthernet 0/24
###### MST 1 vlans mapped：10,20
PortState：forwarding
PortPriority：128
PortDesignatedRoot：100100D0F805CAD2
PortDesignatedCost：200000
PortDesignatedBridge：800100D0F87C0D29
PortDesignatedPort：8018
PortForwardTransitions：3
PortAdminPathCost：0
PortOperPathCost：200000
PortRole：designatedPort
```

```
S22#show spanning-tree mst 2 interface fa0/23
###### MST 2 vlans mapped : 10,40
PortState : forwarding
PortPriority : 128
PortDesignatedRoot : 800200D0F88C380A
PortDesignatedCost : 0
PortDesignatedBridge : 800200D0F88C380A
PortDesignatedPort : 8017
PortForwardTransitions : 1
PortAdminPathCost : 0
PortOperPathCost : 200000
PortRole : designatedPort
```

```
S22#show spanning-tree mst 2 interface fa0/24
###### MST 2 vlans mapped : 10,40
PortState : forwarding
PortPriority : 128
PortDesignatedRoot : 800200D0F88C380A
PortDesignatedCost : 0
PortDesignatedBridge : 800200D0F88C380A
PortDesignatedPort : 8018
PortForwardTransitions : 1
PortAdminPathCost : 0
PortOperPathCost : 200000
PortRole : masterPort
```

```
S31#show spanning-tree mst 1 interface fastEthernet 0/1
###### MST 1 vlans mapped : 10,20
PortState : forwarding
PortPriority : 128
PortDesignatedRoot : 100100D0F805CAD2
PortDesignatedCost : 0
PortDesignatedBridge : 100100D0F805CAD2
PortDesignatedPort : 8001
PortForwardTransitions : 1
PortAdminPathCost : 0
PortOperPathCost : 200000
PortRole : designatedPort
```

```
S31#show spanning-tree mst 1 interface fastEthernet 0/23
###### MST 1 vlans mapped：10,20
PortState：forwarding
PortPriority：128
PortDesignatedRoot：100100D0F805CAD2
PortDesignatedCost：0
PortDesignatedBridge：100100D0F805CAD2
PortDesignatedPort：8017
PortForwardTransitions：1
PortAdminPathCost：0
PortOperPathCost：200000
PortRole：designatedPort
```

```
S31#show spanning-tree mst 1 interface fastEthernet 0/24
###### MST 1 vlans mapped：10,20
PortState：forwarding
PortPriority：128
PortDesignatedRoot：100100D0F805CAD2
PortDesignatedCost：0
PortDesignatedBridge：100100D0F805CAD2
PortDesignatedPort：8018
PortForwardTransitions：4
PortAdminPathCost：0
PortOperPathCost：200000
PortRole：designatedPort
```

```
S32#show spanning-tree mst 1 interface fastEthernet 0/1
###### MST 1 vlans mapped：10,20
PortState：forwarding
PortPriority：128
PortDesignatedRoot：800100D0F8B56B8C
PortDesignatedCost：0
PortDesignatedBridge：800100D0F8B56B8C
PortDesignatedPort：8001
PortForwardTransitions：2
PortAdminPathCost：0
PortOperPathCost：200000
PortRole：masterPort
```

S32#show spanning-tree mst 1 interface fa0/23
MST 1 vlans mapped : 10,20
PortState : discarding
PortPriority : 128
PortDesignatedRoot : 800100D0F8B56B8C
PortDesignatedCost : 0
PortDesignatedBridge : 800100D0F8B56B8C
PortDesignatedPort : 8017
PortForwardTransitions : 4
PortAdminPathCost : 0
PortOperPathCost : 200000
PortRole : alternatePort

S32#show spanning-tree mst 1 interface fastEthernet 0/24
MST 1 vlans mapped : 10,20
PortState : discarding
PortPriority : 128
PortDesignatedRoot : 800100D0F8B56B8C
PortDesignatedCost : 0
PortDesignatedBridge : 800100D0F8B56B8C
PortDesignatedPort : 8018
PortForwardTransitions : 1
PortAdminPathCost : 0
PortOperPathCost : 200000
PortRole : alternatePort

S32#show spanning-tree mst 2 interface fa0/23
MST 2 vlans mapped : 40
PortState : discarding
PortPriority : 128
PortDesignatedRoot : 100200D0F8B56B8C
PortDesignatedCost : 0
PortDesignatedBridge : 100200D0F8B56B8C
PortDesignatedPort : 8017
PortForwardTransitions : 4
PortAdminPathCost : 0
PortOperPathCost : 200000
PortRole : alternatePor

```
S32#show spanning-tree mst 2 interface fa0/24
###### MST 2 vlans mapped : 40
PortState : discarding
PortPriority : 128
PortDesignatedRoot : 100200D0F8B56B8C
PortDesignatedCost : 0
PortDesignatedBridge : 100200D0F8B56B8C
PortDesignatedPort : 8018
PortForwardTransitions : 1
PortAdminPathCost : 0
PortOperPathCost : 200000
PortRole : alternatePort
```

```
S32#show spanning-tree mst 2 interface fa0/1
###### MST 2 vlans mapped : 40
PortState : forwarding
PortPriority : 128
PortDesignatedRoot : 100200D0F8B56B8C
PortDesignatedCost : 0
PortDesignatedBridge : 100200D0F8B56B8C
PortDesignatedPort : 8001
PortForwardTransitions : 2
PortAdminPathCost : 0
PortOperPathCost : 200000
PortRole : masterPort
```

测试 PC1 与 PC3 的连通性。

拔掉 S21 的 23 端口线,观察连通性和丢包情况。

五、实验注意事项

（1）要让多台交换机处于同一个 MSTP Region,就要这几台交换机有相同的名称、相同的 revision number、相同的 instance-vlan 对应表。

（2）锐捷系列交换机默认为 MSTP 协议。

六、拓展训练

在一个较为复杂的园区网上如何正确配置 MSTP?

习　题

1. 从以下的信息中找出与 STP 工作原理对应的内容。

```
S31♯show spanning-tree
StpVersion：STP
SysStpStatus：Disabled
BaseNumPorts：28
MaxAge：20
HelloTime：2
ForwardDelay：15
BridgeMaxAge：20
BridgeHelloTime：2
BridgeForwardDelay：15
MaxHops：20
TxHoldCount：3
PathCostMethod：Long
BPDUGuard：Disabled
BPDUFilter：Disabled
BridgeAddr：00d0.f805.c812
Priority：32768
RootCost：0
RootPort：0
```

2. 如果用两根双绞线将两台交换机直接相连，不启动生成树协议，观察发生的现象并说明原因。

3. 从以下的信息中找出与 MSTP 工作原理对应的内容。

```
S21♯show spanning-tree mst 1 interface fastEthernet 0/23
###### MST 1 vlans mapped：10,20
PortState：forwarding！转发状态
PortPriority：128
PortDesignatedRoot：100100D0F805CAD2
PortDesignatedCost：0
PortDesignatedBridge：100100D0F805CAD2
PortDesignatedPort：8017
PortForwardTransitions：2
PortAdminPathCost：0
PortOperPathCost：200000
PortRole：rootPort
```

实验 1.7　基于 802.1x 的 AAA 服务

一、实验目的

（1）掌握基于端口认证的基本原理；
（2）掌握 802.1x 的系统构成；
（3）掌握 802.1x 的配置方法。

二、预备知识

1. 概述

在传统的以太网中，用户只要能接到网络设备上，不需要经过认证和授权即可直接使用。这样不便于对网络进行管理和计费。而 IEEE 802.1x 能在以太网技术简单、廉价的组网特点的基础上，提供用户对网络或设备访问合法性的认证。IEEE 802.1x(Port-Based Network Access Control)是一个基于端口的网络存取控制标准，为 LAN 接入提供点对点式的安全接入。客户端要访问网络必须先通过认证服务器的认证。在客户端通过认证之前，只有 EAPOL 报文(Extensible Authentication Protocol over LAN)可以在网络上通行。在认证成功之后，通常的数据流便可在网络上通行。

2. AAA 服务的含义

802.1x 交换机提供了 Authentication、Authorization、Accounting 三种安全功能，简称 AAA。

Authentication：认证，用于判定用户是否可以获得访问权，限制非法用户。
Authorization：授权，授权用户可以使用哪些服务，控制合法用户的权限。
Accounting：计账，记录用户使用网络资源的情况，为收费提供依据。

3. 设备的角色

IEEE 802.1x 标准认证体系由恳请者、认证者、认证服务器三个角色构成，在实际应用中，三者分别对应为：工作站(Client)、交换机(Network Access Server，NAS)、Radius-Server。

如图 1-7-1 所示。

图 1-7-1 设备角色

（1）恳请者

代表最终用户，一般是个人 PC。它请求对网络服务的访问，并对认证者的请求报文进行应答。恳请者必须运行符合 IEEE 802.1x 客户端标准的软件，目前最典型的就是 Windows XP 操作系统自带的 IEEE 802.1x 客户端支持。也可使用第三方的客户端软件。

（2）认证者

一般为支持 IEEE 802.1x 交换机等接入设备。该设备的职责是根据客户端当前的认证状态控制其与网络的连接状态。在客户端与服务器之间，该设备扮演着中介者的角色：从客户端要求用户名，核实从服务器端的认证信息，并且转发给客户端。因此，交换机除了扮演 IEEE 802.1x 的认证者的角色，还扮演 Radius Client 角色，因此常将交换机称作 Network Access Server(NAS)，它要负责把从客户端收到的回应封装到 Radius 格式的报文并转发给 Radius Server，同时它要把从 Radius Server 收到的信息解释出来并转发给客户端。扮演认证者角色的设备有两种类型的端口：受控端口（Controlled Port）和非受控端口（Uncontrolled Port）。连接在受控端口的用户只有通过认证才能访问网络资源；而连接在非受控端口的用户无须经过认证便可以直接访问网络资源。将用户连接在受控端口上，便可以实现对用户的控制；非受控端口主要是用来连接认证服务器，以便保证服务器与交换机的正常通讯。

（3）认证服务器

通常为 Radius 服务器，认证过程中与认证者配合，为用户提供认证服务。认证服务器保存了用户名及密码，以及相应的授权信息，一台服务器可以对多台认证者提供认证服务，这样就可以实现对用户的集中管理。可使用 Microsoft Win2000 Server 自带的 Radius Server 及 Linux 下的 Free Radius Server。也可使用第三方的 Radius 服务器软件。

4. 认证过程中的报文交互

恳请者和认证者之间通过 EAPOL 协议交换信息，而认证者和认证服务器通过 Radius 协议交换信息，通过这种转换完成认证过程。EAPOL 协议封装于 MAC 层之上，类型号为 0x888E。同时，标准为该协议申请了一个组播 MAC 地址 01-80-C2-00-00-03，用于初始认证过程中的报文传递。具体工作过程如图 1-7-2 所示。

实验 1.7 基于 802.1x 的 AAA 服务

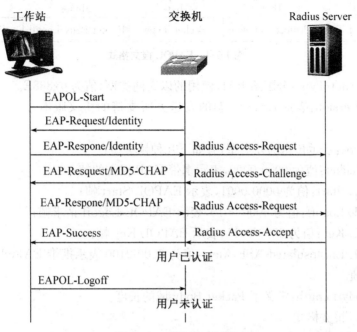

图 1-7-2 报文交互过程

5. 认证过程中相关报文格式

(1) EAP 报文格式。如图 1-7-3 所示。

1byte	1byte	2bytes	n bytes
Code	Identifier	Length	Data

图 1-7-3 EAP 报文格式

Code：用于标识 EAP 报文类型。

    1：Request

    2：Response

    3：Success

    4：Failure

Identifier：用于匹配 Request 和 Response。Identifier 的值和系统端口一起单独标识一个认证过程。

Length：用于说明 EAP 报文的长度。

Data：该域采用的格式与 Code 域的类型有关。

(2) EAPOL 报文格式。如图 1-7-4 所示。

2bytes	1byte	1byte	2bytes	n bytes
PAE Ethernet Type	Protocol Version	Packet Type	Packet Body Length	Packet Body

图 1-7-4 EAPOL 报文格式

PAE Ethernet Type：分配给 PAE 使用的以太网类型，值为 0x888E。

Protocol Version：表示 EAPOL 帧的发送方所支持的协议版本号。本规范使用值为 0000 0001

Packet Type：表示传送的帧类型，有如下几种帧类型：

① EAP-Packet：值为 0000 0000，表示携带 EAP 报文的帧；

② EAPOL-Start：值为 0000 0001，表示 EAPOL-Start 帧；

③ EAPOL-Logoff：值为 0000 0010，表示 EAPOL-Logoff 请求帧；

④ EAPOL-Key：值为 0000 0011，表示 EAPOL-Key 帧；

⑤ EAPOL-Encapsulated-ASF-Alert：值为 0000 0100 表示携带 EAPOL-Encapsulated-ASF-Alert 的帧。

Packet Body Length：定义了 Packet Body 域的长度。

(3) Radius 报文格式

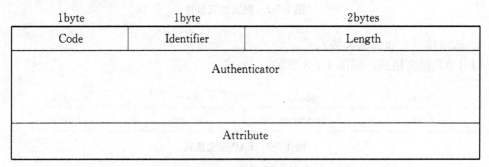

图 1-7-5 Radius 报文格式

Code：一个字节，用以标识 Radius 报文类型。

    1 Access-request：认证请求

    2 Access-accept：认证通过

    3 Access-reject：认证拒绝

    4 Accounting-request：计费请求

    5 Accounting-response：计费响应

    11 Accounting-challenge：挑战请求

Identifier：一个字节，用以匹配请求包和响应包。

Length：2 个字节，用以标识报文的长度。

Authenticator:4 个字节,用以验证报文的合法性。

Attribute:不定长,TLV 格式。属性举例。

1 User-name 用户名;4 NAS-IP-Address NAS 的 IP 地址;5 NAS-Port NAS 的端口号;28 Idle-Timeout 闲置切断等。

6. 典型拓扑结构

(1) 带 802.1x 的设备作为接入层设备。

该方案的特点:

① 每台支持 802.1x 的交换机所负责的客户端少,认证速度快。各台交换机之间相互独立,交换机的重启等操作不会影响到其他交换机所连接的用户。

② 用户的管理集中于 Radius Server 上,管理员不必考虑用户连接在哪台交换机上,便于管理员的管理。管理员可以通过网络管理到接入层的设备。

(2) 带 802.1x 的设备作为汇聚层设备。

该方案的特点:

① 由于是汇聚层设备,说明网络规模大,下接用户数多,对设备的要求就高,因为若该层设备发生故障,将导致大量用户不能正常访问网络。

② 用户的管理集中于 Radius Server 上,管理员不必考虑用户连接在哪台交换机上,便于管理员的管理。

③ 接入层设备可以使用较廉价的非网管型交换机(只要支持 EAPOL 帧透传)。

④ 管理员不能通过网络直接管理到接入层设备。

三、实验环境及拓扑结构

(1) PC 机三台;

(2) 二层交换机 STAR-S2126G 一台;

(3) Radius 软件一套;

(4) 802.1x 软件两套。

实验拓扑如图 1-7-6 所示。

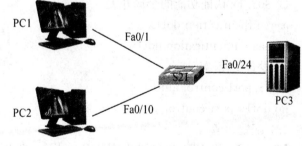

图 1-7-6 实验拓扑

四、实验内容

1. 设备连接

按图 1-7-6 连接好设备,在 PC1 和 PC2 上安装客户端软件;在 PC3 上安装 Radius 软件。将 PC1、PC2 和 PC3 的地址分别设置为 10.10.1.33/27、10.10.1.34/27、10.10.1.35/27。

2. 802.1x 基本配置

(1) 实验要求

使 PC1 和 PC2 通过认证后才能访问网络。

(2) 命令参考

Radius Server 端：要注册一个 Radius Client。注册时要告知 Radius Server 交换机的 IP，认证的 UDP 端口（若记帐还要添加记帐的 UDP 端口），交换机与 Radius Server 通讯的约定密码，还要选上对该 Client 支持 EAP 扩展认证方式。

交换机端：为了让交换机能与 Server 进行通讯，交换机端要做如下的设置：设置 Radius Server 的 IP 地址，认证（记帐）的 UDP 端口，与服务器通讯的约定密码。

① 设置 Radius 服务器

使用该命令的 no 选项删除服务器的 IP 地址，或者将认证的 UDP 端口恢复为缺省值。

radius-server [host *ip-address* [backup]][auth-port *port-number*]

no radius-server [host][auth-port]

ip-address：Radius 服务器的 IP 地址

backup：表示设置备份 Radius 服务器 IP 地址

auth-port *port-number*：认证的 UDP 端口。值范围从 0 到 65 535。认证的 UDP 端口缺省值为 1 812。

② 设置 Radius 服务器验证字

使用该命令的 no 选项删除验证字。

radius-server key *string*

no radius-server key

string：字符串形式的服务器验证字

③ 802.1x 认证功能的全局开关

aaa authentication dot1x

no aaa authentication dot1x

④ 设置受控端口

dot1x port-control auto

no dot1x port-control

(3) 配置参考

【第一步】 在 PC1 和 PC2 上安装 Supplicant 3.22 软件

【第二步】 在 PC3 上安装 WinRadius 服务器软件，在服务器上设置 stu 和 tea 两个用户

【第三步】 在交换机 S21 上正确配置 Radius 信息

```
S21(config)# radius-server host 10.10.1.35
S21(config)# radius-server auth-port 600
S21(config)# radius-server key yctc
```

【第四步】 启用交换机的 802.1x 的认证功能

```
S21(config)# aaa authentication dot1x
```

【第五步】 设置受控端口和非受控端口

```
S21(config)# interface range fa 0/1- 23
S21(config-if)# dot1x port-control auto
```

【第六步】 验证配置信息

```
sw1# show dot1x port-control
Ports              Status
---------------    ---------
Fa0/1              Enabled
Fa0/2              Enabled
Fa0/3              Enabled
Fa0/4              Enabled
Fa0/5              Enabled
Fa0/6              Enabled
Fa0/7              Enabled
Fa0/8              Enabled
Fa0/9              Enabled
Fa0/10             Enabled
Fa0/11             Enabled
Fa0/12             Enabled
Fa0/13             Enabled
Fa0/14             Enabled
Fa0/15             Enabled
Fa0/16             Enabled
Fa0/17             Enabled
Fa0/18             Enabled
Fa0/19             Enabled
Fa0/20             Enabled
Fa0/21             Enabled
Fa0/22             Enabled
Fa0/23             Enabled
Fa0/24             Disabled
Gi0/25             Disabled
Gi0/26             Disabled
Gi0/27             Disabled
Gi0/28             Disabled
```

```
sw1#show dot1x statistics
Vlan                        : 1
Address                     : 0024.8c64.5f6f
EapolFramesRx               : 3
EapolFramesTx               : 3
EapolStartFramesRx          : 1
EapolLogoffFramesRx         : 0
EapolRespIdFramesRx         : 1
EapolRespFramesRx           : 1
EapolReqIdFramesTx          : 1
EapolReqFramesTx            : 1
InvalidEapolFramesRx        : 0
EapLengthErrorFramesRx      : 0
LastEapolFrameVersion       : 0
LastEapolFrameSource        : 0024.8c64.5f6f
```

```
sw1#show dot1x summary
Vlan Address             PaeState        BackendAuth PortStatus   Interface
-----------------------------------------------------------------------
1    0024.8c64.5f6f      authenticated   request     authorized   Fa0/1
```

【第七步】 进行验证

在 PC1 上启动 Supplicant，输入在 WinRadius 中注册的用户名和密码，在服务器上会出现如图 1-7-7 所示的信息。说明验证成功。

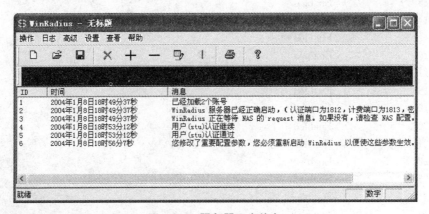

图 1-7-7　服务器日志信息

3. 配置认证的其他选项

(1) 实验要求

合理配置认证的其他选项。

(2) 命令参考

① 打开重新认证

802.1x 能定时主动要求用户重新认证。默认的重认证时间间隔是 3 600 秒。

dot1x re-authentication

② 重认证时间间隔

dot1x timeout re-authperiod *seconds*

no dot1x timeout re-authperiod

seconds 认证周期。值的范围是 0 到 65 535。缺省值是 3 600 秒。

③ 再次认证时间间隔

当用户认证失败时,交换机将等待一段时间后,才允许用户再次认证。

dot1x timeout quiet-period *seconds*

no dot1x timeout quiet-period

seconds 交换机认证交互失败后到允许尝试重新认证的等待时间。值的范围是 0 到 65 535。缺省值是 60 秒。

④ 设置报文重传时间

设置报文重传间隔:交换机发 EAP-request/identity 之后,若在一定的时间内没有收到用户的回应,交换机将重传这个报文。该值的默认值为 30 秒。

dot1x timeout tx-period *seconds*

no dot1x timeout tx-period

seconds 重传周期。值的范围是 0 到 65 535。缺省值是 30 秒。

⑤ 设置最大请求次数

交换机向 Radius Server 发出认证请求后,若在 ServerTimeout 时间内没收到 Radius Server 的回应,将重传该报文。默认的重传次数为 2 次。

dot1x max-req *count*

no dot1x max-req

count 允许恳请者认证的最大重传认证请求的次数。缺省值为 60 次。

⑥ 设置最大重认证次数

当用户认证失败后,交换机会尝试几次与用户的认证。系统默认的次数是 2 次。

dot1x reauth-max [*count*]

no dot1x reauth-max

缺省值为 2。

⑦ 设置服务器超时时间

该值指的是 Radius Server 的最大响应时间。

dot1x timeout server-timeout *seconds*

no dot1x timeout server-timeout

seconds 交换机和认证服务器之间认证交互的超时时间,值的范围是 0 到 65 535。缺省值是 30 秒。

（3）配置参考

```
dot1x auto-req
S21(config)#dot1x re-authentication
S21(config)#dot1x timeout re-authperiod 1000
S21(config)#dot1x timeout quiet-period 500
S21#show dot1x
S21(config)#dot1x timeout tx-period 100
S21(config)#dot1x max-req 5
S21(config)#dot1x reauth-max 3
S21(config)#dot1x timeout server-timeout 100
S21(config)#dot1x auto-req
S21(config)#dot1x auto-req packet-num 3 为 0 时,交换机将连续发送该报文。
S21(config)#dot1x auto-req req-interval 20
S21(config)#dot1x auto-req user-detect
```

五、实验注意事项

（1）802.1x 既可以在二层又可以在三层的设备下运行。

（2）要先设置认证服务器的 IP 地址,才能打开 802.1x 认证。

（3）端口安全已打开的端口不允许打开 802.1x 认证。

（4）与 Radius Server 连接的端口必须为非受控端口。

六、拓展训练

如果 Radius 服务器位于汇聚层交换机,如何正确配置 802.1x?

习 题

1. 什么原因可能引起客户端能通过论证但不能获取到 IP 地址?
2. 如果要改变认证端口,应该在哪些设备上做哪些改动?
3. 试比较将 Radius 服务器置于接入层和汇聚层的优缺点。
4. 在配置 Radius 服务器时要注意哪些问题?

实验 1.8 交换机系统维护

一、实验目的

(1) 掌握交换机密码的破解方法;
(2) 掌握交换机系统文件的备份与恢复;
(3) 掌握交换机系统的升级方法。

二、预备知识

1. 交换机密码破解的基本原理

目前市场上绝大多数交换机密码的破解都是通过以下方式进行:一是设置串口的运行参数;二是在交换机开机时,通过按特殊的组合键进入交换机的特殊运行模式;三是在特殊模式下删除配置文件或将配置文件改名;四是将串口设置为正确参数,并将备份的文件名改为配置文件的正常名称。

如锐捷的 S21 系列交换机通过将串口的速率设置为 57 600 bit/s,在启动交换机时不停按 Esc 键,直到进入 Ctrl 层,然后可将配置文件删除或改名。

2. 交换机系统文件备份与恢复的基本方法

交换机的系统文件主要包括操作系统和配置文件等,这些文件对系统运行至关重要。这些文件在交换机中如果被误删除,将使系统配置丢失或无法运行。因此必须将这些文件备份到某一台主机中进行保存。以便在系统出现故障时进行恢复。

可以通过 TFTP 使用网口进行备份和恢复,也可以通过 Xmodem 协议通过串口进行备份和恢复。

3. 交换机系统升级

不论是盒式设备还是机箱设备,都可以通过 TFTP 或者 Xmodem 进行升级,也就是将操作系统文件传输到交换机中。但盒式设备和机箱设备上的升级操作有所不同:

(1) 盒式设备的升级只完成自己单板系统的升级操作,升级完毕,系统自动复位,机器再次启动正常运行。

(2) 机箱设备包含有管理板、线卡以及多业务卡,要通过一个升级文件完成整套系统的升级操作。首先将管理板端升级完毕,系统复位。机器再次启动时,版本同步功能会启动起来,完成线卡和多业务卡的系统升级。

三、实验环境及拓扑结构

(1) PC 机两台；
(2) 二层交换机 STAR-S2126G 一台；
(3) 控制线一根。
实验拓扑如图 1-8-1 所示。

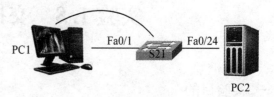

图 1-8-1 实验拓扑

四、实验内容

1. 设备连接

按图 1-8-1 连接好设备，在 PC2 上安装 TFTP 软件，设置 PC1 的地址为 10.10.1.34/27，启动 PC2 上的 TFTP 软件。

2. 设置交换机的地址

(1) 实验要求

将交换机与 PC2 的地址设置为同一网段。

(2) 命令参考

① 进入虚网接口

interface vlan *vlan-id*

② 配置虚网的 IP 地址

ip address *ip-address mask* [secondary | tertiary | quartus]

secondary：表示是接口的第二个 IP 地址
tertiary：表示是接口的第三个 IP 地址
quartus：表示是接口的第四个 IP 地址

(3) 配置参考

```
Switch(config)# int vlan 1
Switch(config-if)# ip address 10.10.1.60 255.255.255.224
Switch(config-if)# no shutdown
```

测试 PC1 与交换机的连通性，如果能 ping 通，则可进行下一步。

3. 备份配置文件

(1) 实验要求

能将启动时配置文件备份到 TFTP 服务器指定的文件夹下。

(2) 命令参考

copy running-config tftp：

(3) 配置参考

```
Switch# copy running-config tftp：
Address or name of remote host []？ 10.10.1.34
Destination filename []？ rg2126
Building configuration ...
Accessing tftp：//10.10.1.34/running-config ...
Success：Transmission success,file length 3072
```

4. 还原配置文件

(1) 实验要求

将 TFTP 服务器中的配置文件还原到交换机中。

(2) 命令参考

copy tftp running-config

(3) 配置参考

```
Switch# copy tftp running-config
Address or name of remote host []？ 10.10.1.34
Source filename []？ rg2126
Accessing tftp：//10.10.1.2/rg2126 ...
Success：Transmission success,file length 3072
```

5. 操作系统备份

(1) 实验要求

查找操作系统文件,并将该文件备份到 TFTP 相应的文件夹下。

(2) 命令参考

① dir

显示文件列表、空间、修改时间等信息

② copy flash：tftp：

(3) 配置参考

通过 dir 命令查看操作系统文件名并进行复制。右击鼠标选择"标记",拖动鼠标进行选择,然后单击鼠标右键即可实现复制。

```
Switch# dir
-rw-      646        Jan 01 2000 00：00：00      cli0.htm
-rw-      646        Jan 01 2000 00：00：00      cli1.htm
-rw-      649        Jan 01 2000 00：00：00      cli10.htm
-rw-      649        Jan 01 2000 00：00：00      cli11.htm
-rw-      649        Jan 01 2000 00：00：00      cli12.htm
-rw-      649        Jan 01 2000 00：00：00      cli13.htm
```

-rw-	649	Jan 01 2000 00:00:00	cli14.htm
-rw-	649	Jan 01 2000 00:00:00	cli15.htm
-rw-	646	Jan 01 2000 00:00:00	cli2.htm
-rw-	646	Jan 01 2000 00:00:00	cli3.htm
-rw-	646	Jan 01 2000 00:00:00	cli4.htm
-rw-	646	Jan 01 2000 00:00:00	cli5.htm
-rw-	646	Jan 01 2000 00:00:00	cli6.htm
-rw-	646	Jan 01 2000 00:00:00	cli7.htm
-rw-	646	Jan 01 2000 00:00:00	cli8.htm
-rw-	646	Jan 01 2000 00:00:00	cli9.htm
-rw-	195	Aug 02 2007 22:00:58	config.bak
-rw-	438	Oct 04 2009 22:25:46	config.text
-rw-	456696	Jan 01 2000 00:00:00	image.jar
-rw-	1125	Jan 01 2000 00:00:00	index.htm
-rw-	3762692	Apr 26 2007 12:03:31	**s2126g.bin**
-rw-	256	Jul 05 2007 14:58:37	script.text
-rw-	48	Oct 04 2009 22:25:46	vlan.dat
-rw-	2252	Jan 01 2000 00:00:00	vms15.htm
-rw-	1341411	Jan 01 2000 00:00:00	webclt.jar

total bytes:32456704, bytes used:5651793, bytes available:26804743.

Switch#**copy flash:tftp:**
Source filename []? **s2126g.bin**
Address of remote host []**10.10.1.34**
Destination filename [s2126g.bin]?
!!!
%Success:Transmission success,file length 3762692

6. 恢复操作系统文件

(1) 实验要求

将TFTP服务器中的系统文件恢复到交换机中。

(2) 命令参考

copy tftp:flash:

(3) 配置参考

```
Switch#copy tftp：flash：
Address of remote host []10.10.1.34
Source filename []? s2126g.bin
Destination filename [s2126g.bin]?
!!!!!!!!!!!!!!!!!!!!!!!!!!!!!!!!!!!!!!!!!!!!!!!!!!!!!!!!!!!!!!!!
```

7．利用 ROM 方式重写交换机操作系统

（1）实验要求

当交换机操作系统被无意删除时，交换机将无法启动。此时需用 ROM 方式重写交换机操作系统。

（2）操作过程

【第一步】 设置超级终端

设置超级终端的每秒位数为 57 600。如图 1-8-2 所示。

【第二步】 重启系统并进入 Ctrl 模式

给交换机加电，并有节奏地按 Esc 键，出现对话框按"Y"键，如图 1-8-3 所示。

选择菜单 1，输入文件名 s2126g.bin，如图 1-8-4 所示。

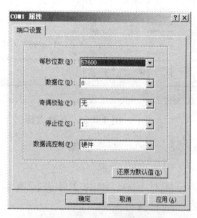

图 1-8-2　超级终端参数

图 1-8-3　进入对话框

图 1-8-4　菜单选择

在超级终端窗口，选择"传送"——"发送"文件，如图 1-8-5 所示。

在协议下拉列表框中选择 Xmodem，文件名指向软件所在目录。点"发送"按钮即可，如图 1-8-6 所示。

图 1-8-5 下载选择　　　　　图 1-8-6 选择系统文件和协议

8. Flash 文件管理

(1) 实验要求

能对 Flash 中的文件进行查看、复制、删除、重命名等管理。

(2) 命令参考

① 显示文件系统中的文件信息

dir

② 文件复制

copy *source-url destination-url*

③ 文件删除

delete flash：*file-url*

④ 文件重命名

rename flash：*filename*1 flash：*filename*2

⑤ 显示文件内容

more flash：*filename*

(3) 配置参考

Switch#**dir**			
-rw-	646	Jan 01 2000 00:00:00	cli0.htm
-rw-	646	Jan 01 2000 00:00:00	cli1.htm
-rw-	649	Jan 01 2000 00:00:00	cli10.htm
-rw-	649	Jan 01 2000 00:00:00	cli11.htm
-rw-	649	Jan 01 2000 00:00:00	cli12.htm
-rw-	649	Jan 01 2000 00:00:00	cli13.htm

-rw-	649	Jan 01 2000 00:00:00	cli14.htm
-rw-	649	Jan 01 2000 00:00:00	cli15.htm
-rw-	646	Jan 01 2000 00:00:00	cli2.htm
-rw-	646	Jan 01 2000 00:00:00	cli3.htm
-rw-	646	Jan 01 2000 00:00:00	cli4.htm
-rw-	646	Jan 01 2000 00:00:00	cli5.htm
-rw-	646	Jan 01 2000 00:00:00	cli6.htm
-rw-	646	Jan 01 2000 00:00:00	cli7.htm
-rw-	646	Jan 01 2000 00:00:00	cli8.htm
-rw-	646	Jan 01 2000 00:00:00	cli9.htm
-rw-	209	Aug 02 2007 20:45:19	config.bak
-rw-	212	Sep 12 2009 11:31:50	config.text
-rw-	456696	Jan 01 2000 00:00:00	image.jar
-rw-	1125	Jan 01 2000 00:00:00	index.htm
-rw-	3762692	Apr 26 2007 11:19:27	s2126g.bin
-rw-	256	Jul 05 2007 15:48:00	script.text
-rw-	48	Sep 12 2009 11:31:50	vlan.dat
-rw-	2252	Jan 01 2000 00:00:00	vms15.htm
-rw-	1341411	Jan 01 2000 00:00:00	webclt.jar

total bytes: 32456704, bytes used: 5651581, bytes available: 26804955.

9. 交换机密码破解

(1) 实验要求

对交换机的密码进行破解。

(2) 实验过程

【第一步】 设置超级终端

在 PC1 的超级终端中将串口速率设置为 57 600。

【第二步】 重新启动系统并进入 Ctrl 层

启动交换机,并不断按 Esc 键,直至进入 Ctrl 层。

【第三步】 删除或改名配置文件

将 config.text 删除或改名

Del flash:config.text 或

Rename flash:config.text flash:config.old

【第四步】 重新启动系统

重新启动交换机,并将备份文件改回原文件名。

Rename flash:config.old flash:config.text

【第五步】 设置新的密码并保存

重新设置密码并保存。

五、实验注意事项

（1）在进行操作系统恢复时必须保证交换机能正常使用。

（2）在系统操作过程中避免供电中断。

六、拓展训练

如何对机箱式交换机进行系统升级与维护？

习　题

1. 以下是系统中的主要文件，试说明各种类型文件的作用。

```
Switch# dir
   -rw-       646          Jan 01 2000 00:00:00        cli0.htm
   -rw-       646          Jan 01 2000 00:00:00        cli1.htm
   ……
   -rw-       646          Jan 01 2000 00:00:00        cli9.htm
   -rw-       209          Aug 02 2007 20:45:19        config.bak
   -rw-       212          Sep 12 2009 11:31:50        config.text
   -rw-       456696       Jan 01 2000 00:00:00        image.jar
   -rw-       1125         Jan 01 2000 00:00:00        index.htm
   -rw-       3762692      Apr 26 2007 11:19:27        s2126g.bin
   -rw-       256          Jul 05 2007 15:48:00        script.text
   -rw-       48           Sep 12 2009 11:31:50        vlan.dat
   -rw-       2252         Jan 01 2000 00:00:00        vms15.htm
   -rw-       1341411      Jan 01 2000 00:00:00        webclt.jar
```

2. 如果远程对系统进行备份，需要具备哪些前提条件？

3. 利用 TFTP 与 Xmodem 协议进行系统恢复有何区别？分别适用于什么样的场合？

实验 1.9 多交换机管理

一、实验目的

(1) 掌握交换机堆叠的概念与配置；
(2) 掌握交换机集群的概念与配置。

二、预备知识

1. 交换机堆叠概述

交换机堆叠,是指利用专门的堆叠模块和堆叠线缆将两台交换机相连。通过这样的方式可以方便网络管理员的管理和节省 IP 地址。本来需要多个 IP 地址来对多个交换机实施管理,现在只需一个 IP 地址就可以实现对多台交换机的管理。通过堆叠可以扩展交换机的端口密度,使所有的端口当作一个设备的端口使用。交换机堆叠一般分为菊花链式堆叠和主从式堆叠,较为常用的是菊花链式堆叠。

2. 堆叠方法

堆叠模块如图 1-9-1 所示。

堆叠时只要将第一台交换机的 UP 接口连接第二台交换机的 DOWN 接口,依此类推,最后一台交换机的 UP 接口连接第一台交换机的 DOWN 接口,形成一个环路即可。

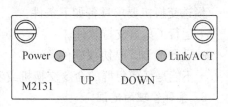

图 1-9-1 堆叠模块

3. 交换机堆叠中成员身份确认

当堆叠建立之后,只有通过主机串口才能执行带外管理,所以在建立堆叠之前先选择一台主机,在单机模式下将其优先级修改为较高优先级,保证其在堆叠中为主机。设备优先级从低到高为 1 至 10,出厂缺省设置为 1。如果系统中多台设备的优先级相同,且没有更高优先级的设备存在,则系统根据设备的 MAC 地址确定堆叠的主机,MAC 地址较小者为主机。当确认主机之后,也可以根据堆叠线连接确定堆叠中的设备和排列顺序。主机堆叠模块的 DOWN 接口连接的设备为设备 2,设备 2 堆叠模块 DOWN 口连接的设备为堆叠中的设备 3,依此类推。

4. 集群概述

在一个规模较大的网络中,数目众多的设备需要分配不同的网络地址,每台可以管理的设备需要经过配置之后才能够满足应用的需要。设备的数量变得愈加庞大,需要的网络地址数量和管理难度就会加大。为了解决这一问题,可使用集群管理方式。集群是用一个单一实体来管理的互相连接的一组交换机,一个集群可以容纳最多 20 台交换机。

5. 集群中交换机角色

(1) 命令交换机:每个集群中必须指定惟一的一台命令交换机,集群的配置和管理均通过该交换机来完成。

命令交换机要求具备如下条件:
- 需要配置至少一个 IP 地址。
- 运行了集群支持软件。
- 运行了 LLDP 协议软件。
- 不能是其他集群的命令交换机或者成员交换机。

(2) 成员交换机:一个集群中的其他交换机,成员交换机同时只能属于一个集群。

成员交换机要求具备如下条件:
- 运行了集群支持软件。
- 运行了 LLDP 协议软件。
- 不能是其他集群的命令交换机或者成员交换机。

(3) 候选交换机(Candidate Switch)

可以被命令交换机发现并且还没有加入集群的交换机。

候选交换机要求具备如下条件:
- 运行了集群支持软件。
- 运行了 LLDP 协议软件。
- 不能是任何集群的命令交换机或者成员交换机。

6. 集群管理的范围

(1) 发现的跳数

跳数限定了命令交换机可以发现的候选交换机的范围。直接与命令交换机相连的交换机距前者的跳数为 1,其余依此类推。缺省情况下,命令交换机可以发现距其 3 跳范围以内的交换机。

(2) VLAN 的影响

为了保证与集群管理相关的帧的正确接收和转发,要求 VLAN 的划分应能保证在命令交换机、成员交换机和候选交换机之间存在可达的二层通道。因此,对某台成员/候选交换机而言,从命令交换机的下联端口直到该交换机上联端口的整个路径上的所有端口都应属于同一个 VLAN,以便命令交换机能有效管理成员交换机和发现候选交换机。如果这些端口中包括 Trunk Port,要求其 Native VLAN 须为该 VLAN。

(3) 交换机对 LLDP 的支持

命令交换机借助 LLDP 协议来发现其他交换机,因此,不支持 LLDP 的交换机无法被发现,并且与之相连的其他交换机也无法被发现。

(4) 交换机对集群功能的支持

命令交换机无法发现那些不支持集群功能,或者关闭了集群功能的交换机。同时,通过这台交换机与集群相连的其他交换机也无法被发现。

7. 集群的维护

(1) IP 地址

为了通过带外方式对集群进行管理,就需要为命令交换机配置 IP 地址,可以配置多个 IP 地址,通过任何一个 IP 地址都可对集群进行管理。成员交换机不需要配置 IP 地址。

(2) 密码

加入集群的交换机将继承命令交换机特权级别(15 级)的密码,不管它以前有没有密码。

(3) 认证名(SNMP Community Strings)

除了密码外,成员交换机还将继承命令交换机的只读和读写认证名。如果命令交换机的认证名不止一个,则继承第一个只读和读写认证名。当交换机离开集群后,所继承的认证名继续保留。用户通过"@mN"命令交换机认证名来访问成员交换机,其中 N 表示该成员在集群中的序号。

(4) 主机名(Host Names)

为主机设置主机名,有利于集群的识别。如果即将加入集群的交换机没有被配置过主机名,命令交换机将为它设置一个主机名,形式为"命令交换机主机名-N",其中 N 为该交换机的序号。

三、实验环境及拓扑结构

(1) STAR-S2126G 交换机两台;
(2) M2123 模块两个;
(3) PC 机一台;
(4) 三层交换机 RG-S3760 一台。

实验拓扑如图 1-9-2 和图 1-9-3 所示。

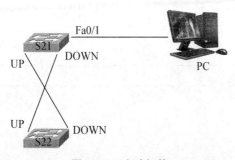

图 1-9-2 实验拓扑

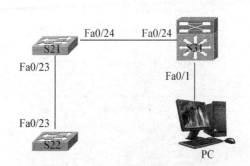

图 1-9-3 实验拓扑

四、实验内容

1. 交换机堆叠配置

(1) 设备连接

将堆叠模块插入到交换机中（先不接连接线缆），按图 1-9-2 连接好设备。

(2) 设定主机

① 实验要求

将 S21 设定为主机，并进行验证。

② 命令参考

● 指定管理设备

member *member*

member：指定设备号

● 指定设备优先级

device-priority [member *member*] *priority*

member：指定设备号，不指明设备号表示对设备 1 进行设置

priority：设备优先级，值的范围 1~10

● 显示堆叠成员

show member

● 显示堆叠主机设备信息

show version devices

● 显示堆叠主机插槽信息

show version slots

③ 配置参考

```
S21(config)#member 1
S21(config)#device-priority 10
S21#show member
member  MAC address        priority  alias              SWVer    HWVer
------  ----------------   --------  ----------------   -------  -----
1       00d0.f88c.48d9     10                           1.66(6)  3.3
```

```
S21#show version devices
Device   Slots   Description
------   -----   -----------
1        3       S2126G
```

```
S21#show version slots
Device    Slot    Ports    Max Ports    Module
--------  ------  -------  -----------  ---------------------
1         0       24       24           S2126G_Static_Module
1         1       0        1            M2131-Stack_Module
1         2       0        1
```

(3) 验证堆叠组的配置信息

① 实验要求

用堆叠线缆将两台交换机按图 1-9-2 连接起来。并验证配置信息。

② 命令参考

● 显示堆叠成员

show member

● 显示堆叠主机设备信息

show version devices

● 显示堆叠主机插槽信息

show version slots

③ 配置参考

```
S21#show member
member  MAC address      priority alias         SWVer     HWVer
------  ---------------  --------------         -------   -----
1       00d0.f87c.0d28   10                     1.66(6)   3.3
2       00d0.f88c.3809   1                      1.66(6)   3.3
```

```
S21#show version devices
Device    Slots    Description
--------  -------  ------------
1         3        S2126G
2         3        S2126G
```

```
S21#show version slots
Device    Slot    Ports    Max Ports    Module
--------  ------  -------  -----------  ---------------------
1         0       24       24           S2126G_Static_Module
1         1       0        1            M2131-Stack_Module
1         2       0        1
2         0       24       24           S2126G_Static_Module
2         1       0        1            M2131-Stack_Module
2         2       0        1
```

(4) 配置设备别名

① 实验要求

给交换机 S21 取一个别名 host。

② 命令参考

给设备取别名。

device- description [member *member*] *description*

no device- description [member *member*]

member：指定设备号，不指明设备号表示对设备 1 进行设置

description：设备别名

③ 配置参考

```
S21(config)# member 1
S21(config)# device-description member 1 host
```

(5) 虚网配置

① 实验要求

注意堆叠以后端口编号的变化。并将堆叠后的第一台和第二台交换机的第 10~20 端口分配给虚网 10。

② 配置参考

```
S21# show vlan
VLAN Name                Status      Ports
---  ------------------- ----------- -------------------------
1    default             active      Fa1/0/1,Fa1/0/2,Fa1/0/3
                                     Fa1/0/4,Fa1/0/5,Fa1/0/6
                                     Fa1/0/7,Fa1/0/8,Fa1/0/9
                                     Fa1/0/10,Fa1/0/11,Fa1/0/12
                                     Fa1/0/13,Fa1/0/14,Fa1/0/15
                                     Fa1/0/16,Fa1/0/17,Fa1/0/18
                                     Fa1/0/19,Fa1/0/20,Fa1/0/21
                                     Fa1/0/22,Fa1/0/23,Fa1/0/24
                                     Fa2/0/1,Fa2/0/2,Fa2/0/3
                                     Fa2/0/4,Fa2/0/5,Fa2/0/6
                                     Fa2/0/7,Fa2/0/8,Fa2/0/9
                                     Fa2/0/10,Fa2/0/11,Fa2/0/12
                                     Fa2/0/13,Fa2/0/14,Fa2/0/15
                                     Fa2/0/16,Fa2/0/17,Fa2/0/18
                                     Fa2/0/19,Fa2/0/20,Fa2/0/21
                                     Fa2/0/22,Fa2/0/23,Fa2/0/24
```

```
S21(config)#vlan 10
S21(config-vlan)#exit

S21(config)#interface range fastEthernet 1/0/10-20,2/0/10-20
S21(config-if-range)#switchport access vlan 10
S21(config-if-range)#end
```

```
S21#show vlan
VLAN Name                         Status      Ports
---- ------------------------     ---------   -----------------------------
1    default                      active      Fa1/0/1,Fa1/0/2,Fa1/0/3
                                              Fa1/0/4,Fa1/0/5,Fa1/0/6
                                              Fa1/0/7,Fa1/0/8,Fa1/0/9
                                              Fa1/0/21,Fa1/0/22,Fa1/0/23
                                              Fa1/0/24,Fa2/0/1,Fa2/0/2
                                              Fa2/0/3,Fa2/0/4,Fa2/0/5
                                              Fa2/0/6,Fa2/0/7,Fa2/0/8
                                              Fa2/0/9,Fa2/0/21,Fa2/0/22
                                              Fa2/0/23,Fa2/0/24
10   VLAN0010                     active      Fa1/0/10,Fa1/0/11,Fa1/0/12
                                              Fa1/0/13,Fa1/0/14,Fa1/0/15
                                              Fa1/0/16,Fa1/0/17,Fa1/0/18
                                              Fa1/0/19,Fa1/0/20,Fa2/0/10
                                              Fa2/0/11,Fa2/0/12,Fa2/0/13
                                              Fa2/0/14,Fa2/0/15,Fa2/0/16
                                              Fa2/0/17,Fa2/0/18,Fa2/0/19
                                              Fa2/0/20
```

2. 交换机集群配置

(1) 设备连接

按图 1-9-3 连接好设备。

(2) 配置命令交换机

① 实验要求

将 S31 交换机配置为命令交换机,并进行验证。

② 命令参考

● 打开交换机上的集群功能

cluster run

no cluster run

- 建立一个集群,设置集群的名称,并可为命令交换机指定一个序号

cluster enable *name* [*command-switch-member-number*]

name:设置集群名称,最多 16 个字符

command-switch-member-number:设置命令交换机的序号,范围是 0~19

- 设置集群发现跳数

该范围内的交换机将可被命令交换机发现而成为集群的候选交换机。

cluster discovery hop-count *number*

no cluster discovery hop-count

number:设置发现跳数,范围是 1~7,缺省值是 3。

- 设置集群 holdtime 值

命令交换机所收集到的拓扑连接信息和所发现的候选交换机信息将保存 holdtime 时间。

cluster holdtime *holdtime-in-secs*

no cluster holdtime

holdtime-in-secs:设置 holdtime 时间,范围是 1~300,以秒为单位。缺省值是 120 秒。

- 设置集群 timer 值

命令交换机每隔一个 timer 时间收集一次拓扑连接信息并确定候选交换机。

cluster timer *interval-in-secs*

no cluster timer

interval-in-secs:设置 timer 时间,范围是 1~300,以秒为单位。缺省值是 12 秒。

- 显示交换机所属集群的基本信息

show cluster

- 显示成员交换机信息

show cluster members [n | detail]

n:指明成员交换机的序号。

detail:显示所有成员交换机的具体信息。

③ 配置参考

```
S31(config)# cluster run
S31(config)# cluster enable clus0 1
S31(config)# cluster discovery hop-count 4
S31(config)# end
S31# show cluster
Cluster:                          clus0<Command switch>
Total number of members:          1
```

Status:	0 members are unreachable
Time of last status change:	0d:0h:0m:0s
Cluster timer:	12
Cluster holdtime:	120
Cluster discovery hop count:	4

(3) 查看候选交换机及其 MAC 地址

① 实验要求

查看所有的候选交换机以及其 MAC 地址。

② 命令参考

显示候选交换机信息。

show cluster candidates [detail | mac-address H.H.H]

detail：显示所有候选交换机的具体信息。

H.H.H：指明候选交换机的 MAC 地址，采用点分十六进制形式。

③ 配置参考

```
S31#show cluster candidates
MAC              Name         Hop LcPort  UpSN UpMAC            UpPort
----------------  -----------  --- ------- ---- ---------------  -------
00d0.f88c.3803   s2-2           1  Fa0/24  1    00d0.f805.c811   Fa0/24
00d0.f88c.48d9   S21            2  Fa0/23       00d0.f88c.3803   Fa0/23
```

(4) 将候选交换机加入到集群中

① 实验要求

将交换机 S21 和 S22 加入到集群中。

② 命令参考

向集群中添加一台成员交换机。

使用该命令的 **no** 选项可删除一台成员交换机。

cluster member [n] mac-address H.H.H [password enable-password]

no cluster member n

n：设置成员交换机的序号，范围是 0～19。

H.H.H：指明成员交换机的 MAC 地址，采用十六进制形式。

enable-password：如果交换机配置了特权级别(15 级)密码的话，需要指明该密码。

③ 配置参考

```
S31(config)#cluster member 2 mac-address 00d0.f88c.3803 password star-net
S31(config)#cluster member 3 mac-address 00d0.f88c.48d9 password star-net
S31(config)#end
```

```
S31#show cluster members
SN  MAC                Name            Hop State    LcPort UpSN UpMAC   UpPort
--- ----------------   ---------- ----- -------- ---- ---------------- ------
1   00d0.f805.c811 S31      0    up<Cmdr>
2   00d0.f88c.3803 s2-2     1    up       Fa0/24  1    00d0.f805.c811 Fa0/24
3   00d0.f88c.48d9 S21      2    up       Fa0/23  2    00d0.f88c.3803 Fa0/23
```

(5) 登录交换机

① 实验要求

从命令交换机可以直接登录到一台成员交换机上去进行配置,从成员交换机也可以登录到命令交换机上。登录交换机使用 rcommand 命令。从命令交换机登录到其他两台交换机。

② 命令参考

登录命令

rcommand {n | commander | mac-address H.H.H}

n:成员交换机的序号,范围是 0~19。

commander:由成员交换机登录到命令交换机。

H.H.H:指明交换机的 MAC 地址,采用点分十六进制形式。

③ 配置参考

```
S31#rcommand 2
S22#rcommand commander
Password required, but none set
S22#exit
```

五、实验注意事项

(1) 二、三层交换机或全三层交换机不能混合堆叠。

(2) 如果交换机堆叠后不能登录,则需拔掉线缆重新启动交换机。

(3) 在确定主机身份前,不能连接电缆,在配置好堆叠方式后要重新启动交换机才能生效。

(4) 只有候选交换机才能加入到集群。

六、拓展训练

在园区网中如何综合运用交换机堆叠和交换机集群?

习 题

1. 执行以下命令:

```
S31# show cluster candidates
MAC                Name          Hop  LcPort UpSN UpMAC            UpPort
------------------ ------------- ---- ------ ---- ---------------- --------
00d0.f88c.3803 s2-2              1    Fa0/24 1    00d0.f805.c811 Fa0/24
00d0.f88c.48d9 S21               2    Fa0/23      00d0.f88c.3803 Fa0/23
```

从上面显示的信息中,你能得出哪些结论?

2. 执行以下命令:

```
S31# show cluster members
SN MAC            Name     Hop State     LcPort UpSN UpMAC            UpPort
-- -------------- -------- --- --------- ------ ---- ---------------- ------
1  00d0.f805.c811 S31      0   up<Cmdr>
2  00d0.f88c.3803 s2-2     1   up        Fa0/24 1    00d0.f805.c811 Fa0/24
3  00d0.f88c.48d9 S21      2   up        Fa0/23 2    00d0.f88c.3803 Fa0/23
```

从上面显示的信息中,你能得出哪些结论?

3. 注意下面提示符的变化,并思考为何返回不了命令交换机?

```
S31# rcommand 2
S22# rcommand commander
Password required, but none set
S22# exit
```

实验 1.10 配置交换机日志与警告

一、实验目的

（1）了解日志与警告的作用；
（2）掌握日志与警告的配置方法。

二、预备知识

1. 概述

交换机将系统中某些重要事件信息发送给事件记录进程，根据用户的配置由事件记录进程决定如何处理，比如记录在文件中。事件记录进程也可以把日志信息发送到带外界面。当事件记录进程被关闭，日志信息只能够在带外界面上显示。

可以通过设置日志信息级别来控制需要得到的信息。交换机将日志信息保存在缓冲中，你可以通过 telnet、带外登录交换机来远程监控日志信息。

2. 日志信息格式

seq no timestamp：@severity-MNEMONIC：description

seq no：日志信息序号

timestamps：该日志信息的产生时间

serverity：该日志信息的级别

MNEMONIC：日志信息类型的描述

description：对该日志信息的详细描述

3. 日志信息等级

日志信息等级如表 1-10-1 所示。

表 1-10-1 日志信息等级

关键字	等级	描述
Emergencies	0	紧急情况
Alerts	1	应该被立即改正的问题
Critical	2	重要情况
Errors	3	错误

(续表)

关键字	等级	描述
Warnings	4	警告
Notifications	5	不是错误情况,但是可能需要处理
Informations	6	普通信息
Debugging	7	调试信息

4. 支持的日志举例

日志信息:@5-COLDSTART:System coldstart.

描述:系统冷启动。

日志信息:@5-WARMSTART:System warmstart.

描述:系统热启动。

日志信息:@5-CONFIG:Configured from [chars] by [chars]

描述:系统配置改变。第一个 chars 指明管理类型,第二个 chars 指明管理者的 IP。

日志信息:@5-LINKUPDOWN Interface [chars], changed state to [chars]

描述:端口状态改变。第一个 chars 指明对应的接口,第二个 chars 指明接口当前的状态。

日志信息:@4-TOPOCHANGE:Topology is changed.

描述:网络拓扑结构改变。

日志信息:@4-NEWROOT:New root is produced.

描述:网络中有新的根桥产生。

日志信息:@4-AUTHFAILURE:Authenticate failed.

描述:用户认证失败。

5. 理解 Syslog

准确记录系统发生的事件是一件非常必需的事情。当问题出现时,通过读取记录事件来分析系统中可能发生的事情,快速准确定位问题,及时解决问题。

系统由很多子系统组成,包括网络、文件访问、内存管理等。子系统需要给用户传送一些消息,这些消息内容包括消息的来源及其重要性等。所有的子系统都要把消息送到一个可以维护的公用消息区,系统日志 syslog 用来完成这些功能。

syslog 利用 UDP 报文进行传输,指定 UDP 端口号为 514;

syslog 报文由三部分组成:优先级、报头、信息内容,如下所示:

<priority> timestamp sysname:content

　优先级　　时间戳　设备名　内容

其中,优先级部分必须是三至五个字符长度,以小于号"<"开始,以大于号">"结束,优

先级的值范围为 0～126。优先级的值由设备值和严重性值共同来确定(优先级值＝设备值
*8＋严重性值),严重性值就是前面描述的日志信息等级。

三、实验环境及实验拓扑

(1) PC 机三台;
(2) 二层交换机 STAR-S2126G 一台。
实验拓扑如图 1-10-1 所示。

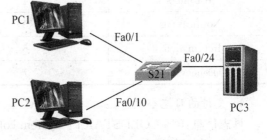

图 1-10-1 实验拓扑

四、实验内容

1. 设备连接

按图 1-10-1 连接好设备。将 PC1、PC2
和 PC3 的地址分别设置为 10.10.1.33/27,10.10.1.34/27,10.10.1.35/27。

2. 打开系统日志开关

(1) 实验要求

打开系统日志开关。

(2) 命令参考

logging on

(3) 配置参考

```
S21(config)# logging on
```

3. 配置系统日志位置

(1) 实验要求

分别将系统日志信息发往内部缓存、Telnet 界面、带外界面以及 flash。

(2) 命令参考

① 向系统缓存发送信息

设定向系统缓存中发送的系统日志信息等级,只有高于设定级别的系统日志信息才能发送到系统缓存中。使用该命令的 **no** 选项将设置恢复为缺省值。

logging buffered [*level*]

no logging buffered

level:系统日志信息等级,数值越小表示等级越高,范围为 0～7。缺省向系统缓存发送所有的日志信息。

② 向带外输出信息

设定向带外界面输出的系统日志信息等级,只有高于设定级别的系统日志信息才能发送到带外界面上。使用该命令的 **no** 选项禁止向带外发送日志信息。

logging console [*level*]

no logging console

level：系统日志信息等级,数值越小表示等级越高,范围为 0~7。缺省向带外发送高于 7 级的日志信息。

③ 向终端界面输出信息

设定向终端界面输出的系统日志信息等级,只有高于设定级别的系统日志信息才能发送到终端界面上。使用该命令的 no 选项禁止向终端界面发送日志信息。

logging monitor [*level*]

no logging monitor

level：系统日志信息等级,数值越小表示等级越高,范围为 0~7。缺省向终端界面发送高于 7 级的日志信息。

④ 保存日志到文件中

设置保存日志的文件。使用该命令的 **no** 选项禁止将日志保存到文件。

logging file flash：*filename* [*max-filesize*] [*level*]

no logging file

filename：保存的文件名。

max-filesize：允许保存的最大文件长度,范围从 4 096 到 2 097 152。默认值为 4 096。

level：系统日志信息等级,数值越小表示等级越高,范围为 0~7。缺省保存高于 5 级的日志信息。

⑤ 向当前界面发送系统日志

允许向当前界面发送系统日志信息。使用该命令的 no 选项禁止向当前界面发送系统日志信息。

terminal monitor

no terminal monitor

(3) 配置参考

```
S21(config)#logging buffered  5
S21#show logging
S21(config)#logging monitor
S21(config)#logging console
S21(config)#logging file flash：log.txt
S21#more flash：log.txt
S21(config)#terminal monitor
```

4. 配置 Syslog 服务器

(1) 实验要求

将 PC3 配置成 Syslog 服务器。

(2) 命令参考

该命令设置 Syslog 服务器功能,使用命令中的 **no** 选项将删除配置。

logging server A. B. C. D

no logging server A. B. C. D

A. B. C. D:服务器的 IP 地址。

(3) 配置参考

【第一步】 配置 Syslog 服务器

在 PC3 上安装 small syslog server 软件。

【第二步】 在交换机上指定 PC3 为 Syslog 服务器

S21(config)# **logging sever 10. 10. 1. 35**

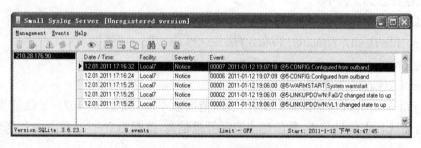

图 1-10-2 Syslog 服务器

【第三步】 验证配置

用 reload 命令重新启动系统,观察到如图 1-10-2 所示的日志界面。由于本次安装的软件是未注册版,所以只能显示五条记录。

5. 其他参数的配置

(1) 实验要求

合理配置严重性值和设备类型值。

(2) 命令参考

① 配置严重值

该命令设置 Syslog 严重值功能,使用命令中的 **no** 选项将删除配置。

logging severity *value*

no logging severity

value:设置严重性值,缺省值 7。

② 配置设备类型值

该命令设置 Syslog 设备类型值功能,使用命令中的 **no** 选项将删除配置。

logging facility *value*

no logging facility

value：设置严重性值，缺省值 23。

（3）配置参考

S21(config)# **logging severity 4**
S21(config)# **logging facility 11**

五、实验注意事项

集群中的从机如果要利用命令交换机转发 Syslog 信息，需要打开命令交换机的 Syslog Relay 功能。

六、拓展训练

Syslog Relay 有何作用，如何配置 Syslog Relay？

1. 锐捷交换机支持的常用日志类型有哪些？
2. 在使用带外方式配置时，如何去除系统的日记信息？
3. 如何对获取的日记信息进行分析？

实验 1.11　交换机 QoS 配置

一、实验目的

(1) 了解 QoS 的基本概念；
(2) 掌握 QoS 的配置方法。

二、预备知识

1. QoS 概述

随着 Internet 上传输多媒体流的需求越来越大，人们对多媒体的应用有着不同的服务质量需求，传统的"尽力而为"的服务已不能满足用户需求。QoS 就是在这样一种背景下诞生的。QoS(Quality of Service，服务质量)是用来评估服务方满足客户需求的能力。评估网络投递分组的能力。

2. QoS 基础框架

配置了 QoS 功能，可以为某些数据流赋予某个级别的传输优先级，来标识它的相对重要性，并使用设备所提供的各种优先级转发策略、拥塞避免等机制为这些数据流提供特殊的传输服务。这样就增加了网络的性能可预知性，并能够有效地分配网络带宽，更加合理地利用网络资源。

本书以 DiffServ(Differentiated Service Mode，差分服务模型)体系为基础进行介绍。DiffServ 体系规定网络中的每一个传输报文将被划分成不同的类别，分类信息被包含在了 IP 报文头中，DiffServ 体系使用了 IPv4 报文头中的 TOS(Type Of Service)或者 IPv6 报文头中的 Traffic Class 字段的前 6 个比特来携带报文的分类信息。

在遵循 DiffServ 体系的网络中，各设备对包含相同分类信息的报文采取相同的传输服务策略，对包含不同分类信息的报文采取不同的传输服务策略。报文的分类信息可以由网络上的主机、设备或者其他网络设备赋予。为了减少骨干网络的处理开销，一般对信息的分类发生在网络的边缘。

3. QoS 处理流程

(1) 分类(Classifying)

分类也就是根据信任策略或者根据分析每个报文的内容来确定将这些报文归类到以 CoS(Class of Service，服务类别)值来表示的各个数据流中。下面分两种情况讨论。

① 非 IP 报文

如果报文的第二层包头中不包含用户优先级字段。则根据报文输入端口的缺省 CoS 值来获得报文的 QoS 信息。端口 CoS 的取值范围为 0~7。

如果报文的第二层包头中含有优先级字段，则直接从报文中获取 CoS 值。

如果端口使用了 MAC Access-List Extended 的 ACLs，则根据源 MAC、目标 MAC 和类型来确定 DSCP 差分服务代码点（Differentiated Services Code Point，是"IP 优先"和"服务类型"字段的组合）的值。

② IP 报文

如果端口信任模式为 Trust Ip-Precedence，则直接从 IP 报文的 Ip Precedence 字段（3 个比特）提取出来，填充到输出报文的 CoS 字段（3 个比特）。

如果端口信任模式为 Trust cos，则将报文的 CoS 字段（3 个比特）直接提取出来覆盖报文 Ip Precedence 字段（3 个比特）。

如果端口关联的 Policy-Map 中使用了基于 Ip Access-List (Extended) 的 ACLs 归类，那么在该端口上，将通过提取报文的源 IP 地址、目的 IP 地址、Protocol 字段、以及 TCP/UDP 端口字段来匹配相关联的 ACLs，以确定报文的 DSCP 值。

（2）策略（Policing）

发生在数据流分类完成后，用于约束被分类的数据流所占用的传输带宽。如果没有 Policing 动作，那么被分类的数据流中的报文的 DSCP 值将不会作任何修改，报文也不会在送往 Marking 动作之前被丢弃。

（3）标识（Marking）

经过 Classifying 和 Policing 动作处理之后，为了确保被分类报文对应 DSCP 的值能够传递给网络上的下一跳设备，需要通过 Marking 动作为报文写入 QoS 信息，可以使用 QoS ACLs 改变报文的 QoS 信息，也可以使用 Trust 方式直接保留报文中 QoS 信息。

（4）队列（Queueing）

负责将数据流中报文送往端口的某个输出队列中，送往端口的不同输出队列的报文将获得不同等级和性质的传输服务策略。

（5）调度（Scheduling）

当报文被送到端口的不同输出队列上之后，设备将采用 WRR（Weighted Round Robin，加权循环）或者其他算法发送 8 个队列中的报文。可以通过设置 WRR 算法的权重值来配置各个输出队列在输出报文的时候所占用的每循环发送报文个数，从而影响传输带宽。或通过设置 DRR（Deficit Round Robin）算法的权重值来配置各个输出队列在输出报文的时候所占用的每循环发送报文字节数，从而影响传输带宽。

三、实验环境及拓扑结构

（1）PC 机两台；

(2) 三层交换机 RG-S3760 一台。

实验拓扑如图 1-11-1 所示。

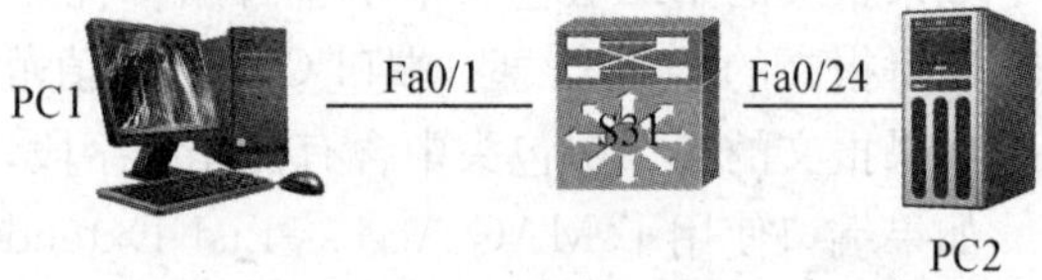

四、实验内容

1. 设备连接

按图 1-11-1 连接好设备。

图 1-11-1 实验拓扑

2. 设定主机

将 PC1 主机的地址设置为 210.28.176.13/24。

3. 设置 QoS

(1) 实验要求

设备 PC2 对外的带宽为 2 M,猝发数据流量不超过 76 K。

(2) 命令参考

① 配置接口的 QoS 信任模式   mls qos trust {cos|ip-precedence|dscp}

表 1-11-1   cos、ip-precedence 和 dscp 的关系

队列	1	2	3	4	5	6	7	8
cos	0	1	2	3	4	5	6	7
ip-precedence	0	1	2	3	4	5	6	7
dscp	0	8	16	24	32	40	48	56

每个端口可以有 8 个队列。

② 配置端口的 CoS 值   mls qos cos default-cos

③ 配置 Class-Map

class-map *class-map-name*

match access-group {*acl-num*|*acl-name*}

在使用本命令前要创建访问控制列表。

④ 配置 Policy Maps

policy-map *policy-map-name*

class *class-map-name*

set ip dscp *new-dscp*

police *rate-bps burst-byte* [exceed-action {drop|dscp *dscp-value*}]

⑤ 配置接口应用 Policy Maps   service-policy {input|output}   *policy-map-name*

⑥ 配置输出队列调度算法

mls qos scheduler {sp|wrr|drr}

sp 为绝对优先级调度,wrr 为带帧数量权重轮转调度,drr 为带帧长度权重轮转调度。
⑦ 配置输出轮转权重
wrr-queue|drr-queue} bandwidth *weight1…weightn*
⑧ 配置 Map
配置 Cos-Map
priority-queue Cos-Map qid cos0 [cos1 [cos2 [cos3 [cos4 [cos5 [cos6 [cos7]]]]]]]
配置 CoS-to-DSCP Map
mls qos map cos-dscp dscp1 … dscp8
配置 DSCP-to-CoS Map
mls qos map dscp-cos *dscp-list* to *cos*
⑨ 配置端口速率限制　ate-limit output bps *burst-size*
⑩ 显示配置信息
show class-map [*class-name*]　显示 class-map
show policy-map [policy-name [class *class-name*]]　显示 policy-map
show mls qos interface [*interface*|*policers*]　显示 mls qos interface
show mls qos queueing　显示 mls qos queueing
show mls qos scheduler　显示 mls qos scheduler
show mls qos maps　[cos-dscp|dscp-cos|ip-prec-dscp]　显示 mls qos maps
show mls qos rate-limit [interface *interface*]　显示 mls qos rate-limit
show policy-map interface *interface*　显示 show policy-map interface

（3）配置参考

【第一步】 定义访问控制列表

```
S31(config)# ip access-list standard ratelimit
S31(config-std-nacl)# permit host 210.28.176.12
```

【第二步】 设置带宽限制和猝发数据量

```
S31(config)# class-map classmap1 ! 设置分类映射图
S31(config-cmap)# match access-group ratelimit ! 定义匹配条件
S31(config-cmap)# exit
```

```
S31(config)# policy-map policymap1 ! 设置策略映射图
S31(config-pmap)# class classmap1
S31(config-pmap-c)# police 2000000　77824 exceed-action drop
! 设置带宽限制和猝发数据量限制
```

【第三步】 验证配置

S31#**show class-map**
Class Map Name：classmap1
　　Match access-group name：ratelimit

S31#**show policy-map**
Policy Map Name：policymap1
　　Class Map Name：classmap1
　　　　Rate bps limit(bps)：2000000
　　　　Burst byte limit(byte)：77824
　　　　Exceed-action：drop

【第四步】 将带宽限制策略应用到相应的端口上

S31(config)#**interface fastEthernet 0/1**
S31(config-if)#**mls qos trust cos**！设置端口的 QoS 的信任模式
S31(config-if)#**service-policy input policymap1**！应用带宽限制策略

【第五步】 验证端口设置的正确性

S31#**show mls qos interface fastEthernet 0/1**
Interface：Fa0/1
Attached policy-map：policymap1
Trust state：cos
Default COS：0

五、实验注意事项

（1）限速配置的第一步要定义限速的数据流，这可以通过访问控制列表实现。不在访问控制列表中的流将不受限制。

（2）所有限速，只对端口的 input 有效。如要实现双向控制，可在另一端交换机配置 input 来实现。

六、拓展训练

利用 QoS 如何实现端口级流量控制？

习　题

1. 配置 QoS 的主要步骤有哪些？
2. 在接口的信任模式中 cos、ip-precedence 和 dscp 有什么区别？

实验 1.12　IPv6 基本配置

一、实验目的

（1）了解 IPv6 的特点以及报头格式；
（2）掌握 IPv6 的基本配置方法。

二、预备知识

1. IPv6 概述

IPv6 目的是取代现有的互联网协议第四版(IPv4)。IPv4 的设计思想成功地造就了目前的国际互联网，其核心价值体现在：简单、灵活和开放性。但随着新应用的不断涌现，传统的 IPv4 协议已经难以支持互联网的进一步扩张和新业务的特性。其不足主要体现在几方面：① 地址资源即将枯竭；② 路由表越来越大；③ 缺乏服务质量保证；④ 地址分配不便。

而 IPv6 却具有以下特点：更大的地址空间；简化了报头格式；高效的层次寻址及路由结构；即插即用；良好的安全性；更好的 QoS 支持；用于邻居节点交互的新协议以及可扩展性。这些特点能够解决 IPv4 所面临的许多问题。

2. IPv6 地址表示

IPv6 地址是 128 位的地址，每个 16 位的值用十六进制值表示，各值之间用冒号分隔。如：68E6:8C64:FFFF:FFFF:0:1180:960A:FFFF。

对于多个连续的 0 可采用零压缩(zero compression)，即一连串连续的零可以为一对冒号所取代，如：FF05:0:0:0:0:0:0:B3 可以写成：FF05::B3。但 0 压缩只能用一次。

3. IPv6 地址格式

（1）单播地址(Unicast Addresses)

IPv6 单播地址包括下面几种类型：可聚集全球地址、链路本地地址、站点本地地址、嵌有 IPv4 地址的 IPv6 地址。

可聚集全球地址格式如图 1-12-1 所示。

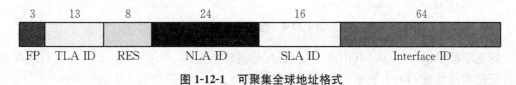

图 1-12-1　可聚集全球地址格式

FP 字段(Format Prefix):可聚集全球地址为"001"。

TLA ID 字段(Top-Level Aggregation Identifier):包含最高级地址选路信息。通常为大的网络运营商。由 IANA 严格管理。

RES 字段(Reserved for future use):保留,用于以后扩展。

NLA ID 字段(Next-Level Aggregation Identifier):下一级聚集标识符。通常是大型 ISP。

SLA ID 字段(Site-Level Aggregation Identifier):站点级聚集标识符,被一些机构用来安排内部的网络结构。

接口标识符字段(Interface Identifier):64 位长,包含 IEEE EUI-64 接口标识符的 64 位值。

链路本地地址如图 1-12-2 所示。

图 1-12-2 链路本地地址格式

该地址用于同一链路的相邻结点间的通信。可用于邻居发现,且总是自动配置的,包含链路本地地址的包永远也不会被 IPv6 路由器转发。

站点本地地址如图 1-12-3 所示。

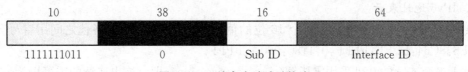

图 1-12-3 站点本地地址格式

该类地址类似于 IPv4 中的私有地址。

(2) 组播地址(Multicast Addresses)

组播地址如图 1-12-4 所示。

图 1-12-4 组播地址格式

标志字段 flags:000T。其中高三位保留,必须初始化为 0。T=0 表示一个被 IANA 永久分配的组播地址;T=1 表示一个临时的组播地址。

范围字段 scop:用来表示组播的范围。组播组既包括本地节点、本地链路、本地站点,也包括 IPv6 全球地址空间中任何位置的节点。

组标识符字段 Group ID:用于标识组播组。

(3) 任播地址(Anycast Addresses)

任播地址格式如图 1-12-5 所示。

图 1-12-5　任播地址格式

一个任播地址被分配给一组接口(通常属于不同的结点)。发往任播地址的包传送到该地址标识的一组接口中的一个接口,该接口是根据路由算法度量距离为最近的一个接口。目前,任播地址仅用作目的地址,且仅分配给路由器。

4. IPv6 首部格式

IPv6 首部格式如图 1-12-6 所示。

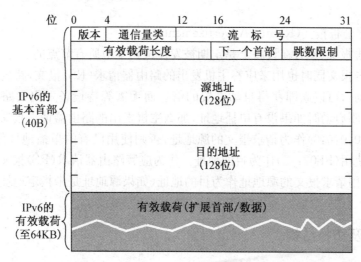

图 1-12-6　IPv6 首部格式

版本(Version):4 位。它指明了协议的版本,对 IPv6 该字段总是 6。

通信量类(Traffic Class):8 位。这是为了区分不同的 IPv6 数据报的类别或优先级。目前正在进行不同的通信量类性能的实验。

流标号(Flow Label):20 位。"流"是互联网络上从特定源点到特定终点的一系列数据报,"流"所经过的路径上的路由器都保证指明的服务质量。所有属于同一个流的数据报都具有同样的流标号。

有效载荷长度(Payload Length):16位。它指明IPv6数据报除基本首部以外的字节数(所有扩展首部都算在有效载荷之内),其最大值是64 KB。

下一个首部(Next Header):8位。它相当于IPv4的协议字段或可选字段。

跳数限制(Hop Limit):8位。源站在数据报发出时即设定跳数限制。路由器在转发数据报时将跳数限制字段中的值减1。当跳数限制的值为零时,就要将此数据报丢弃。

5. IPv6 邻居发现

IPv6的邻居发现处理是利用ICMPv6的报文和被请求邻居组播地址来获得同一链路上的邻居的链路层地址,并且验证邻居的可达性,维持邻居的状态。主要报文如下:

(1) 邻居请求报文(Neighbor Solicitation)

当一个结点要与另外一个结点通信时,那么该结点必须获取对方的链路层地址,此时就要向该结点发送邻居请求(NS)报文,报文的目的地址是对应于目的结点的IPv6地址的被请求多播地址,发送的NS报文同时也包含了自身的链路层地址。当对应的结点收到该NS报文后发回一个响应的报文称之为邻居公告报文(NA),其目的地址是NS的源地址,内容为被请求的结点的链路层的地址。当源结点收到该应答报文后就可以和目的结点进行通讯了。

(2) 路由器公告报文(Router Advertisement)

路由器公告报文(RA)在设备上是定期被发往链路本地所有节点的。

路由器公告报文同时也用来应答主机发出的路由器请求(RS)报文,路由器请求报文允许主机一旦启动后可以立即获得自动配置的信息而无需等待设备发出的路由器公告报文(RA)。当主机刚启动时如果没有单播地址,那么主机发出的路由器请求报文将使用未指定地址(0:0:0:0:0:0:0:0)作为请求报文的源地址,否则使用已有的单播地址作为源地址,路由器请求报文使用(FF02::2)作为目的地址。作为应答路由器请求(RS)报文的路由器公告(RA)报文将使用请求报文的源地址作为目的地址(如果源地址是未指定地址那么将使用播地址(FF02::1)。

三、实验环境及拓扑结构

(1) PC 机两台;

(2) 三层交换机 RG-S3760 两台。

实验拓扑如图 1-12-7 所示。

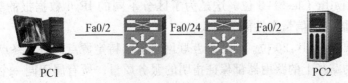

图 1-12-7 实验拓扑

四、实验内容

1. 设备连接

按图 1-12-7 连接好设备。

2. 设定端口地址

(1) 实验要求

配置虚网 1 的地址为 1::1/64,并验证和查看配置信息。

(2) 命令参考

① ipv6 enable:打开接口的 IPv6 协议。

② ipv6 address ipv6-prefix/prefix-length [eui-64]:为该接口配置 IPv6 的单播地址,eui-64 关键字表明生成的 IPv6 地址由配置的地址前缀和 64 比特的接口 ID 标识符组成。

③ show ipv6 interface interface-id:查看 IPv6 接口的相关信息。

(3) 配置参考

```
S31(config)# int vlan 1
S31(config-if)# ipv6 enable
S31(config-if)# ipv6 address 1::1/64
S31(config-if)# no shut
S31(config-if)# end
S31# ping ipv6 1::1
!!!!!
Ping statistics for 1::1:
        Packets:Send=5,Receive=5,RcvBad=0,Lost=0,<0% loss>
```

```
S31# show ipv6 interfaces vlan1
interface Vlan 1 is Up, ifindex: 2001
   address(es):
     Mac Address:00:d0:f8:05:ca:d3
     INET6:fe80::2d0:f8ff:fe05:cad3, subnet is fe80::/64
       Joined group address(es):
         ff02::2
         ff01::1
         ff02::1
         ff02::1:ff05:cad3
     INET6:1::1, subnet is 1::/64
       Joined group address(es):
         ff02::2
```

```
        ff01::1
        ff02::1
        ff02::1:ff00:1
   MTU is 1500 bytes
   ICMP error messages limited to one every 100 milliseconds
   ICMP redirects are enabled
   ND DAD is enabled, number of DAD attempts: 1
   ND reachable time is 30000 milliseconds
   ND advertised reachable time is 0 milliseconds
   ND retransmit interval is 1000 milliseconds
   ND advertised retransmit interval is 0 milliseconds
   ND router advertisements are sent every 200 seconds<240--160>
   ND router advertisements live for 1800 seconds
```

3. 配置发现邻居

(1) 实验要求

在三层交换机上启动邻居发现协议,并查看能否发现链路上的其他设备。

(2) 命令参考

① no ipv6 nd suppress-r:启用 IPv6 的邻居发现功能。

② ipv6 install:在 Windows XP 中安装 IPv6。

③ netsh。

(3) 配置参考

【第一步】 进入交换机相应端口进行配置

```
S31(config)#int vlan 1
S31(config-if)#ipv6 address 1::1/64
S31(config-if)#ipv6 enable
S31(config-if)#no ipv6 nd suppress-r ! 启动交换机的邻居发现功能
S31(config-if)#no shutdown
```

【第二步】 查看端口配置

```
S31#show interfaces vlan 1
Interface    : Vlan 1
Description  :
AdminStatus  : up
OperStatus   : up
Hardware     : -
Mtu          : 1500
```

实验 1.12　IPv6 基本配置

```
LastChange : 0d:0h:0m:7s
ARP Timeout : 3600 sec
PhysAddress : 00d0.f805.cad3
ManagementStatus:Enabled
Broadcast address     :
```

【第三步】　在主机上安装 IPv6 协议

```
C:>ipv6 install
C:\>netsh
netsh>interface ipv6
netsh interface ipv6>add address "yctc-cs" 1::2
确定。
netsh interface ipv6>
```

【第四步】　查看 PC 端口配置

```
netsh interface ipv6>show address interface=yctc-cs
正在查询活动状态...
接口 8：YCTC-CS
单一广播地址      : 1::2
类型              : 手动
DAD 状态          : 首选项
有效寿命          : infinite
首选寿命          : infinite
作用域            : 全局
前缀起源          : 手动
后缀起源          : 手动
单一广播地址      : fe80::224:8cff:fe64:5f6f
类型              : 链接
DAD 状态          : 首选项
有效寿命          : infinite
首选寿命          : infinite
作用域            : 链接
前缀起源          : 著名
后缀起源          : 链路层地址
没有找到项目。
```

【第五步】　验证配置
查看交换机邻居：

```
S31#show ipv6 neighbors
IPv6 Address                    Linklayer Addr Interface
1::1                            00d0.f805.cad3 Vlan 1
1::2                            0024.8c64.5f6f Vlan 1
fe80::2d0:f8ff:fe05:cad3        00d0.f805.cad3 Vlan 1
```

查看 PC 邻居：

```
netsh interface ipv6>show neighbors interface=yctc-cs
接口 8：yctc-cs
Internet 地址                   物理地址                类型
---------------------------     ---------               ----
1::1                            00-d0-f8-05-ca-d3       停滞（路由器）
fe80::224:8cff:fe64:5f6f        00-24-8c-64-5f-6f       永久
fe80::2d0:f8ff:fe05:cad3        00-d0-f8-05-ca-d3       停滞（路由器）
1::224:8cff:fe64:5f6f           00-24-8c-64-5f-6f       永久
1::57d:4d35:d986:ab9c           00-24-8c-64-5f-6f       永久
1::2                            00-24-8c-64-5f-6f       永久
```

4. 配置静态邻居

（1）实验要求

将 PC2 指定为静态邻居。

（2）命令参考

ipv6 neighbor ipv6-address interface-id hardware-address：使用该命令在接口上配置一个静态的邻居。

（3）配置参考

【第一步】 配置交换机相应端口

```
S31(config)#int vlan 1
S31(config-if)#ipv6 address 1::1/64
S31(config-if)#ipv6 enable
S31(config-if)#no ipv6 nd suppress-r！启动交换机的邻居发现功能
S31(config-if)#no shutdown
S31(config)#ipv6 neighbor 1::2 vlan 1 0024.8c64.5f6f fastEthernet 0/2
！指定邻居的 IP 地址，所在 VLAN，MAC 地址和所接端口。
```

【第二步】 验证交换机邻居配置

```
S31#show ipv6 neighbors verbose 1::2
IPv6 Address                    Linklayer Addr Interface
1::2                            0024.8c64.5f6f Vlan 1
    State: REACH/H  Age: -asked: 0 Port: 2
```

5. 配置 IPv6 静态路由

(1) 实验要求

将 PC1 配置在 1::网段，PC2 配置在 2::网段，两台交换机的相连端口配置在 5::网段。启用 IPv6 的静态路由功能，使 PC1 和 PC2 能够互通。

(2) 命令参考

① ipv6 route subnetid interfaceid ipv6addreee：配置静态路由。

② show ipv6 route：查看路由表。

(3) 配置参考

【第一步】 在 S31 上配置接口的 IP 地址

```
S31(config)#interface fastEthernet 0/24
S31(config-if)#no switchport
S31(config-if)#ipv6 address 5::1/64
S31(config-if)#ipv6 enable
S31(config-if)#exit
S31(config)#interface fastEthernet 0/2
S31(config-if)#no switchport
S31(config-if)#ipv6 address 1::1/64
S31(config-if)#ipv6 enable
S31(config-if)#no shutdown
S31(config-if)#no ipv6 nd suppress-ra
```

【第二步】 在交换机 S31 上配置静态路由协议

```
S31(config)#ipv6 route 2::/64 fa0/24 5::2
```

【第三步】 查看静态路由协议

```
S31#show ipv6 route
Codes: C-Connected, L-Local, S-Static, R-RIP
       O-OSPF intra area, IA-OSPF inter area
       N1-OSPF NSSA external type 1, N2-OSPF NSSA external type 2
       E1-OSPF external type 1, E2-OSPF external type 2
       [*]-the route not add to hardware for hardware table full
L    ::1/128
         via::1, Loopback
C    1::/64
         via::, FastEthernet 0/2
L    1::1/128
         via::, Loopback
S    2::/64
         via 5::2, FastEthernet 0/24
```

```
C       5::/64
            via::, FastEthernet 0/24
L       5::1/128
            via::, Loopback
L       fe80::/10
            via::1, Null0
C       fe80::/64
            via::, FastEthernet 0/2
L       fe80::2d0:f8ff:fe05:cad5/128
            via::, Loopback
C       fe80::/64
            via::, FastEthernet 0/24
L       fe80::2d0:f8ff:fe05:cad4/128
            via::, Loopback
C       fe80::/64
            via::, Vlan 1
L       fe80::2d0:f8ff:fe05:cad3/128
            via::, Loopback
```

【第四步】 在交换机 S32 上配置相应地址

```
S32(config)# interface fa0/24
S32(config-if)# no switchport
S32(config-if)# ipv6 address 5::2/64
S32(config-if)# ipv6 enable
S32(config-if)# no shutdown
S32(config-if)# exit
S32(config)# interface fa0/2
S32(config-if)# no switchport
S32(config-if)# ipv6 address 2::1/64
S32(config-if)# ipv6 enable
S32(config-if)# no shutdown
```

【第五步】 在交换机 S32 上启动静态路由协议

```
S32(config)# ipv6 route 1::/64 fa0/24 5::1
```

【第六步】 设置 PC2 的地址

将 PC1 的地址配置为 1::2,将 PC2 的地址配置为 2::2(以 PC1 为例),并进行测试。
C:\>netsh
netsh>interface ipv6
netsh interface ipv6>add address "yctc-cs" 1::2

确定。
```
C:\>ping 1::2
Pinging 1::2 with 32 bytes of data：
Reply from 1::2：time<1ms
Reply from 1::2：time<1ms
Reply from 1::2：time<1ms
Reply from 1::2：time<1ms
Ping statistics for 1::2：
    Packets：Sent = 4，Received = 4，Lost = 0 (0% loss)，
Approximate round trip times in milli-seconds：
    Minimum = 0ms，Maximum = 0ms，Average = 0ms
```

6．配置默认路由

配置默认路由的命令是ipv6 route：:/0 interface ID ipv6address。

五、实验注意事项

网卡名，在XP中通常为"本地连接"，为方便实验要更改此名称。

六、拓展训练

正确配置OSPF3。

习　题

1．使用默认路由使PC1和PC2能够相互通信。

2．在PC1上执行以下命令：

```
netsh interface ipv6>show neighbors interface=yctc-cs
输出结果为：
接口 6：YCTC-CS
Internet 地址                   物理地址              类型
───────────────────────   ─────────    ───────
fe80::225:11ff:fea0:e869        00-25-11-a0-e8-69    永久
1::2                            00-25-11-a0-e8-69    永久
fe80::2d0:f8ff:fe05:cad3        00-d0-f8-05-ca-d3    停滞（路由器）
```

在上面的输出中并没有出现VLAN1的地址，为什么？

3．如果主机地址配置正确，交换机静态路由启用正确，但两台主机不能通信，有哪些可能的原因？

实验 1.13　IPv6 隧道配置

一、实验目的

(1) 掌握 IPv4 和 IPv6 相互通信的方法；
(2) 掌握 IPv6 隧道的配置方法。

二、预备知识

1. 概述

IPv6 终将取代 IPv4 是网络发展的必然。但目前 IPv4 仍然是主流，IPv6 网络像一个个孤立的小岛，隧道技术就是要通过 IPv4 网络将 IPv6 网络连接起来。还有一种情况就是 IPv6 和 IPv4 的直接通信，这属于 NAT-PT(协议转换)问题。

IPv6 隧道是将 IPv6 报文封装在 IPv4 报文中，这样 IPv6 协议包就可以穿越 IPv4 网络进行通信。因此被孤立的 IPv6 网络之间可以通过 IPv6 的隧道技术利用现有的 IPv4 网络互相通信而无需对现有的 IPv4 网络做任何修改和升级。IPv6 隧道可以配置在边界路由器之间也可以配置在边界路由器和主机之间，但是隧道两端的节点都必须既支持 IPv4 协议栈又支持 IPv6 协议栈。隧道模型如图 1-13-1 所示。

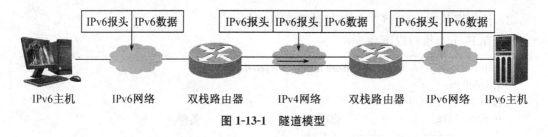

图 1-13-1　隧道模型

2. 隧道类型

(1) 手工配置隧道(IPv6 Manually Configured Tunnel)

一个手工配置隧道类似于在两个 IPv6 域之间通过 IPv4 的主干网络建立了一条永久链路。适合用在两台边界路由器或者边界路由器和主机之间对安全性要求较高并且比较固定的连接上。

在隧道接口上，IPv6 地址需要手工配置，并且隧道的源 IPv4 地址(Tunnel Source)和目的 IPv4 地址(Tunnel Destination)必须手工配置。隧道两端的节点必须支持 IPv6 和 IPv4

协议栈。手工配置隧道在实际应用中总是成对配置的,即在两台边缘设备上同时配置,可以将其看作是一种点对点的隧道。

(2) 6to4 自动隧道(Automatic 6to4 Tunnel)

6to4 自动隧道技术允许将被孤立的 IPv6 网络透过 IPv4 网络互联。它和手工配置隧道的主要区别是手工配置隧道是点对点的隧道,而 6to4 隧道是点对多点的隧道。

6to4 隧道将 IPv4 网络视为 Nonbroadcast Multi-access(NBMA,非广播多路访问)链路,因此 6to4 的设备不需要成对的配置,嵌入在 IPv6 地址的 IPv4 地址将用来寻找自动隧道的另一端。6to4 隧道可以看做是点到多点的隧道。6to4 自动隧道可以被配置在一个被孤立的 IPv6 网络的边界路由器上,对于每个报文它将自动建立隧道到达另一个 IPv6 网络的边界路由器。隧道的目的地址就是另一端的 IPv6 网络的边界路由器的 IPv4 地址,该 IPv4 地址将从该报文的目的 IPv6 地址中提取,其 IPv6 地址是以前缀 2002::/16 开头的。

(3) ISATAP 自动隧道(ISATAP Tunnel)

站内自动隧道寻址协议(ISATAP)是一种站点内部的 IPv6 体系架构,将 IPv4 网络视为一个非广播型多路访问(NBMA)链路层的 IPv6 隧道技术,即将 IPv4 网络当作 IPv6 的虚拟链路层。

ISATAP 主要是用在当一个站点内部的纯 IPv6 网络还不能用,但是又要在站点内部传输 IPv6 报文的情况,例如站点内部有少数测试用的 IPv6 主机要互相通讯。使用 ISATAP 隧道允许站点内部同一虚拟链路上的 IPv4/IPv6 双栈主机互相通讯。

ISATAP 使用的 IPv6 地址前缀可以是任何合法的 IPv6 单点传播的 64 位前缀,包括全球地址前缀、链路本 IPv4 地址被置于 IPv6 地址最后的 32 比特上,从而允许自动建立隧道。

三、实验环境及拓扑结构

(1) PC 机两台;
(2) 三层交换机 RG-S3760 两台。

实验拓扑如图 1-13-2 所示。

图 1-13-2　实验拓扑

四、实验内容

1. 设备连接

按图 1-13-2 连接好设备。

2. 配置手工 IPv6 隧道

(1) 实验要求

PC1 和 PC2 代表两个 IPv6 的网络,这两个 IPv6 的网络被 IPv4 的网络所分隔,通过配置手工隧道将两个 IPv6 的网络连接起来,使 PC1 和 PC2 实现互通。

(2) 命令参考

① interface tunnel tunnel-num:创建隧道接口,并进入接口配置模式。

② tunnel mode ipv6ip:指定隧道的类型为手工配置隧道。

③ tunnel source {ip-address | type num}:指定隧道的 IPv4 源地址或者引用的源接口号。

④ tunnel destination ip-address:指定隧道的目的地址。

(3) 配置参考

【第一步】 配置交换机 S31 接口

```
S31(config)# interface fastEthernet 0/24
S31(config-if)# no switchport
S31(config-if)# ip address 192.168.1.1 255.255.255.0
S31(config-if)# no shutdown
S31(config-if)# exit
S31(config)# interface fastEthernet 0/2
S31(config-if)# no switchport
S31(config-if)# ipv6 address 1::1/64
S31(config-if)# ipv6 enable
S31(config-if)# no ipv6 nd suppress-ra
S31(config-if)# no shutdown
```

【第二步】 配置交换机 S32 接口

```
S32(config)# interface fastEthernet 0/24
S32(config-if)# no switchport
S32(config-if)# ip address 192.168.1.2 255.255.255.0
S32(config-if)# no shut
S32(config-if)# exit
S32(config)# interface fastEthernet 0/2
S32(config-if)# no switchport
S32(config-if)# ipv6 address 2::1/64
S32(config-if)# no shut
S32(config-if)# no ipv6 nd suppress-ra
```

【第三步】 配置 PC 机接口

配置 PC1

```
C:\>netsh
netsh>interface ipv6
netsh interface ipv6>add address "yctc-cs" 1::2
```

配置 PC2

```
C:\>netsh
netsh>interface ipv6
netsh interface ipv6>add address "yctc-cu" 2::2
```

【第四步】 配置 IPv4 路由信息

```
S31(config)#ip route 0.0.0.0 0.0.0.0 192.168.1.2
S32(config)#ip route 0.0.0.0 0.0.0.0 192.168.1.1
```

【第五步】 配置 S31 上的隧道

```
S31(config)#interface tunnel 0
S31(config-if)#tunnel mode ipv6ip
S31(config-if)#tunnel source 192.168.1.1
S31(config-if)#tunnel destination 192.168.1.2
S31(config-if)#ipv6 address 3::1/64
S32(config)#interface tunnel 0
S32(config-if)#tunnel mode ipv6ip
S32(config-if)#tunnel source 192.168.1.2
S32(config-if)#tunnel destination 192.168.1.1
S32(config-if)#ipv6 address 3::2/64
```

【第六步】 测试

从 PC1 ping PC2。从现象可知 ping 不通。

【第七步】 启动 IPv6 路由协议

```
S31(config)#ipv6 route ::/0 3::2
S32(config)#ipv6 route ::/0 3::1
```

【第八步】 测试

从 PC1 ping PC2。从现象可知能 ping 通。

3. 配置 6to4 隧道

(1) 实验要求

在图 1-13-2 中,将 S31 看作是企业路由器,将 S32 看成是 6to4 中继路由器,用 PC2 模拟 6to4 主干网,现通过 6to4 隧道将 PC1 接入到 6to4 主干网中。

(2) 命令参考

① interface tunnel *tunnel-num*：创建隧道接口，并进入接口配置模式。

② tunnel mode ipv6ip 6to4：指定隧道的类型为 6to4 隧道。

③ tunnel source {*ip-address*|*type num*}：指定隧道的 IPv4 源地址或者引用的源接口号。

④ ipv6 route 2002::/16 tunnel *tunnel-number*：为 IPv6 6to4 前缀 2002::/16 配置一条静态的路由并关联输出接口到该隧道接口上。

(3) 配置参考

【第一步】 配置 S31 IPv4 网络接口

> S31(config)# **interface fastEthernet 0/24**
> S31(config-if)# **no switchport**
> S31(config-if)# **ip add 210.28.176.1 255.255.255.0**
> S31(config-if)# **no shutdown**
> S31(config-if)# **exit**

【第二步】 配置 S31 IPv6 网络接口

> S31(config)# **interface fastEthernet 0/2**
> S31(config-if)# **no switchport**
> S31(config-if)# **ipv6 address 2002:D21C:B001:1::1/64** ！D21CB001 是 210.28.176.1 的十六进制表示
> S31(config-if)# **no ipv6 nd suppress-ra**
> S31(config-if)# **exit**

【第三步】 配置 6to4 隧道接口

> S31(config)# **interface tunnel 1**
> S31(config-if)# **tunnel mode ipv6ip 6to4**
> S31(config-if)# **ipv6 enable**
> S31(config-if)# **tunnel source fastEthernet 0/24**
> S31(config-if)# **exit**

【第四步】 配置路由信息

> S31(config)# **ipv6 route 2002::/16 tunnel 1**！ 配置进隧道的路由
> S31(config)# **ipv6 route ::/0 2002:D21C:B001:1::1**！ 配置到 S32 的路由

【第五步】 配置 S32 的接口信息

> S32(config)# **interface fastEthernet 0/24**
> S32(config-if)# **no switchport**

S32(config-if)# **ip address 210.28.176.2 255.255.255.0**
S32(config-if)# **no shut**
S32(config-if)# **exit**

【第六步】 配置 S32 的隧道接口

S32(config)# **interface tunnel 1**
S32(config-if)# **tunnel mode ipv6ip 6to4**
S32(config-if)# **ipv6 enable**
S32(config-if)# **tunnel source fastEthernet 0/24**
S32(config-if)# **exit**

【第七步】 配置进隧道的路由

S32(config)# **ipv6 route 2002::/16 tunnel 1**

【第八步】 验证配置

S31# **show interfaces tunnel 1**
Tunnel 1 is up, line protocol is Up
　　Hardware is Tunnel, Encapsulation TUNNEL
　　Tunnel source 210.28.176.1 (FastEthernet 0/24), destination UNKNOWN
　　Tunnel protocol/transport IPv6 6to4
　　Tunnel TTL is 128
　　Tunnel MTU is 1514 bytes
　　Tunnel source do conformance check not set
　　Tunnel source do ingress filter not set
　　Tunnel destination do safety check set
　　Tunnel disable receive packet not set

S31# **show ipv6 interfaces tunnel 1**
interface Tunnel 1 is Up, ifindex: 6354
　　address(es):
　　　Mac Address: N/A
　　　INET6: fe80::d21c:b001, subnet is fe80::/64
　　　　Joined group address(es):
　　　　　ff02::2
　　　　　ff01::1
　　　　　ff02::1
　　　　　ff02::1:ff1c:b001
　MTU is 1480 bytes
　ICMP error messages limited to one every 100 milliseconds

```
    ICMP redirects are enabled
    ND DAD is enabled, number of DAD attempts: 1
    ND reachable time is 30000 milliseconds
    ND advertised reachable time is 0 milliseconds
    ND retransmit interval is 1000 milliseconds
    ND advertised retransmit interval is 0 milliseconds
    ND router advertisements are sent every 200 seconds<240~160>
    ND router advertisements live for 1800 seconds
```

```
S31# show ip interface
Interface                : Fa0/2
Description              : FastEthernet100BaseTX 0/2
OperStatus               : down
ManagementStatus         : Enabled
Broadcast address        :
PhysAddress              : 00d0.f805.cad5

Interface                : Fa0/24
Description              : FastEthernet100BaseTX 0/24
OperStatus               : up
ManagementStatus         : Enabled
Primary Internet address : 210.28.176.1/24
Broadcast address        : 255.255.255.255
PhysAddress              : 00d0.f805.cad4

Interface                : VL1
Description              : Vlan 1
OperStatus               : down
ManagementStatus         : Enabled
Broadcast address        :
PhysAddress              : 00d0.f805.cad3
```

```
S31# show ipv6 interfaces
interface FastEthernet 0/2 is Down, ifindex: 2
  address(es):
    Mac Address: 00:d0:f8:05:ca:d5
    INET6: 2002:d21c:b001:1::1, subnet is 2002:d21c:b001:1::/64
    Joined group address(es):
      ff02::2
```

```
        ff01::1
        ff02::1
        ff02::1:ff00:1
    INET6: fe80::2d0:f8ff:fe05:cad5, subnet is fe80::/64
      Joined group address(es):
        ff02::2
        ff01::1
        ff02::1
        ff02::1:ff05:cad5
  MTU is 1500 bytes
  ICMP error messages limited to one every 100 milliseconds
  ICMP redirects are enabled
  ND DAD is enabled, number of DAD attempts: 1
  ND reachable time is 30000 milliseconds
  ND advertised reachable time is 0 milliseconds
  ND retransmit interval is 1000 milliseconds
  ND advertised retransmit interval is 0 milliseconds
  ND router advertisements are sent every 200 seconds<240 -- 160>
  ND router advertisements live for 1800 seconds
interface Tunnel 1 is Up, ifindex: 6354
  address(es):
    Mac Address: N/A
      INET6: fe80::d21c:b001, subnet is fe80::/64
      Joined group address(es):
        ff02::2
        ff01::1
        ff02::1
        ff02::1:ff1c:b001
  MTU is 1480 bytes
  ICMP error messages limited to one every 100 milliseconds
  ICMP redirects are enabled
  ND DAD is enabled, number of DAD attempts: 1
  ND reachable time is 30000 milliseconds
  ND advertised reachable time is 0 milliseconds
  ND retransmit interval is 1000 milliseconds
  ND advertised retransmit interval is 0 milliseconds
  ND router advertisements are sent every 200 seconds<240 -- 160>
  ND router advertisements live for 1800 seconds
```

五、实验注意事项

在边界路由器上配置 6to4 隧道时,必须使用全局可路由的 IPv4 地址。否则 6to4 隧道将不能正常工作。

六、拓展训练

ISATAP 的应用场合和配置方法。

1. 手工隧道、6to4 隧道以及 ISATAP 隧道有什么区别?主要应用在什么场合之下?
2. 以下隧道显示命令:

```
S31# show interfaces tunnel 1
Tunnel 1 is up, line protocol is Up
   Hardware is Tunnel, Encapsulation TUNNEL
   Tunnel source 210.28.176.1  (FastEthernet 0/24), destination UNKNOWN
   Tunnel protocol/transport IPv6 6to4
   Tunnel TTL is 128
   Tunnel MTU is 1514 bytes
   Tunnel source do conformance check not set
   Tunnel source do ingress filter not set
   Tunnel destination do safety check set
   Tunnel disable receive packet not set
```

试从以上信息中理解隧道的工作原理。

实验 1.14 SPAN 配置

一、实验目的

(1) 掌握通过 SPAN 捕捉包；
(2) 掌握通过 RSPAN 实现对远程交换机的操作；
(3) 利用 SPAN 对网络故障进行诊断。

二、预备知识

1. SPAN 概述

通过使用 SPAN(Switched Port Analyzer,交换端口分析)可以将一个端口上的帧拷贝到交换机上的另一个连接有网络分析设备或 RMON 分析仪的端口上来分析该端口上的通讯。通过 SPAN 可以监控所有进入和从源端口输出的帧,包括路由输入帧。SPAN 并不影响源端口和目的端口的交换,只是所有进入和从源端口输出的帧原样拷贝了一份到目的端口。

2. SPAN 概念和术语

(1) SPAN 会话

一个 SPAN 会话是一个目的端口和源端口的组合。可以监控单个或多个端口的输入、输出和双向帧。Switched Port、Routed Port 和 AP 都可以配置为源端口和目的端口。

(2) 帧类型

① 接收帧:所有源端口上接收到的帧都将被拷贝一份到目的端口。在一个 SPAN 会话中,可监控一个或几个源端口的输入帧。

② 发送帧:所有从源端口发送的帧都将拷贝一份到目的端口。在一个 SPAN 会话中,可监控一个或几个源端口的输出帧。

③ 双向帧:包括上面所说的两种帧。在一个 SPAN 会话中,可监控一个或几个源端口的输入和输出帧。

(3) 源端口

源端口(也叫被监控口)是一个 Switched Port、Routed Port 或 AP,该端口被监控用做网络分析。在单个的 SPAN 会话中,可以监控输入、输出和双向帧,对于源端口的最大个数不做限制。

(4) 目的端口

SPAN 会话有一个目的端口(也叫监控口),用于接收源端口的帧拷贝。

3. RSPAN 概述

RSPAN(Remote Switched Port Analyzer)是 SPAN 的扩展,能够远程监控多台设备,每个 RSPAN Session 建立于用户指定的 RSPAN VLAN 内。远程镜像突破了被镜像端口和镜像端口必须在同一台设备上的限制,使被镜像端口和镜像端口间可以跨越多个网络设备,这样维护人员就可以坐在中心机房通过分析仪观测远端被镜像端口的数据报文了。

RSPAN 实现的功能是将所有的被镜像报文通过一个特殊的 RSPAN VLAN 传递到远端的镜像端口。

实现了远程端口镜像功能的交换机分为三种:

(1) 源交换机:被监测的端口所在的交换机,负责将镜像流量复制到 Remote VLAN 中,然后转发给中间交换机或目的交换机。

源端口(Source Port):被监测的用户端口,通过本地端口镜像把用户数据报文复制到指定的输出端口或者反射端口(Reflector Port),源端口可以有多个。

反射端口(Reflector Port):接收本地端口镜像的用户数据报文。

输出端口:将镜像报文发送到中间交换机或者目的交换机。

(2) 中间交换机:网络中处于源交换机和目的交换机之间的交换机,通过 Remote VLAN 把镜像流量传输给下一个中间交换机或目的交换机。如果源交换机与目的交换机直接相连,则不存在中间交换机。

普通端口:将镜像报文发送到目的交换机。建议中间交换机上配置两个 Trunk 端口,和两侧的设备相连。

(3) 目的交换机:远程镜像目的端口所在的交换机,将从 Remote VLAN 接收到的镜像流量通过镜像目的端口转发给监控设备。

源端口:接收远程镜像报文。

镜像目的端口(Destination Port):远程镜像报文的监控端口。

为了实现远程端口镜像功能,需要定义一个特殊的 VLAN,称之为 Remote VLAN。这个 VLAN 只传输镜像报文,不能用来承载正常的业务数据。所有被镜像的报文通过该 VLAN 从源交换机传递到目的交换机的指定端口,实现在目的交换机上对源交换机的远程端口的报文进行监控的功能。

三、实验环境及拓扑结构

(1) 三层交换机 RS-3760 三台;
(2) 二层交换机 RS-2612 一台;
(3) PC 机三台(其中 PC1 带有协议分析软件)。

实验拓扑如图 1-14-1 和图 1-14-2 所示。

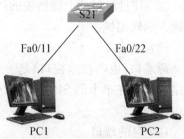

图 1-14-1 实验拓扑图

四、实验内容

1. SPAN 配置

（1）设备连接

按图 1-14-1 连接好设备。

（2）配置 SPAN

① 实验要求

将交换机 S21 的 Fa0/11 设置为目的端口,将 S21 的 Fa0/22 设置为源端口。利用协议分析软件分析抓取到的数据包。

② 命令参考

- monitor session session_number source interface interface-id [, | -] { both | rx | tx }:指定源端口。对于 interface-id,请指定相应的端口号。

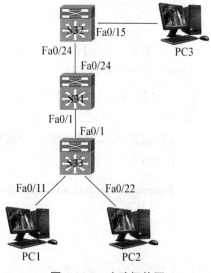

图 1-14-2 实验拓扑图

- monitor session session_number destination interface interface-id [switch]:指定目的端口。对于 interface-id,请指定相应的接口号。添加 switch 参数将支持镜像目的口交换功能。
- show monitor [session session_number]:显示当前 SPAN 配置的状态。

③ 配置参考

【第一步】 指定 S21 的 Fa0/22 口为源端口

```
S21(config)# monitor session 1 source interface fastEthernet 0/22
S21(config)# end
S21# show monitor session 1
Session: 1
Source Ports:
    Rx Only    : None
    Tx Only    : None
    Both       : Fa0/22
Destination Ports: None
```

【第二步】 指定 S21 的 Fa0/11 为目的端口

```
S21(config)# monitor session 1 destination interface fastEthernet 0/11
S21(config)# end
S21# show monitor session 1
Session: 1
Source Ports:
```

Rx Only	: None
Tx Only	: None
Both	: Fa0/22
Destination Ports:	Fa0/11

【第三步】 利用协议分析软件对端口 Fa0/22 的流量进行分析

从 PC2 上 ping 172.16.1.50,在 PC1 上获得的数据包如图 1-14-3 所示。

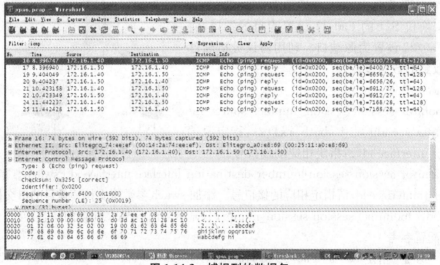

图 1-14-3 捕捉到的数据包

2. RSPAN 配置

① 实验要求

按图 1-14-2 连接好设备,使 PC1 能够监测 PC3 的流量。

② 命令参考

● remote-span:设置 VLAN 为 remote-span VLAN。

● monitor session session_num remote-source:配置远程源镜像。

● monitor session session-num source interface interface-name [rx|tx|both]:配置远程镜像源端口(源口的 rx,tx 可以配置到同一个目的口,也可以配置到不同的目的口,但每一个只能配置到一个目的口)。

● monitor session session_num destination remote vlan remote_vlan-id [reflector-port] interface interface-name [switch]:配置远程源镜像组的 Remote VLAN 和远程反射端口。switch 关键字表示目的口参与交换。

● monitor session session_number source interface interface-id rx acl name:设定需要镜像的流所匹配的 acl name。

- monitor session session_num remote-destination：配置远程目的镜像。
- monitor session session-num destination remote vlan vlan-id interface interface-name ［switch］：配置 Remote VLAN 和远程镜像目的端口，switch 关键字表示目的口参与交换。
- switchport access vlan vid ｜switchport trunk native vlan vid：vid 表示 remote-span vlan 的 vid，如果目的口是 access 口，则把它加入 remote-span vlan；如果目的口是 trunk 口，则把它加入 remote-span vlan，并且将 remote-span vlan 设置成它的 native vlan。

③ 配置参考

【第一步】 配置源交换机

```
S32#configure
S32(config)#vlan 10
S32(config-vlan)#remote-span
S32(config-vlan)#exit
S32(config)#Interface fastEthernet 0/24
S32(config-if)#switchport mode trunk
S32(config-if)#switchport trunk allowed vlan add 10
S32(config-if)#exit
S32(config)#monitor session 1 remote-source
S32(config)#monitor session 1 source interface fastEthernet 0/15
S32(config)#interface fastEthernet 0/2
S32(config-if)#switchport access vlan 10
S32(config)#monitor session 1 destination remote vlan 10 reflector-port interface fastEthernet 0/2 switch
```

【第二步】 配置中间交换机

```
S31#configure
S31(config)#vlan 10
S31(config-vlan)#remote-span
S31(config-vlan)#exit
S31(config)#Interface fastEthernet 0/1
S31(config-if)#switchport mode trunk
S31(config-if)#switchport trunk allowed vlan add 10
S31(config-if)#exit
S31(config)#Interface fastEthernet 0/24
S31(config-if)#switchport mode trunk
S31(config-if)#switchport trunk allowed vlan add 10
```

【第三步】 配置目的交换机

```
S33#configure
S33(config)#vlan 10
S33(config-vlan)#remote-span
S33(config-vlan)#exit
S33(config)#interface fastEthernet 0/1
S33(config-if)#switchport mode trunk
S33(config-if)#switchport trunk allowed vlan add 10
S33(config-if)#exit
S33(config)#monitor session 1 remote-destination
S33(config)#monitor session 1 destination remote vlan 10 interface fastEthernet 0/11 switch
```

【第四步】 验证

五、实验注意事项

（1）反射端口无法作为正常的端口转发流量，所以建议用户将没有使用的处于 DOWN 状态的端口（没有接网线的端口）配置为反射端口，且不要在该端口上添加其他配置。

（2）不要在与中间交换机或目的交换机相连的端口上配置镜像源端口，否则可能引起网络内的流量混乱。

（3）STAR-S2126G 不支持 RSPAN，RG-3760 只有 10.x 以上版本才能支持 RSAPN。

六、拓展训练

利用 SPAN 抓取 802.1q 等数据包并进行分析。

习 题

1. 如何利用 SPAN 功能诊断网络故障？
2. 在园区网中能大量使用 SPAN 功能吗？为什么？
3. 以下显示命令：

```
S21#show monitor session 1
Session:1
Source Ports:
    Rx Only  : None
    Tx Only  : None
    Both     : Fa0/22
Destination Ports:Fa0/11
```

从以上的显示信息中，你能得出什么结论？

第二章 路由器的配置和管理

第二章

实验 2.1 路由器的基本配置

一、实验目的

(1) 了解路由器的功能；
(2) 掌握路由器的组成；
(3) 掌握路由器命令行各种操作模式的区别,以及模式之间的切换；
(4) 掌握路由器的全局的基本配置；
(5) 掌握路由器端口的常用配置参数。

二、预备知识

1. 路由器的功能

路由器是工作在网络层的设备,它不仅能分割广播域,实现路由选择,转发数据包,还能实现异构网络的互联,同时也是局域网安全保障的第一道防线。路由器内部有一张路由表,这个表表述的是如果要去某个地方,下一步应该向哪里走,如果能从路由表中找到数据包下一步往哪里走,则把数据链路层信息加上转发出去；如果不知道下一步走向哪里,则将此包丢弃,然后返回一个信息交给源地址。

2. 路由器的组成

(1) 路由器的基本硬件

① CPU

无论在中低端路由器还是在高端路由器中,CPU 都是路由器的心脏。通常在中低端路由器中,CPU 负责交换路由信息、路由表查找以及转发数据包。在上述路由器中,CPU 的能力直接影响路由器的吞吐量(路由表查找时间)和路由计算能力(影响网络路由收敛时间)。在高端路由器中,通常包转发由 ASIC(Application Specific Integrated Circuit,专用集成电路)芯片完成,CPU 只实现路由协议、计算路由以及分发路由表。由于技术的发展,路由器中许多工作都可以由硬件实现(专用芯片)。CPU 性能并不完全反映路由器性能。路由器性能由路由器吞吐量、时延和路由计算能力等指标体现。

② 存储器

在路由器中存储器常见有以下几种类型：ROM、DRAM、FLASH、NVRAM。

ROM 相当于 PC 机的 BIOS，路由器运行时首先运行 ROM 中的程序，该程序主要进行加电自检，对路由器的硬件进行检测，其中含有引导程序及 IOS 的一个最小子集。ROM 为一种只读存储器，系统掉电程序也不会丢失。

FLASH 是一种可擦写、可编程的 ROM，FLASH 包含 IOS 及微代码。可以把它想象和 PC 机的硬盘功能一样，但其速度快得多。可以通过它写入新版本或对路由器进行软件升级。FLASH 中的程序，在系统掉电时不会丢失。

DRAM，动态内存。该内存中的内容在系统掉电时会完全丢失。DRAM 中主要包含路由表、ARP 缓存、Fast-switch 缓存、数据包缓存以及运行时配置文件等。

NVRAM 中包含有路由器启动时配置文件，NVRAM 中的内容在系统掉电时不会丢失。

一般地，路由器启动时，首先运行 ROM 中的程序，进行系统自检及引导，然后运行 FLASH 中的 IOS，并在 NVRAM 中寻找路由器的启动时配置文件，并装入 DRAM 中。

需要说明的是，不同功能的 IOS 对存储器的要求是不同的。因此在装载某一操作系统时要查找一下相关资料，搞清楚系统的要求。

③ 输入/输出端口和特定介质转换器

路由器能支持的端口种类，体现路由器的通用性。常见的端口种类有：通用串行端口、10/100M 自适应以太网端口等。各种路由器功能都与某个端口相关联。端口的种类由路由器上可插的模块类型决定，不同模块类型也反映了路由器的性能。模块的编号是按照由右到左、由下到上的原则。在配置路由器时，经常会遇到这样的标识 1/0，表示模块 1 上的端口 0，要能正确理解。

(2) 路由器的基本软件

① 操作系统镜像文件

操作系统镜像文件决定路由器支持的功能，它包含一系列规则，这些规则规定如何通过路由器传送数据，管理缓存空间，支持不同的网络功能，更新路由表和执行用户命令。同一型号的路由器也有很多版本的 IOS，不同版本的 IOS 支持的功能不同，用户根据实际应用选择适合的 IOS 版本。

② 配置文件

由管理员创建，定制路由器的操作。startup-config 启动时配置文件保存在 NVRAM 中，running-config 运行时配置文件保存在 DRAM 中。

③ ROM 微代码组成

● 引导(Bootstrap)代码：用于在初始化时启动路由器。通过读取配置寄存器的值决定如何启动及启动后的操作。

- 加电自检代码:用于检查路由器硬件基本功能以决定当前的硬件配置。
- ROM 监视程序:用于测试和排错的简单程序。
- IOS 子集:用于将新的软件映像装进 flash 并执行其他维护操作。它不支持 IP 路由和其他路由选择功能,有时也称这个子集为 RXBOOT 或引导模块。

3. 路由器的管理方式

路由器的管理方式基本分为两种:带内管理和带外管理。

(1) 带外管理:通过路由器的 Console 口管理路由器属于带外管理,不占用路由器的网络接口,但是线缆特殊,需要近距离配置。第一次配置路由时必须利用 Console 口进行配置,使其支持 Telnet 远程管理。

方法如下:

【第一步】 利用图 2-1-1 中的 RJ45-DB9 转换器+反转线缆或者 DB9-RJ45 线缆将路由器的控制口(Console)和计算机的 COM 口连接上。(现在很多新款笔记本计算机都不再集成 COM 口,解决的办法是用一根 USB 转 COM 端口的转接线缆)。

RJ45-DB9转换器+反转线缆　　　DB9-RJ45线缆　　　　　　　路由器

图 2-1-1 路由器初始化配置接线装置

【第二步】 启动超级终端:"开始"→"程序"→"附件"→"通信"→"超级终端"。

【第三步】 设置超级终端。主要设置两个内容,一是选择具体连接的 COM 口;二是设置端口速率等,只要点击"还原为默认值"按钮即可。

【第四步】 路由器上电,启动路由器,这时将在超级终端窗口内显示自检信息,自检结束后提示用户键入回车,直到出现命令行提示符"Red-Giant>",可以开始相关配置。

(2) 带内管理主要包括三种方式:

① Telnet 对路由器进行本地或远程管理

如果路由器已经配置好各接口的 IP 地址,同时可以正常的进行网络通讯了,则可以通过局域网或者广域网,使用 Telnet 客户端登录到路由器上,对路由器进行本地或者远程的配置。操作步骤如下:

【第一步】 建立本地 Telnet 配置环境,只需要将计算机上的网卡接口通过局域网与路由器的以太网口连接;如果需要建立远程 Telnet 配置环境,则需要将计算机和路由器的广域网口连接。

【第二步】 在Windows的DOS命令提示符下,直接输入Telnet a.b.c.d,这里的a.b.c.d为路由器的以太网口的IP地址(如果在远程Telnet配置模式下,为路由器的广域网口的IP地址),与路由器建立连接,提示输入登录密码,如果没有配置密码,会出现"Password required, but none set"的提示,正确输入密码后,出现"Red-Giant>",可以开始相关配置。

② 通过Web对路由器进行远程管理

Web管理是在浏览器中通过网页管理网络设备的一种手段。前提是必须确定设备是否已经安装了Web管理模块,如锐捷路由器的Flash上是否存在index.htm、vms15.htm、webclt.jar三个文件。如果缺少这些文件的话,Web管理将不能进行。另外,由于可视化Web管理界面需要在Java虚拟机的环境下运行,所以在使用可视化管理界面之前,请先确认PC上是否已经安装了Java运行环境(Java Runtime Environment,JRE)。

③ 通过SNMP工作站对路由器进行远程管理

SNMP是Simple Network Manager Protocol(简单网络管理协议)的缩写,是一个应用层协议,为客户机/服务器模式,包括三个部分:SNMP网络管理器、SNMP代理和MIB管理信息库。

SNMP网络管理器,是采用SNMP来对网络进行控制和监控的系统,也称为NMS(Network Management System),常用的运行在NMS上的网管平台有HP OpenView、CiscoView、CiscoWorks 2000和锐捷的Star View,这些常用的网管软件可以方便地对路由器进行监控和管理。

SNMP代理(SNMP Agent)是运行在被管理设备上的软件,负责接受、处理并且响应来自NMS的监控和控制报文,也可以主动地发送一些消息报文给NMS。

SNMP工作站管理方式本书不作详细介绍。

4. 命令行接口

命令行接口是用户配置路由器的最主要的途径,通过命令行接口,可以简单的输入配置命令,达到配置、监控、维护路由器的目的,RGNOS提供了丰富的命令集,可以通过控制口(Console口)本地配置,也可以通过异步口远程配置,还可以通过Telnet客户端方便地在本地或者远程进行配置路由器。

命令行界面有若干不同的模式,用户当前所处的命令模式决定了可以使用的命令。如表2-1-1列出了命令的模式、如何访问每个模式、模式的提示符、如何离开模式。这里假定网络设备的名字为缺省的"Red-Giant"。

表 2-1-1　命令模式

命令模式	提示符	进入命令	关于该模式
普通用户模式	Red-Giant＞	和路由器建立连接，敲入回车即可进入，如果为 Telnet 方式，需要输入登录密码	使用该模式来进行基本测试、显示系统信息
特权用户模式	Red-Giant＃	在普通用户模式下输入 enable，同时输入授权密码	使用该模式来验证设置命令的结果。该模式是具有口令保护的
全局配置模式	Red-Giant(config)＃	在特权用户模式下，输入 configure terminal	使用该模式的命令来配置影响整个网络设备的全局参数
路由协议配置模式	Red-Giant(config-router)＃	在全局配置模式下，根据路由协议用 router 命令进入	使用该模式进行路由协议配置
接口配置模式	Red-Giant(config-if)＃	在全局配置模式下，根据配置的接口用 interface 命令进入	使用该模式配置网络设备的各种接口
子接口配置模式	Red-Giant(config-subif)＃	在全局配置模式下，根据指定的子接口类型，用 interface 命令进入	
线路配置模式	Red-Giant(config-line)＃	在全局配置模式下，根据要配置的线路类型，用 line 命令进入	

exit 命令是退回到上一级操作模式。

end 命令是直接退回到特权模式。

5. setup 交互式配置模式

RGNOS 提供了 setup 交互式配置模式，以方便用户对一些基本参数进行设置，用户可以在该模式下对路由器的主机名、密码、接口 IP 地址等参数进行设置。这时用户只需要简单地回答 RGNOS 的问题，便可以轻松地进行配置。

6. 路由器的全局配置

为了管理的方便可以为一台路由器配置系统名称(System Name)来标识它。当用户登录路由器时，有时需要告诉用户一些必要的信息。可以通过设置标题来达到这个目的。有两种类型的标题(banner)：每日通知和登录标题。每日通知针对所有连接到路由器的用户，当用户登录路由器时，通知消息将首先显示在终端上。利用每日通知，可以发送一些较为紧迫的消息(比如系统即将关闭等)给网络用户。登录标题显示在每日通知之后，它的主要作用是提供一些常规的登录提示信息。

7. 路由器接口

路由设备一般可支持两种类型接口：物理接口和逻辑接口。物理接口意味着该接口在设备上有对应的、实际存在的硬件接口，如：以太网接口、同步串行接口、异步串行接口、ISDN 接口。

逻辑接口意味着该接口在设备上没有对应的、实际存在的硬件接口，逻辑接口可以与物理接口关联，也可以独立于物理接口存在。如：Dialer 接口、NULL 接口、Loopback 接口、子接口等等。实际上对于网络协议而言，无论是物理接口还是逻辑接口，都是一样对待的。

最基本的接口是快速以太网口和同步串口（广域网口）。配置每个接口，首先进入全局配置模式，然后再进入指定接口配置模式，命令格式为：

Network(config)#interface interface-type interface-number

其中 interface-type 是接口类型，快速以太网类型为 FastEthernet，同步串口为 Serial，interface-number 为接口编号，接口号由槽号以及端口号组成。

例如：进入快速以太网口第 0 槽的第 0 个端口，步骤是：

Network#config terminal

Network(config)#interface FastEthernet 0/0

另外路由器的同步串口，使用 V.35 线缆连接广域网接口链路。在广域网连接时一端为 DCE（数据通信设备），一端为 DTE（数据终端设备）。由 V.35 的线缆标识决定各端是 DCE 还是 DTE 端，在 DCE 端必须配置时钟频率才能保证链路的连通。

8. 路由器的基本原则

（1）路由器的物理网络端口通常要有一个 IP 地址；

（2）相邻路由器的相邻端口 IP 地址必须在同一 IP 网段上；

（3）同一路由器的不同端口的 IP 地址必须在不同 IP 网段上；

（4）除了相邻路由器的相邻端口外，所有网络中路由器所连接的网段，即所有路由器的任何两个非相邻端口都必须在不同网段上。

三、实验环境及拓扑结构

（1）PC 机一台；

（2）RG-R1762 路由器两台。

实验拓扑如图 2-1-2 所示。

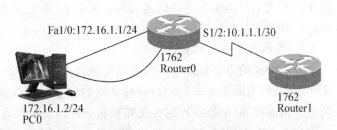

图 2-1-2 实验拓扑结构图

四、实验内容

1. 设备连接

按图 2-1-2 所示的拓扑结构连接好相应的设备。

使用 DB9-RJ45 线缆将 PC0 的 COM 口和 Router0 的 Console 口连接。V.35 线缆连接 Router0 和 Router1 的 S1/2 口。用直通的网线连接 PC0 的以太网卡和 Router0 的 Fa1/0。利用 PC0 的超级终端连接 Router0。

2. 不同配置模式的转换

(1) 实验要求

练习各种模式的切换和常用功能键的使用。路由器的基本编辑命令和帮助命令和交换机相同。如果取消某个设置，只要在原来命令之前加上 no。

(2) 配置参考

```
Router>enable
Router#conf t
Enter configuration commands, one per line. End with CNTL/Z.
Router(config)#interface fa1/0
Router(config-if)#exit
Router(config)#
```

3. 路由器名字和提示信息的配置

(1) 实验要求

设置路由器名为 Router0，提示信息为"CS network lab"，登录标题是"work hard"。

(2) 命令参考

① 设置路由器名称

hostname *hostname*

② 设置每日通知

banner motd *c*

message c

注意：设置每日通知(message of the day)的文本。c 表示分界符，这个分界符可以是任何字符(比如'&'、'#'等字符)。输入分界符后，然后按回车键，接着可以开始输入文本，最后需要再键入分界符并按回车键来结束文本的输入。

③ 设置登录标题

banner login *c*

message c

用户在登录路由器时，首先显示每日通知，然后显示登录标题。

(3) 配置参考

```
Router(config)#hostname Router0
Router0(config)#banner motd #
Enter TEXT message. End with the character '#'.
```

```
CS network lab#
Router0(config)# banner login #
Enter TEXT message. End with the character '#'.
work hard #
```

4. 各端口 IP 地址的配置

(1) 实验要求

按图 2-1-2 所示配好各端口相应的 IP 地址。

(2) 命令参考

① 进入某一端口

interface *interface id*

② 配置 IP 地址

ip address *a.b.c.d subnet mask*

③ 打开端口

no shut down

(3) 配置参考

```
Router0 (config)# interface fa1/0
Router0 (config-if)# ip address 172.16.1.1 255.255.255.0
Router0 (config-if)# no shut down
Router0 (config)# interface s1/2
Router0 (config-if)# ip address 10.1.1.1 255.255.255.252
Router0 (config-if)# no shut down
```

5. 端口信息配置

(1) 实验要求

掌握端口描述信息的配置。掌握端口工作模式和速度的配置,掌握端口的打开和关闭。

(2) 命令参考

① 配置端口的带宽速率

bandwidth *bandwidth*

② 设置描述信息

description *message*

③ 关闭端口

shutdown

④ 查看端口状态

show interface *interface id*

(3) 配置参考

```
Router0(config)#interface s1/2
Router0(config-if)#bandwidth 512    //配置端口的带宽速率
Router0(config-if)#description "connect to Router1"
Router0(config-if)#shutdown
Router0(config-if)#no shutdown
Router0(config-if)#show interface fa1/0
FastEthernet 1/0 is UP , line protocol is UP
Hardware is PQ2 FCC FAST ETHERNET CONTROLLER FastEthernet, address is 00d0.f86b.81dd (bia 00d0.f86b.81dd)
Interface address is: 10.10.1.254/24
ARP type: ARPA, ARP Timeout: 3600 seconds
  MTU 1500 bytes, BW 100000 Kbit
  Encapsulation protocol is Ethernet-II, loopback not set
  Keepalive interval is 10 sec, set
  Carrier delay is 2 sec
  RXload is 1, Txload is 1
  Queueing strategy: FIFO
    Output queue 0/40, 0 drops;
    Input queue 0/75, 0 drops
  5 minutes input rate 0 bits/sec, 0 packets/sec
  5 minutes output rate 28 bits/sec, 0 packets/sec
    10984 packets input, 6056076 bytes, 0 res lack, 0 no buffer, 0 dropped
    Received 32 broadcasts, 0 runts, 0 giants
    0 input errors, 0 CRC, 0 frame, 0 overrun, 0 abort
    10998 packets output, 509136 bytes, 0 underruns, 1 dropped
    0 output errors, 0 collisions, 13 interface resets
  Link Mode: 100M/Full-Duplex
```

6. 掌握时钟的配置

(1) 实验要求

配置 DCE 时钟为 115 200。

(2) 命令参考

① 判断 DCE 端。

show interface *serial id*

② 设置时钟

clock rate bps//参数所要指定的波特时钟,单位为比特每秒(bps)

(3) 配置参考

```
Router0#show int s1/2
serial 1/2 is UP , line protocol is UP
Hardware is PQ2 SCC HDLC CONTROLLER serial
Interface address is: 10.1.1.1/30
    MTU 1500 bytes, BW 2000 Kbit
    Encapsulation protocol is HDLC, loopback not set
    Keepalive interval is 10 sec, set
    Carrier delay is 2 sec
    RXload is 1,Txload is 1
    Queueing strategy: WFQ
    5 minutes input rate 17 bits/sec, 0 packets/sec
    5 minutes output rate 17 bits/sec, 0 packets/sec
    520 packets input, 11440 bytes, 0 res lack, 0 no buffer,0 dropped
    Received 520 broadcasts, 0 runts, 0 giants
    1 input errors, 0 CRC, 1 frame, 0 overrun, 0 abort
    520 packets output, 11440 bytes, 0 underruns,0 dropped
    0 output errors, 0 collisions, 2 interface resets
    1 carrier transitions
    V35 DCE cable
DCD=up   DSR=up   DTR=up   RTS=up   CTS=up
Router0(config)#interface s1/2
Router0(config-if)#clock rate 115200
Router0(config-if)#end
```

7. 掌握 Loopback 的配置

(1) 实验要求

配置 Loopback 0 的地址为 172.16.2.1/24。

(2) 命令参考

interface loopback *number*

loopback 接口是应用最为广泛的一种虚接口,几乎在每台路由器上都会使用。常见于如下用途,一是作为一台路由器的管理地址,使用此接口较其他接口更有效,不受物理接口是否激活影响,如果是物理接口,一旦接口处于 down 状态,则无法使用 Telnet 登录到该设备,loopback 接口则不受此限制。二是使用该接口地址作为动态路由协议 OSPF、BGP 的 router id。

(3) 配置参考

```
Router0#conf   t
Enter configuration commands, one per line. End with CNTL/Z.
```

```
Router0（config）# int loopback 0
Router0（config-if）#
%LINE PROTOCOL CHANGE：Interface Loopback 0，changed state to UP
Router0（config-if）# ip address 172.16.2.1 255.255.255.0
Router0（config-if）# no shutdown
Router0（config-if）#
```

五、实验注意事项

1. 锐捷路由器端口编号 fa1/0、fa1/1、s1/2 和 s1/3。思科路由器端口基本编号为 fa0/0、fa0/1、s0/0 和 s0/1。

2. 如果是思科的路由器,使用下面的命令查看是否是 DCE 端。

```
Router# show controllers s0/0
```

六、拓展训练

1. 系统时间配置

设置了路由器的时钟后,路由器的时钟将以你设置的时间为准一直运行下去,即使路由器下电,路由器的时钟仍然继续运行。

设置系统的日期和时钟：

```
Ruijie# clock set hh：mm：ss date month year
```

或

```
Ruijie# clock set hh：mm：ss month date year
```

2. 网络时间同步

因特网上普遍采用了通讯协议来实现网络时间同步,即 NTP(Network Time Protocol, 网络时间协议),还有一种协议是 NTP 协议的简化版,即 SNTP(Simple Network Time Protocol,简单网络时间协议)。

NTP 协议可以跨越各种平台和操作系统,使用非常精密的算法,因而几乎不受网络的延迟和抖动的影响,可以提供 1~50 ms 精度。NTP 同时提供认证机制,安全级别很高。但是 NTP 算法复杂,对系统要求较高。

SNTP(简单网络时间协议)是 NTP 的简化版本,在实现时,计算时间用了简单的算法, 性能较高。而精确度一般也能达到 1 秒左右,也能基本满足绝大多数场合的需要。

（1）配置 NTP Server 的地址

具体的 NTP server 地址可以登录 http://www.time.edu.cn/或 http://www.ntp.

org/上获取。

如：

Red-Giant(config)#**sntp server** *192.168.6.78*

（2）打开 SNTP

（3）配置 SNTP 同步时钟的间隔

Red-Giant(config)#**sntp interval** *60*

（4）SNTP 的信息显示

Red-Giant#**show sntp**

习 题

1. 在购买一台路由器时，应主要注意哪些性能指标？
2. 以下是用 show interface s1/2 显示的信息。

```
serial 1/2 is UP, line protocol is UP
Hardware is PQ2 SCC HDLC CONTROLLER serial
Interface address is: 10.1.1.1/30
    MTU 1500 bytes, BW 2000 Kbit
    Encapsulation protocol is HDLC, loopback not set
    Keepalive interval is 10 sec, set
    Carrier delay is 2 sec
    RXload is 1,Txload is 1
    Queueing strategy: WFQ
    5 minutes input rate 17 bits/sec, 0 packets/sec
    5 minutes output rate 17 bits/sec, 0 packets/sec
    520 packets input, 11440 bytes, 0 res lack, 0 no buffer,0 dropped
    Received 520 broadcasts, 0 runts, 0 giants
    1 input errors, 0 CRC, 1 frame, 0 overrun, 0 abort
    520 packets output, 11440 bytes, 0 underruns,0 dropped
    0 output errors, 0 collisions, 2 interface resets
    1 carrier transitions
    V35 DCE cable
DCD=up  DSR=up  DTR=up  RTS=up  CTS=up
```

请从上面的信息中，判断该端口所在的网络号是多少？该端口是否需要配置时钟？

实验 2.2　静态路由的配置

一、实验目的

(1) 了解路由器的工作原理；
(2) 掌握静态路由和默认路由的配置方法；
(3) 掌握路由的查看命令。

二、预备知识

1. 路由器的工作原理

路由器工作在 OSI 模型中的第三层，即网络层。路由器利用网络层定义的逻辑网络地址(即 IP 地址)来区别不同的网络，实现网络的互连和隔离，保持各个网络的独立性。路由器不转发广播消息，而把广播消息限制在各自的网络内部。发送到其他网络的数据应先被送到路由器，再由路由器转发出去。不同网络号的 IP 地址即使它们接在一起，也不能通信。

IP 路由器只转发 IP 分组，把其余的部分挡在网内(包括广播)，从而使得各个网络具有相对的独立性，这样可以组成具有许多网络(子网)互连的大型网络。由于是在网络层的互连，路由器可方便地连接不同类型的网络，只要网络层运行的是 IP 协议，通过路由器就可互连起来。

路由器有多个端口，用于连接多个 IP 子网。不同的端口为不同的网络号，每个端口的 IP 地址的网络号要求与所连接的 IP 子网的网络号相同。当 IP 子网中的一台主机发送 IP 分组给同一 IP 子网的另一台主机时，它将直接把 IP 分组送到网络上，对方就能收到。而要送给不同 IP 子网上的主机时，它要选择一个能到达目的子网上的路由器，把 IP 分组送给该路由器，由路由器负责把 IP 分组送到目的地。如果没有找到这样的路由器，主机就把 IP 分组送给一个称为"缺省网关(Default Gateway)"的路由器上。"缺省网关"是每台主机上的一个配置参数，它是接在同一个网络上的某个路由器端口的 IP 地址。

路由器转发 IP 分组时，只根据 IP 分组目的 IP 地址的网络号部分，选择合适的端口，把 IP 分组送出去。同主机一样，路由器也要判定端口所接的是否是目的子网，如果是，就直接把分组通过端口送到对应子网络上，否则，也要选择下一个路由器来传送分组。路由器也有它的缺省网关，用来传送不知道往哪儿送的 IP 分组。这样，通过路由器把知道如何传送的 IP 分组正确转发出去，不知道的 IP 分组送给"缺省网关"路由器，这样一级级地传送，IP 分组最终将送到目的地，送不到目的地的 IP 分组则被网络丢弃了。

路由功能主要包括两项基本内容：寻径和转发。寻径即判定到达目的地的最佳路径，由路由选择算法来实现。由于涉及到不同的路由选择协议和路由选择算法，寻径要相对复杂一些。为了判定最佳路径，路由选择算法必须启动并维护包含路由信息的路由表，其中路由信息依赖于所用的路由选择算法而不尽相同。路由选择算法将收集到的不同信息填入路由表中，根据路由表可将目的网络与下一站（nexthop）的关系告诉路由器。路由器间互通信息进行路由更新，更新维护路由表使之正确反映网络的拓扑变化，并由路由器根据量度来决定最佳路径。这就是路由选择协议（routing protocol），例如路由信息协议（Routing Information Protocol，简称 RIP）、开放式最短路径优先协议（Open Shortest Path First，简称 OSPF）和边界网关协议（Border Gateway Protocol，简称 BGP）等。

转发即沿寻径好的最佳路径传送信息分组。路由器首先在路由表中查找，判明是否知道将分组发送到下一个站点（路由器或主机），如果路由器不知道如何发送分组，通常将该分组丢弃，否则就根据路由表的相应表项将分组发送到下一个站点；如果目的网络直接与路由器相连，路由器就把分组直接送到相应的端口上。这就是路由转发协议（routed protocol）。

路由转发协议和路由选择协议是相互配合又相互独立的概念，前者使用后者维护的路由表，同时后者要利用前者提供的功能来发布路由协议数据分组。下文中提到的路由协议，除非特别说明，都是指路由选择协议。

2. 静态路由与动态路由

静态路由是在路由器中设置的固定的路由条目。除非网络管理员干预，否则静态路由不会发生变化。由于静态路由不能对网络的改变作出反映，一般用于网络规模不大、拓扑结构固定的网络中。静态路由的优点是简单、高效、可靠。在所有的路由中，静态路由优先级最高。当动态路由与静态路由发生冲突时，以静态路由为准。

具体讲，静态路由有如下特点：
（1）需要很少的进程和 CPU 开销，因为静态路由一旦配置，便无需计算；
（2）无需与其他路由器交换路由更新信息；
（3）具有可预测性，因为静态路由是由网络管理员手工配置；
（4）适用于与外界只有一条通路或较少通路的场合。

动态路由是网络中的路由器之间相互通信，传递路由信息，利用收到的路由信息更新路由器表的过程。它能实时地适应网络结构的变化。如果路由更新信息表明发生了网络变化，路由选择软件就会重新计算路由，并发出新的路由更新信息。这些信息通过各个网络，引起各路由器重新启动其路由算法，并更新各自的路由表以动态地反映网络拓扑变化。动态路由适用于网络规模大、网络拓扑复杂的网络。当然各种动态路由协议会不同程度地占用网络带宽和 CPU 资源。

根据是否在一个自治系统内部使用，动态路由协议分为内部网关协议（IGP）和外部网关协议（EGP）。这里的自治域指一个具有统一管理机构、统一路由策略的网络。自治域内部采用的路由选择协议称为内部网关协议,常用的有 RIP、OSPF;外部网关协议主要用于多个自治域之间的路由选择,常用的是 BGP 和 BGP-4。

3. 路由信息

正确理解路由条目的构成对学习路由是至关重要的。下面列出了查看路由的方法。

```
router# show ip route
Codes：C-connected,S-static, R-RIP, O-OSPF
IA-OSPF inter area,E1-OSPF external type 1
E2-OSPF external type 2, * -candidate default
Gateway of last resort is 10.5.5.5 to network 0.0.0.0
     172.16.0.0/24 is subnetted, 1 subnets
C    172.16.11.0 is directly connected, serial1/2
O E2 172.22.0.0/16 [110/20] via 10.3.3.3, 01:03:01, Seriall/2
S*   0.0.0.0/0 [1/0] via 10.5.5.5
```

通过上面的例子,可以看出每个路由条目由以下信息组成:

(1) 学习到该路由所使用的方法。学习方法可以是动态的或手工的。样例中的 Codes 给出了不同协议的字母表示。阴影且粗斜体显示行的 O 表示该路由是通过 OSPF 路由协议学到。

(2) 逻辑目的地。可以是主类网络,也可以是主类网络的一个子网。甚至可以是单个主机地址。如阴影行中的 172.22.0.0。

(3) 管理距离。是一种标识路由学习机制可信赖程度的一个尺度。它用于从多个路径中选择一条最佳路径。因此,仅当路由器存在一个以上到达目标网络的路径时才发挥作用。一般原则是,人工设置的优于动态学习的,路由算法复杂优于路由算法简单的。表 2-2-1 是各种路由算法的缺省管理距离。如阴影行中的[110/20]中的 110。

表 2-2-1　各种协议的管理距离

路由来源	缺省管理距离	路由来源	缺省管理距离
与路由器直接连接	0	IS-IS	115
以下一路由器为出口的静态路由	1	RIP 第一版、第二版	120
EIGRP 的归纳/聚合路由	5	BGP	140
外部 BGP	20	外部 EIGRP	170
内部 EIGRP	90	内部 BGP	200
IGRP	100	不知道	255
OSPF	110		

(4) 路由度量值。它是度量一条路径总"开销"的一个尺度。这个度量标准会随所选择的协议不同而不同。如 RIP 路由用跳数作为衡量标准,跳数也就是沿途所经过的路由器的个数。IGRP 默认用带宽和延迟作为度量标准,但也可考虑可靠性、负载和最大传输单元。

如果存在多条开销相同的路径,则可实现负载平衡。如阴影行所示的[110/20]中的 20。

(5) 去往目的地的下一跳路由器的地址。如阴影行中的 via 10.3.3.3。

(6) 路由器的新旧程度。指明自上次更新以来在路由表中已存在的时间。如阴影行中的 01:03:01。

(7) 与去往目的地网络相关联的端口。是转发到下一跳中继设备时所要经过的端口。如阴影行中的 Serial1/2。

4. 路由决策原则

不同的路由算法,得到不同的路由信息时,遵从下列原则选取路由:

(1) 最长匹配

例:10.1.1.1/8 和 10.1.1.1/16

选择目标网络为 10.1.1.1/16 的路由信息。

(2) 根据路由的管理距离:管理距离越小,路由越优先

例:S 10.1.1.1/8 和 R 10.1.1.1/8

选择静态路由 S 10.1.1.1/8。

(3) 管理距离一样,就比较路由的度量值(metric),越小越优先

例:S 10.1.1.1/8 [1/20]和 S 10.1.1.1/8 [1/40]

选择 S 10.1.1.1/8 [1/20]。

三、实验环境及拓扑结构

(1) PC 机两台;
(2) RG-R1762 路由器两台;
(3) V.35 电缆线一对。
实验拓扑如图 2-2-1 所示。

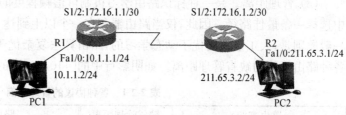

图 2-2-1 路由协议配置

四、实验内容

1. 设备连接

按图 2-2-1 连接好相关设备。

2. 按图示配置好相关设备的 IP 地址

(1) 配置 R1 的 IP 地址

```
Router#conf t
Router(config)#hostname R1
R1(config)#interface fa1/0
R1(config-if)#ip address 10.1.1.1 255.255.255.0
R1(config-if)#no shutdown
```

配置异步口的 IP 地址

R1(config)# **interface s1/2**
R1(config-if)# **ip address 172.16.1.1 255.255.255.252**
R1(config-if)# **no shut**

(2) 配置 R2 的 IP 地址

Router# **conf t**
Router(config)# **hostname R2**
R2(config)# **interface fa1/0**
R2(config-if)# **ip address 211.65.3.1 255.255.255.0**
R2(config-if)# **no shutdown**

配置异步口的 IP 地址

R2(config)# **interface s1/2**
R2(config-if)# **ip address 172.16.1.2 255.255.255.252**
R2(config-if)# **no shut**

3. 配置 DCE 端的时钟

查看 R1 是否是 DCE 端，如果是 DCE，设置时钟频率。

R1# **show interface s1/2**
R1(config-if)# **clock rate 64000**

查看 R2 是否是 DCE 端，如果是 DCE，设置时钟频率。

R2# **show interface s1/2**
R2(config-if)# **clock rate 64000**

4. 配置静态路由和默认路由并用相关命令查看

(1) 实验要求

在 R1 和 R2 上配置静态路由和默认路由，保证 PC1 和 PC2 的连通性。

(2) 命令参考

静态路由和默认路由的配置方法

静态路由的一般配置步骤：

【第一步】 为路由器每个接口配置 IP 地址。

【第二步】 确定本路由器有哪些直连网段的路由信息。

【第三步】 确定网络中有哪些属于本路由器的非直连网段。

【第四步】 添加本路由器的非直连网段相关的路由信息。

① 静态路由配置命令

ip route *network net-mask* {*ip-address*|*interface* [*ip-address*]}
该命令的 no 形式删除静态路由命令。
例:ip route 192.168.10.0 255.255.255.0 serial 1/2
例:ip route 192.168.10.0 255.255.255.0 172.16.2.1
静态路由描述转发路径的方式有两种:
如图 2-2-2 网络拓扑中,router A 到 172.16.1.0 网络的静态路由配置。

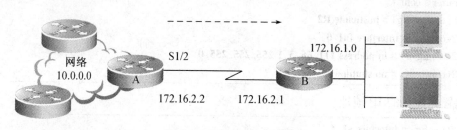

图 2-2-2　静态路由拓扑图

routerA(config)# **ip route 172.16.1.0 255.255.255.0 172.16.2.1**

或

routerA(config)# **ip route 172.16.1.0 255.255.255.0 serial 1/2**

② 默认路由概述

默认路由可以看作是静态路由的一种特殊情况,当所有已知路由信息都查不到数据包如何转发时,按默认路由的信息进行转发。

ip route 0.0.0.0 0.0.0.0 {*ip-address*|*interface* [*ip-address*]}

0.0.0.0/0 可以匹配所有的 IP 地址,属于最不精确的匹配。

(3) 配置参考

① R1 静态路由配置

R1# **show ip route**　　　　//查看 R1 的路由表
R1(config)# **ip route 211.65.3.0 255.255.255.0 172.16.1.2**
R1# **show ip route**

② R2 静态路由配置

R2# **show ip route**　　　　//查看 R2 的路由表
R2(config)# **ip route 10.1.1.0 255.255.255.0 172.16.1.1**
R2# **show ip route**　　　　//再次查看 R2 上的路由表,比较不同。

③ R1 默认路由配置

R1(config)# **ip route 0.0.0.0 0.0.0.0 172.16.1.2**
R1# **show ip route**

④ R2 默认路由配置

R2(config)# **ip route 0.0.0.0 0.0.0.0 172.16.1.1**
R2# **show ip route**

(4) 测试 PC1 到 PC2 的连通性

将 PC1 的 IP 设置为 10.1.1.2,网关设置为 10.1.1.1。

将 PC2 的 IP 设置为 211.65.3.2,网关设置为 211.65.3.1。

此时查看 PC1 和 PC2 是否能 ping 通?

五、实验注意事项

(1) 注意查看实验室路由器是将哪对串口通过一对 V.35 电缆互连的?

(2) 配置时设备取名要有意义,便于区别。

(3) 实验时根据拓扑图进行连线,然后先配好 IP 地址,声明直连网段的信息。在背对背连接中使用 30 位子网掩码,以节省 IP 地址。如本例中的 172.16.1.2/30,掩码应为 255.255.255.252。

(4) DCE 和 DTE 的确定,DCE 要配时钟。

六、拓展训练

(1) 使用静态路由删除命令,分别删除 R1 和 R2 的静态路由,测试 PC1 和 PC2 的连通情况。

(2) 删除 R1 和 R2 的默认路由,测试 PC1 和 PC2 的连通情况。

1. 什么情况下适合配置静态路由?
2. 配置静态路由的注意事项是什么?

实验 2.3 RIP 路由的配置

一、实验目的

（1）掌握 RIP 路由的工作原理；
（2）掌握 RIP 路由的配置方法；
（3）掌握路由的查看和调试命令。

二、预备知识

1. 常用动态路由协议

动态路由协议主要有距离矢量路由和链路状态路由。

距离矢量路由：周期性地把整个路由表拷贝到相邻路由器；从网络邻居得到网络拓扑结构；容易配置和管理，但耗费带宽大；收敛速度慢，易形成环路。常见的距离矢量路由有：RIPv1、RIPv2、IGRP。

链路状态路由：通常使用最短路径优先算法；采用事件触发更新；只把链路状态路由选择的更新信息传送到其他路由器上；有整个网络的拓扑结构；收敛速度快，不易形成环路；配置较难；需要更多的内存和处理能力。为了减少扩散所带来的不利影响，可以进行区域的划分，使扩散只限制在同一区域内。常见的链路状态路由有 OSPF、EIGRP 等。

2. RIP 路由协议

RIP 路由协议有如下特征：
（1）它是一种距离矢量路由协议。
（2）在路径选择中采用跳数作为度量标准，即所经过的路由器的个数。
（3）最大允许的跳数为 15。当跳数超过 15 时，则认为数据包不可达。
（4）路由选择更新信息以整个路由表的形式默认每 30 秒广播一次。
（5）RIP 最多可以在 6 条等开销的路径上进行负载平衡。

RIP 有两种版本，即 RIP-1 和 RIP-2。RIP-1 要求使用主类网络号，即只能使用默认的 A、B、C 类网的默认子网掩码，RIP-1 不支持触发更新。RIP-2 允许使用变长的子网掩码，也支持触发更新。

RIP-1 是有类路由协议，有类路由协议在同一个主类网络里能够区分 Subnet，原因为：

（1）如果路由更新信息是关于在接收 Interface 上所配置的同一主类网络的，那么路由器将采用配置在本地 Interface 上的 Subnet Mask。

(2) 如果路由更新信息是关于在接收 Interface 上所配置的不同主类网络的,那么路由器将根据其所属地址类别采用缺省的 Subnet Mask。

RIP-2 是无类路由协议(Classless Routing),无类路由协议在进行路由信息传递时,包含子网掩码信息,支持 VLSM(变长子网掩码),无类路由协议包括 RIPv2、OSPF、IS-IS、BGP。

三、实验环境及拓扑结构

(1) PC 机两台;
(2) RG-R1762 路由器两台;
(3) V.35 电缆线一对。
实验拓扑如图 2-3-1 所示。

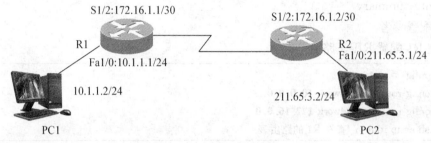

图 2-3-1 路由协议配置

四、实验内容

1. 按图示连接好相关设备
和实验 2.2 相同。
2. 按图示配置好相关设备的 IP 地址
和实验 2.2 相同。
3. 配置 DCE 端的时钟
和实验 2.2 相同。
4. 配置 RIP 路由并用相关命令查看和调试
(1) 实验要求
在 R1 和 R2 上分别依次配置 RIP-1 和 RIP-2,测试 PC1 和 PC2 的连通性。
(2) 命令参考
RIP-1 配置方法:
① 启动 rip 路由协议

router rip

② 宣告直接相连的主类网

network *network*

RIP-2 配置方法：

① 启动 rip 路由协议

router rip

② 宣告直接相连的主类网

network *network*

③ 指定 RIP 协议的版本 2（默认是 version1）

version **2**

④ 在 RIPv2 版本中关闭自动汇总

no auto-summary

(3) 配置参考

① 在 R1 配置 RIP-1 路由

```
R1(config)#router rip
R1(config-router)#network 10.0.0.0
R1(config-router)#network 172.16.0.0
R1#show ip route //查看 R1 的路由表
```

② 在 R2 配置 RIP-1 路由

```
R2(config)#router rip
R2(config-router)#network 211.65.3.0
R2(config-router)#network 172.16.0.0
R2#show ip route//查看 R2 的路由表
```

③ 删除路由器的静态路由和默认路由

```
R2(config)#no ip route 10.1.1.0 255.255.255.0 172.16.1.1
R2(config)#no ip route 0.0.0.0 0.0.0.0 172.16.1.1
R2#show ip route      //查看 R2 的路由表
```

④ 删除路由器的静态路由和默认路由

```
R1(config)#no ip route 211.65.3.0 255.255.255.0 172.16.1.2
R1(config)#no ip route 0.0.0.0 0.0.0.0 172.16.1.2
R1#show ip route      //查看 R1 的路由表
```

(4) 测试 PC1 到 PC2 的连通性

(5) RIP-2 配置

① 取消 RIP-1 的配置

```
R1(config)#no router rip
R2(config)#no router rip
```

② RIP-2 配置

```
R1(config)#router rip
R1(config-router)#network 10.1.1.0
R1(config-router)#network 172.16.1.0
R1(config-router)#version2
R1(config-router)#no auto-summary
R2(config)#router rip
R2(config-router)#network 211.65.3.0
R2(config-router)#network 172.16.1.0
R2(config-router)#version2
R2(config-router)#no auto-summary
```

（6）调试路由

```
R1#debug ip rip
R2#debug ip rip
```

五、实验注意事项

注意 RIP-1 和 RIP-2 的区别。

六、扩展训练

（1）掌握 RIP 路由表的形成过程。
（2）掌握路由环路的形成机制和解决方法。

习 题

1. RIP-1 和 RIP-2 的区别是什么？
2. 配置 RIP-1 和 RIP-2,声明直连网段信息时,注意事项是什么？

实验 2.4 OSPF 路由的配置

一、实验目的

(1) 掌握 OSPF 路由的工作原理；
(2) 掌握 OSPF 路由的配置方法；
(3) 掌握路由的查看和调试命令。

二、预备知识

1. OSPF 路由协议特征

(1) OSPF 是一种基于链路状态的路由协议，需要每个路由器向其同一管理域的所有其他路由器发送链路状态广播信息。在 OSPF 的链路状态广播中包括所有端口信息、所有的量度和其他一些变量。利用 OSPF 的路由器首先必须收集有关的链路状态信息，并根据一定的算法计算出到每个节点的最短路径。

(2) 属于内部网关协议(IGP)，使用"最短路径优先算法"，也称 Dijkstra 算法。

(3) 是一个开放的协议，适用于大型网络。OSPF 是解决 RIP 不能解决的大型、可扩展的网络的问题。

(4) 可以建立具有分层结构的网络。OSPF 将一个自治域再划分为区，相应地即有两种类型的路由选择方式。当源和目的地在同一区时，采用区内路由选择；当源和目的地在不同区时，则采用区间路由选择。这样就减少了路由的开销，加速汇聚，也增加了网络的可靠性。

目前共有三个版本：

OSPFv1：测试版本，仅在实验平台使用；
OSPFv2：发行版本，目前使用的都是这个版本；
OSPFv3：测试版本，提供对 IPv6 的路由支持。

2. OSPF 基本概念 Router ID

一个 32bit 的无符号整数，是一台路由器的唯一标识，在整个自治系统(Autonomous Systems，AS)内唯一。

路由器首先选取它所有的 loopback 接口上数值最高的 IP 地址，如果路由器没有配置 IP 地址的 loopback 接口，那么路由器将选取它所有的物理接口上数值最高的 IP 地址。用作路由器 ID 的接口不一定非要运行 OSPF 协议。

实验 2.4 OSPF 路由的配置

3. OSPF 运行过程

（1）每个运行 OSPF 的路由器发送 HELLO 报文到所有启用 OSPF 的接口。如果在共享链路上两个路由器发送的 HELLO 报文内容一致，那么这两个路由器将形成邻居关系。

（2）从这些邻居关系中，部分路由器形成邻接关系。邻接关系的建立由 OSPF 路由器交换 HELLO 报文和网络类型来决定。

（3）形成邻接关系的每个路由器都宣告自己的所有链路状态。

（4）每个路由器都接受邻居发送过来的 LSA，记录在自己的链路数据库中，并将链路数据库的一份拷贝发送给其他的邻居。

（5）通过在一个区域中泛洪，使得给区域中的所有路由器同步自己的数据库。

（6）当数据库同步之后，OSPF 通过 SPF 算法，计算到目的地的最短路径，并形成一个以自己为根的无自环的最短路径树。

（7）每个路由器根据这个最短路径树建立自己的路由转发表。

三、实验环境及拓扑结构

（1）PC 机两台；

（2）RG-R1762 路由器两台；

（3）V.35 电缆线一对。

实验拓扑如图 2-4-1 所示。

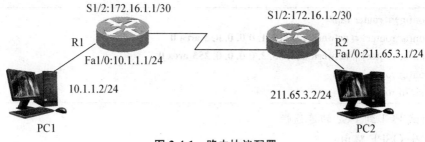

图 2-4-1 路由协议配置

四、实验内容

1. 按图示连接好相关设备

和实验 2.2 相同。

2. 按图示配置好相关设备的 IP 地址

和实验 2.2 相同。

3. 配置 DCE 端的时钟

和实验 2.2 相同。

4. 配置单区域 OSPF 并用相关命令查看和调试

(1) 实验要求

在 R1 和 R2 上配置 OSPF 路由协议，保证 PC1 到 PC2 的连通性。

(2) 命令参考

① 启动 OSPF 路由协议

router ospf　*PID*　//PID 为进程标识，因为允许一台路由器运行多个 OSPF 进程。

② 宣告直接相连的网络

network *ip-address wildcard* area *area-id*

// ip-address：无类网络号；wildcard：通配符掩码；area：区域号。

(3) 配置参考

① R1 的配置

```
R1(config)#router ospf
R1(config-router)#network 172.16.1.0 0.0.0.3 area 0
R1(config-router)#network 10.1.1.0 0.0.0.255 area 0
R1(config-router)#end
R1#
Configured from console by console
R1#sh ip route
```

② R2 的配置

```
R2(config)#router ospf
R2(config-router)#network 172.16.1.0 0.0.0.3 area 0
R2(config-router)#network 211.65.3.0 0.0.0.255 area 0
R2(config-router)#end
R2#sh ip route
```

5. 测试 PC1 到 PC2 的连通性

6. 删除 OSPF 路由

```
R1(config)#no router ospf
```

五、实验注意事项

注意反向掩码的使用。

六、拓展训练

OSPF 允许用户更改某些特定的接口参数，用户可以根据实际应用的需要将这些参数任意设置，比如接口费用、链路状态重传间隔等，OSPF 可以通过哪些命令具体配置？

习 题

1. OSPF 为什么适用于大型网络？
2. 如何配置 OSPF 区域之间路由汇聚？

实验 2.5　BGP 路由的配置

一、实验目的

（1）理解 BGP 路由通告与学习过程；
（2）掌握 BGP 路由的配置方法；
（3）掌握路由的查看和调试命令。

二、预备知识

1. BGP 概念

BGP 是一种不同自治系统的路由器之间进行通信的外部网关协议（Exterior Gateway Protocol,EGP），其主要功能是在不同的自治系统之间交换网络可达信息，并通过协议自身机制来消除路由环路。BGP 使用 TCP 协议作为传输协议，通过 TCP 协议的可靠传输机制保证 BGP 的传输可靠性。运行 BGP 协议的 Router 称为 BGP Speaker，建立了 BGP 会话连接（BGP Session）的 BGP Speakers 之间被称作对等体（BGP Peers）。

2. BGP Speaker 对等体

BGP Speaker 之间建立对等体的模式有两种：IBGP（Internal BGP）和 EBGP（External BGP）。IBGP 是指在相同 AS 内建立的 BGP 连接，EBGP 是指在不同 AS 之间建立的 BGP 连接。二者的作用简而言之就是：EBGP 是完成不同 AS 之间路由信息的交换，IBGP 是完成路由信息在本 AS 内的过渡。

需要运行 BGP 功能，在特权模式下，按照如下步骤进行：

Ruijie#configure terminal 进入全局配置模式

Ruijie(config)#ip routing 启用路由功能（如果开关关闭的话）

Ruijie(config)#router bgp *as-number*

该命令的作用打开 BGP，配置本 AS 号，进入 BGP 配置模式，AS-number 的范围（1～65 535）。

Ruijie(config-router)#bgp router-id *router id*

（可选）配置本交换机运行 BGP 协议时使用的 ID。

在全局模式下使用 no router bgp 命令来关闭 BGP。

3. 主要命令

（1）配置 BGP 邻居#neighbor remote-as

配置 BGP 的邻居使用命令 neighbor remote-as，该命令配置 BGP 对等体（组）。使用该

实验 2.5 BGP 路由的配置

命令的 no 选项删除配置的对等体(组)。

neighbor {ip-address|peer-group-name} remote-as as-number
no neighbor {ip-address|peer-group-name} remote-as as-number

其中 ip-address 指定对等体的地址;peer-group-name 指定对等体(组)的名字,对等体(组)名不超过 32 字符;as-number BGP 对等体(组)自治系统号,范围为 1 至 65 535。缺省情况下没有配置 BGP 对等体。该命令在 BGP 配置模式下执行。需要注意的是如果指定了 BGP 对等体(组),那么对等体(组)的所有成员都将继承该命令的设置。

下面的例子配置了一个 IBGP peer 131.108.234.2,配置了两个 EBGP peer:131.108.200.1 和 150.136.64.19。

```
router bgp 109
 neighbor 131.108.200.1 remote-as 167
 neighbor 131.108.234.2 remote-as 109
 neighbor 150.136.64.19 remote-as 99
```

(2) network(BGP)

该命令配置本 BGP speaker 需要公告的网络信息。使用该命令的 no 选项删除设置的网络信息。

network network-number mask mask [route-map map-tag] [backdoor]
no network network-number mask mask [route-map] [backdoor]

该命令在 BGP 配置模式下执行,默认没有指定网络信息。其中 network-number 是网络号,mask 子网掩码,map-tag route-map 的名字,route map 名不超过 32 字符,backdoor 该路由为后门路由。

三、实验环境及拓扑结构

四台锐捷 RSR50-20 路由器。
实验拓扑如图 2-5-1 所示。

四、实验内容

1. 实验分析

本拓扑包含三个自治系统(AS):AS 100、AS 200、AS 300。

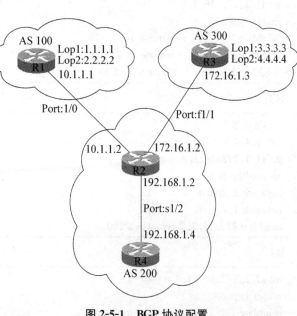

图 2-5-1 BGP 协议配置

AS 100 里含有路由器 R1，连接内网 1.1.1.0 和 2.2.2.0。

AS 200 里含有路由器 R2、R4，R2 与 R4 建立 IBGP 邻居关系。另外 R2 分别与 R1 和 R3 建立 EBGP 邻居关系。

AS 300 里含有路由器 R3，连接内网 3.3.3.0 和 4.4.4.0。

R1 通过 F1/0 接口与 R2 的 F1/0 接口连接。

R2 通过 S1/2 接口与 R4 S1/2 接口相连，通过 F1/1 接口与 R3 F1/1 接口相连。

2. 配置参考

R1、R2、R3、R4 的基本配置如下：

R1：

```
lo1：1.1.1.1
lo2：2.2.2.2
int f1/0：10.1.1.1
router bgp 100
network 1.1.1.0
network 2.2.2.0
neighbor 10.1.1.2 remote-as 200
```

R2：

```
int f1/0：10.1.1.2
int s1/2：192.168.1.2
int f1/1：172.16.1.2
router bgp 200
neighbor 10.1.1.1 remote-as 100
neighbor 172.16.1.3 remote-as 300
neighbor 192.168.1.4 remote-as 200
```

R3：

```
lo1：3.3.3.3
lo2：4.4.4.4
int f1/1：172.16.1.3
router bgp 300
network 3.3.3.0
network 4.4.4.0
neighbor 172.16.1.2 remote-as 200
```

R4：

```
int s1/2：192.168.1.4
router bgp 200
neighbor 192.168.1.2 remote-as 200
```

配置完成后,使用命令 show ip bgp neighbors 验证 BGP 状态是否达到 Establised。

在 R1 上使用命令 show ip bgp summary,显示所有 BGP 连接状态/验证邻居关系的建立,输出结果表明与邻居之间的 BGP 会话处于已建立状态。

```
R1# sh ip bgp summary
BGP router identifier 2.2.2.2, local AS number 100
BGP table version is 1, main routing table version 1
Neighbor
V
AS MsgRcvd MsgSent
TblVer
InQ OutQ Up/Down
State/PfxRcd
10.1.1.2
4
200
24
24
1
0
0 00:21:05
6
```

在 R1 上用命令 show ip bgp,显示 BGP 表中的条目/查看 BGP 条目,无输出。

排错:分别查看 R1、R2 的路由表。

```
R1# show ip route
1.0.0.0/24 is subnetted, 1 subnets
C
 1.1.1.0 is directly connected, Loopback1
2.0.0.0/24 is subnetted, 1 subnets
C
 2.2.2.0 is directly connected, Loopback2
10.0.0.0/24 is subnetted, 1 subnets
C
 10.1.1.0 is directly connected, FastEthernet0/1
```

```
R2# show ip route
172.16.0.0/24 is subnetted, 1 subnets
```

```
C
    172.16.1.0 is directly connected, FastEthernet0/3
    10.0.0.0/24 is subnetted, 1 subnets
C
    10.1.1.0 is directly connected, FastEthernet0/1
C
    192.168.1.0/24 is directly connected, FastEthernet0/2
```

对比发现 R2 没有 R1 loopback 口的路由。

问题出在通告时。

于是在 R1 上进入 router bgp 100 ,加上 network 1.1.1.0 mask 255.255.255.0 这一命令。然后 show ip bgp,显示:

```
*>  1.1.1.0/24      0.0.0.0           0      32768 i

*>  2.2.2.0/24      0.0.0.0           0      32768 i
```

R2 上也出来了。同理在 R3 上进行修改。

结论:使用 network 命令发布路由时,如果不指定目的网络掩码,则 BGP 认为发布的是自然网段的路由。所以,使用 network mask 命令发布带子网掩码的路由时路由表中必须存在精确匹配的路由才能被正确地发布出去。

从 R1 ping 3.3.3.3

♯...

结果显示连接超时。

排错:查看 R1 路由表,显示确实存在 3.3.3.0 的路由。

```
R1♯sh ip rou
         1.0.0.0/24 is subnetted, 1 subnets
C           1.1.1.0 is directly connected, Loopback1
         2.0.0.0/24 is subnetted, 1 subnets
C           2.2.2.0 is directly connected, Loopback2
         3.0.0.0/24 is subnetted, 1 subnets
B           3.3.3.0 [20/0] via 10.1.1.2, 00:00:38
         4.0.0.0/24 is subnetted, 1 subnets
B           4.4.4.0 [20/0] via 10.1.1.2, 00:00:07
         10.0.0.0/24 is subnetted, 1 subnets
C           10.1.1.0 is directly connected, FastEthernet0/1
```

从 R2 ping 3.3.3.3

♯!!!!!

ICMP(Internet Control Message Protocol)包正常抵达目标主机且目标主机给与ICMP回复,表明双方通信正常。

问题指向R3,现在查看R3的路由表,显示结果中却没有10.1.1.0的路由。

```
R3#sh ip rou
     1.0.0.0/24 is subnetted, 1 subnets
B       1.1.1.0 [20/0] via 172.16.1.2, 00:10:52
     2.0.0.0/24 is subnetted, 1 subnets
B       2.2.2.0 [20/0] via 172.16.1.2, 00:10:21
     3.0.0.0/24 is subnetted, 1 subnets
C       3.3.3.0 is directly connected, Loopback1
     4.0.0.0/24 is subnetted, 1 subnets
C       4.4.4.0 is directly connected, Loopback2
     172.16.0.0/24 is subnetted, 1 subnets
C       172.16.1.0 is directly connected, FastEthernet0/3
```

结论:ping是双向的。当从R1上ping R3的loopback(3.3.3.3)时,ping包是可以转发到R3,R4的。当ping包到达了R3后再返回时发现其路由表中没有到达10.1.1.1的地址,所以包被丢弃(ping包过来时源地址是R1的f0/0口,IP地址:10.1.1.1)。

解决方法:在ping后加源地址。

五、实验注意事项

(1) BGP宣告养成加掩码的好习惯;
(2) ping是双向的,判断路由也双向思维。

六、拓展训练

什么是BGP和IGP的同步?

1. BGP配置的基本步骤?
2. 如何配置BGP的管理距离?

实验 2.6 访问控制列表配置

一、实验目的

(1) 掌握包过滤的基本原理；
(2) 掌握标准访问控制列表的配置方法；
(3) 掌握扩展访问控制列表的配置方法；
(4) 掌握对过滤结果的验证和查看；
(5) 了解命名访问控制列表和时间访问控制列表。

二、预备知识

1. 基本概念

ACLs 的全称为访问控制列表(Access Control Lists)，也称为访问列表(Access Lists)，在有的文档中还称之为包过滤。ACLs 通过定义一些规则对网络设备接口上的数据报文进行控制：允许通过或丢弃。按照其使用的范围，可以分为安全 ACLs 和 QoS ACLs。

对数据流进行过滤可以限制网络中的通讯数据的类型，限制网络的使用者或使用的设备。安全 ACLs 在数据流通过网络设备时对其进行分类过滤，并对从指定接口输入或者输出的数据流进行检查，根据匹配条件(Conditions)决定是允许其通过(Permit)还是丢弃(Deny)。总的来说，安全 ACLs 用于控制哪些数据流允许从网络设备通过，Qos 策略对这些数据流进行优先级分类和处理。

ACLs 由一系列的表项组成，称之为接入控制列表表项(Access Control Entry, ACE)。每个接入控制列表表项都声明了满足该表项的匹配条件及行为。访问列表规则可以针对数据流的源地址、目标地址、上层协议、时间区域等信息。

2. 定义访问列表的步骤

【第一步】 定义规则(哪些数据允许通过，哪些数据不允许通过)
访问控制列表规则的分类：
(1) 标准访问控制列表：根据数据包源 IP 地址进行规则定义。
(2) 扩展访问控制列表：根据数据包中源 IP、目的 IP、源端口、目的端口、协议进行规则定义。

【第二步】 将规则应用在路由器(或交换机)的接口上
路由器应用访问列表对流经接口的数据包进行控制。

(1) 入栈应用(in)

经某接口进入设备内部的数据包进行安全规则过滤。

(2) 出栈应用(out)

设备从某接口向外发送数据时进行安全规则过滤。

一个接口在一个方向只能应用一组访问控制列表。

3. IP ACL 的基本准则

(1) 一切未被允许的就是禁止的；

(2) 定义访问控制列表规则时，最终的缺省规则是拒绝所有数据包通过；

(3) 按规则链来进行匹配；

(4) 使用源地址、目的地址、源端口、目的端口、协议、时间段进行匹配。

规则匹配原则：从头到尾，至顶向下的匹配方式，匹配成功马上停止，立刻使用该规则的"允许/拒绝……"。

4. IP 标准访问列表的配置

(1) 定义标准 ACL

① 编号的标准访问列表

Router(config)#access-list <1-99> {permit|deny}源地址[反掩码]

② 命名的标准访问列表

switch(config)#ip access-list standard <name>

switch(config-std-nacl)#{permit|deny}源地址[反掩码]

(2) 应用 ACL 到接口

Router(config-if)#ip access-group <1-99> {in|out}

5. IP 扩展访问列表的配置

(1) 定义扩展的 ACL

① 编号的扩展 ACL

Router(config)#access-list <100-199> {permit/deny}协议 源地址 反掩码 [源端口] 目的地址 反掩码 [目的端口]

② 命名的扩展 ACL

ip access-list extended {name}{permit/deny}协议 源地址 反掩码 [源端口] 目的地址 反掩码 [目的端口]

(2) 应用 ACL 到接口

Router(config-if)#ip access-group <100-199> {in|out}

例：如何创建一条扩展 ACL

该 ACL 有一条 ACE，用于允许指定网络(192.168.x.x)的所有主机以 HTTP 访问服务器 172.168.12.3，但拒绝其他所有主机使用网络。

Router（config）♯access-list 103 permit tcp 192.168.0.0 0.0.255.255 host 172.168.12.3 eq www
Router♯show access-lists 103

6. 其他命令

（1）显示全部的访问列表

Router♯show access-lists

（2）显示指定的访问列表

Router♯show access-lists <1-199>

（3）显示接口的访问列表应用

Router♯show ip interface 接口名称 接口编号

三、实验环境及拓扑结构

（1）锐捷 RG-R1762 路由器两台；

（2）PC 机三台。

实验拓扑如图 2-6-1 所示。

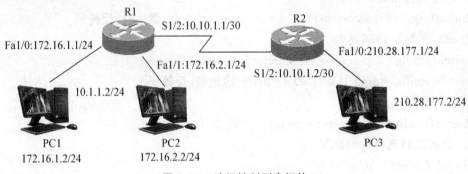

图 2-6-1 访问控制列表拓扑

四、实验内容

1. 实验要求

（1）按图 2-6-1 所示连接好设备。

（2）按图 2-6-1 所示定义好相应设备和端口的 IP 地址。

（3）在 PC3 上架设 WEB 和 FTP 服务（2003）。

（4）启动相应的路由协议（测试是否 ping 通）。

（5）定义标准访问控制列表，拒绝 172.16.2.0 子网访问 PC3。测试 ping 的情况，应该 172.16.2.2 与 PC3 不通。

（6）取消标准访问控制列表的应用。

(7) 定义扩展的访问控制列表，使 172.16.2.0 子网只能访问 PC3 的 FTP 服务，而 172.16.1.0 子网没有此限制。

(8) 172.16.1.0 能使用 PC3 的 WWW 和 FTP 服务，172.16.2.0 只能通过 FTP 命令访问 PC3 的 FTP 服务。

(9) 通过 PC 进行验证，并使用 show 命令查看相关信息。

2. 配置参考

(1) 物理线路连接，网络连通。

① R1 的配置

```
R1762-1>en 14
Password:
R1762-1#conf t
Enter configuration commands, one per line. End with CNTL/Z.
R1762-1(config)#hostname R1
R1(config)#exit
R1#
Configured from console by console
R1#conf t
Enter configuration commands, one per line. End with CNTL/Z.
R1(config)#interface f1/0
R1(config-if)#ip address 172.16.1.1 255.255.255.0
R1(config-if)#no shut
R1(config-if)#exit
R1(config)#int f1/1
R1(config-if)#ip address 172.16.2.1 255.255.255.0
R1(config-if)#no shut
R1(config-if)#exit
R1(config)#int s1/2
R1(config-if)#ip address 10.10.1.1 255.255.255.252
R1(config-if)#no shut
R1(config-if)#exit
R1(config)#router rip
R1(config-router)#network 172.16.1.0
R1(config-router)#network 172.16.2.0
R1(config-router)#network 10.10.1.0
R1(config-router)#version 2
R1(config-router)#no auto-summary
R1(config-router)#
```

② R2 的配置

```
R1762-2>en 14
Password:
R1762-2#conf t
Enter configuration commands, one per line. End with CNTL/Z.
R1762-2(config)#hostname R2
R2(config)#int f1/0
R2(config-if)#ip address 210.28.177.1 255.255.255.0
R2(config-if)#no shut
R2(config-if)#exit
R2(config)#int s1/2
R2(config-if)#ip address 10.10.1.2 255.255.255.252
R2(config-if)#no shut
R2(config-if)#exit
R2(config)#router rip
R2(config-router)#network 10.10.1.0
R2(config-router)#network 210.28.177.0
R2(config-router)#version 2
R2(config-router)#no auto-summary
R2(config-router)#exit
R2(config)#exit
```

```
R2#show int s1/2
serial 1/2 is UP , line protocol is DOWN
Hardware is PQ2 SCC HDLC CONTROLLER serial
Interface address is: 10.10.1.2/30
   MTU 1500 bytes, BW 2000 Kbit
   Encapsulation protocol is HDLC, loopback not set, but seems as if in loopback state.
   Keepalive interval is 10 sec, set
   Carrier delay is 2 sec
   RXload is 1,Txload is 1
   Queueing strategy: WFQ
   5 minutes input rate 19 bits/sec, 0 packets/sec
   5 minutes output rate 17 bits/sec, 0 packets/sec
      808 packets input, 17810 bytes, 0 res lack, 0 no buffer,0 dropped
      Received 807 broadcasts, 0 runts, 0 giants
      0 input errors, 0 CRC, 0 frame, 0 overrun, 0 abort
      807 packets output, 17754 bytes, 0 underruns,0 dropped
```

```
        0 output errors，0 collisions，4 interface resets
        1 carrier transitions
        V35 DCE cable
        DCD=up   DSR=up   DTR=up   RTS=up   CTS=up
R2#conf t
Enter configuration commands，one per line. End with CNTL/Z.
R2(config)#int s1/2
R2(config-if)#clock rate 64000
```

③ 三台主机配置 IP 地址、网关信息等。三台 PC 机可以互相 ping 通。

(2) PC3 建立 WWW 和 FTP 服务，PC1 和 PC2 都能访问。

(3) 在 R2 上定义标准访问控制列表，拒绝 172.16.2.0 子网访问 PC3。

```
R2>en 14
Password：
R2#conf t
Enter configuration commands，one per line. End with CNTL/Z.
R2(config)#access-list 1 deny 172.16.2.0 0.0.0.255
R2(config)#access-list 1 permit any
R2(config)#int f1/0
R2(config-if)#ip access-group 1 out
R2(config-if)#end
```

```
R2#show ip interface f1/0   //显示接口的访问控制列表应用
FastEthernet 1/0
    IP interface state is：UP
    IP interface type is：BROADCAST
    IP interface MTU is：1500
    IP address is：
      210.28.177.1/24（primary）
    IP address negotiate is：OFF
    Forward direct-boardcast is：ON
    ICMP mask reply is：ON
    Send ICMP redirect is：ON
    Send ICMP unreachabled is：ON
    DHCP relay is：OFF
    Fast switch is：ON
    Route horizontal-split is：ON
    Help address is：0.0.0.0
```

Proxy ARP is: ON
 Outgoing access list is 1.
 Inbound access list is not set.
R2#**show access-lists**　　//显示全部的访问列表
Standard IP access list 1 includes 2 items (total 11 matches):
　　deny　　172.16.2.0, wildcard bits 0.0.0.255
　　permit any (11 matches)
R2#**show access-lists 1**　　//显示指定的访问列表
Standard IP access list 1 includes 2 items (total 12 matches):
　　deny　　172.16.2.0, wildcard bits 0.0.0.255
　　permit any (12 matches)

测试 PC2 不能 ping 通 PC3。

（4）取消 R2 标准访问控制列表的应用。

R2#**conf t**
Enter configuration commands, one per line. End with CNTL/Z.
R2(config)#**int f1/0**
R2(config-if)#**no ip access-group 1 out**
R2(config-if)#**exit**
R2(config)#**exit**
R2#
Configured from console by console

R2#**show ip interface f1/0**
FastEthernet 1/0
　IP interface state is: UP
　IP interface type is: BROADCAST
　IP interface MTU is: 1500
　IP address is:
　　210.28.177.1/24 (primary)
　IP address negotiate is: OFF
　Forward direct-boardcast is: ON
　ICMP mask reply is: ON
　Send ICMP redirect is: ON
　Send ICMP unreachabled is: ON
　DHCP relay is: OFF
　Fast switch is: ON
　Route horizontal-split is: ON

Help address is: 0.0.0.0
Proxy ARP is: ON
Outgoing access list is not set.
Inbound access list is not set.

(5) 在 R1 上定义扩展的访问控制列表,使 172.16.2.0 子网只能访问 PC3 的 FTP 服务,而 172.16.1.0 子网没有此限制。

R1>en 14
Password:
R1# **conf t**
Enter configuration commands, one per line. End with CNTL/Z.
R1(config)# **access-list 101 permit tcp 172.16.2.0 0.0.0.255 host 210.28.177.2 eq 21**
R1(config)# **access-list 101 permit tcp 172.16.2.0 0.0.0.255 host 210.28.177.2 eq 20**
R1(config)# **int f1/1**
R1(config-if)# **ip access-group 101 in**
R1(config-if)#
R1# **show access-list 101**
Extended IP access list 101 includes 2 items (total 13 matches):
    permit tcp 172.16.2.0 0.0.0.255 host 210.28.177.2 eq ftp (13 matches)
    permit tcp 172.16.2.0 0.0.0.255 host 210.28.177.2 eq ftp-data

最后验证 PC1 正常访问如图 2-6-2 所示。

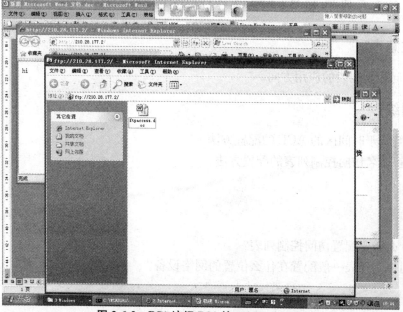

图 2-6-2　PC1 访问 PC3 的 WWW 和 FTP

PC2 不可以访问 PC3 的 WWW，只能通过命令访问 PC3 的 FTP，如图 2-6-3 所示。

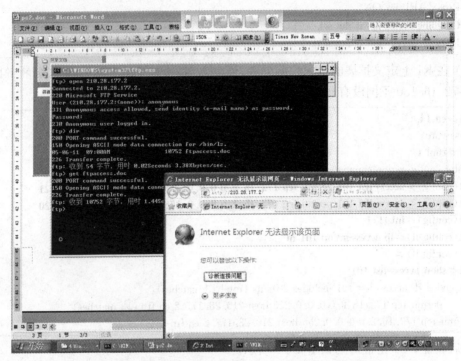

图 2-6-3　PC2 不能访问 PC3 的 WWW，能用命令访问 FTP

五、实验注意事项

注意访问控制列表的应用方向。

六、拓展训练

(1) 了解基于时间区的 ACL 的配置方法。
(2) 了解命名访问控制列表的配置方法。

1. 为什么需要配置访问控制列表？
2. 访问控制列表一般配置在什么位置的网络设备？

实验 2.7 地址转换 NAT 配置

一、实验目的

(1) 了解地址转换的基本原理；
(2) 掌握静态地址转换、动态地址转换和基于端口的地址转换。

二、预备知识

1. 基本概念

互联网的广泛应用,加剧了 IP 地址匮乏的问题,为了缓解这一问题,一是启用 128 位地址空间的 IPv6,另一个是使用私有地址,使用地址转换功能 NAT(Network Address Translation,网络地址转换)。前一种方案需要服务提供商的支持,要得到广泛应用还需时日。而后一种方案因简单可行而得到广泛应用。NAT 通过地址转换的方式,使企业可以仅使用较少的互联网有效 IP 地址,就能获得互联网接入的能力,有效地缓解了地址不足的问题,同时提供了一定的安全性。

2. 地址类型

(1) 内部局部地址:在内部网上分配到一个主机的 IP 地址。这个地址可能不是一个由网络信息中心(NIC)或服务提供商所分配的合法 IP 地址,一般使用私有地址。

(2) 内部全局地址:一个合法的 IP 地址(由 NIC 或服务供应商分配),它对外代表一个或多个内部局部 IP 地址,该地址是从全球统一可寻址的地址空间中分配的。

(3) 外部局部地址:出现在网络内的一个外部主机的 IP 地址,不一定是合法地址,它可以在内部网上从可路由的地址空间进行分配。

(4) 外部全局地址:外部网络分配给外部主机的 IP 地址,该地址是合法的全局可路由地址。

3. 转换类型

(1) 简单条目转换:将一个 IP 地址映射到另一个 IP 地址的转换条目。
(2) 扩展转换条目:将一个 IP 地址和端口对映射到另一个 IP 地址和端口对的转换条目。

4. NAT 的优势和不足

优势表现在以下几点：

(1) 允许企业内部网络使用私有地址,从而实现与 Internet 的通信。

(2) NAT 可以减少规划地址集交迭情况的发生。特别适用于两个学校或企业的合并而导致的地址重叠。使用 NAT 可以实现保护原有的地址规划。

（3）增强了内部网络与公用网络连接时的灵活性。它可以使用多地址集、备份地址集和负载分担/均衡地址集来确保可靠的公用网络连接。

（4）能增强内部网络的安全性。由于使用私有地址，外部网络将不能直接访问内部网络资源，从而达到保护内部网络的目的。

但也存在以下不足：

（1）NAT会使延迟增大。因为对每一个数据包都要进行地址转换，要改变IP或TCP包的头部信息，会比正常数据包传送多花费时间。

（2）无法对IP包实现端到端的跟踪。由于外部用户看到的地址是内部全局地址，看不到内部局部地址，导致对数据包的跟踪变得困难。

（3）会使某些需要使用内嵌IP地址的应用不能正常工作。特别是某些学术站点和镜像站点。

5. NAT 的翻译方式

（1）静态翻译：是在内部局部地址和内部全局地址之间建立一对一的映射。

（2）动态翻译：是在一个内部局部地址和外部地址池之间建立一种映射。

（3）端口地址翻译：超载内部全局地址通过允许路由器为多个局部地址分配一个全局地址，也就是将多个局部地址映射为一个全局地址的不同端口，因此也被称为端口地址翻译（PAT）。

（4）重叠地址翻译：翻译重叠地址是当一个内部网中使用的内部局部地址与另外一个内部网中的地址相同，通过翻译，使两个网络连接后的通信保持正常。

三、实验环境及拓扑结构

（1）支持NAT的路由器RG1762两台；

（2）RG2612交换机一台；

（3）PC三台；

（4）V.35 DTE/DCE 电缆线一对。

实验拓扑如图 2-7-1 所示。

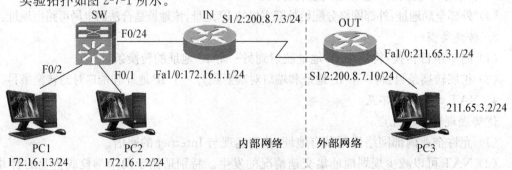

图 2-7-1 地址转换

四、实验内容

1. 静态 NAT 的配置

(1) 实验要求

① 按图 2-7-1 所示配置好相应的 IP 地址。
② 配置好相关路由协议。
③ 在内部端口上启动 NAT。
④ 在外部端口上启动 NAT。
⑤ 建立内部局部地址 172.16.1.2 和内部全局地址 200.8.7.3 的静态地址转换。
⑥ 验证。

(2) 命令参考

① 定义接口 fastEthernet 1/0 连接内部网络

Ruijie(config)#interface fastEthernet 1/0
Ruijie(config-if)#ip nat inside

② 定义该接口连接外部网络

IN(config)#interface serial 1/2
IN(config-if)#ip nat outside

③ 定义内部源地址静态转换关系

Ruijie(config)# ip nat inside source static *local-address global-address*

④ 测试命令

IN#show ip nat translations //显示 IP NAT 的转换记录
IN#debug ip nat   //跟踪 NAT 转换过程
IN#show ip nat statistics //显示 IP NAT 的统计数据

(3) 配置参考

```
R21#conf t
Enter configuration commands, one per line. End with CNTL/Z.
R21(config)#hostname IN
IN(config-if)#int fa1/0
IN(config-if)#ip add 172.16.1.1 255.255.255.0
IN(config-if)#no shut
IN(config-if)#int s1/2
IN(config-if)#ip add 200.8.7.3 255.255.255.0
IN(config-if)#no shut
IN(config-if)#exit
```

```
IN(config)#router rip
IN(config-router)#network 200.8.7.0
IN(config-router)#network 172.16.0.0
IN(config-router)#end
IN#
Configured from console by console
IN#
IN#conf t
Enter configuration commands, one per line. End with CNTL/Z.
IN(config)#int fa1/0
IN(config-if)#ip nat inside
IN(config-if)#int s1/2
IN(config-if)#ip nat outside
IN(config-if)#exit
IN(config)#ip nat inside source static 172.16.1.2 200.8.7.3
IN(config)#exit
```

```
IN#show ip nat statistics
Total translations: 0, max entries permitted: 30000
 Peak translations: 2 @ 00:03:29 ago
Outside interfaces: serial 1/2
Inside interfaces: FastEthernet 1/0
Rule statistics:
[ID: 1] inside source static
 hit: 8
 match (after routing):
  ip packet with source-ip 172.16.1.2
 action:
  translate ip packet's source-ip use ip 200.8.7.3
 *** sticky rule ***
 inside source static
 hit: 0
 match (before routing):
  ip packet with destination-ip 200.8.7.3
 action:
  translate ip packet's destination-ip use ip 172.16.1.2
```

```
IN#debug ip nat
IN#NAT:[A] pk 0x03f52de4 s 172.16.1.2—>200.8.7.3:512 [2228]
NAT:[B] pk 0x03f52a9c d 200.8.7.3—>172.16.1.2:512 [3258]
NAT:[A] pk 0x03f4b8f8 s 172.16.1.2—>200.8.7.3:512 [2229]
NAT:[B] pk 0x03f52c40 d 200.8.7.3—>172.16.1.2:512 [3259]
NAT:[A] pk 0x03f4a288 s 172.16.1.2—>200.8.7.3:512 [2230]
NAT:[B] pk 0x03f4f044 d 200.8.7.3—>172.16.1.2:512 [3261]
NAT:[A] pk 0x03f4c590 s 172.16.1.2—>200.8.7.3:512 [2232]
NAT:[B] pk 0x03f54714 d 200.8.7.3—>172.16.1.2:512 [3263]
```

2. 动态 NAT 的配置

(1) 实验要求

建立 172.16.1.0/24 和地址池 200.8.7.4-200.8.7.9 之间的动态地址映射。

(2) 命令参考

① 取消静态地址映射

IN(config)#no ip nat inside source static 172.16.1.2 200.8.7.3

② 为内部网络定义一个标准的访问控制列表

IN(config)#access-list 1 permit 172.16.1.0 0.0.0.255

③ 为内部网络定义一个地址集

ip nat pool *pool-name start-ip end-ip* {netmask *netmask*|prefix-length *prefix-length*} [type rotary]

其中 netmask *netmask* 是 NAT 地址池的地址网络掩码;prefix-length *prefix-length* 是 NAT 地址池的地址网络掩码长度;type 是 NAT 地址池的类型。

④ 将访问控制列表映射到 NAT 地址集

ip nat inside source list *access-list-number* {interface *interface-type interface-number*| pool *pool-name*}

其中 list *access-list-number* 本地地址访问列表。只有源地址匹配该访问列表的流量,才会创建 NAT 转换记录。

(3) 配置参考

```
IN(config)#no ip nat inside source static 172.16.1.2 200.8.7.3
IN#conf t
Enter configuration commands, one per line. End with CNTL/Z.
IN(config)#access-list 1 permit 172.16.1.0 0.0.0.255
IN(config)#ip nat pool yctc 200.8.7.4 200.8.7.9 netmask 255.255.255.0
IN(config)#ip nat inside source list 1 pool yctc
IN#show ip nat translations
```

分别用 PC1 和 PC2 ping PC3，IN 上得到如下的调试信息。

```
IN#
Configured from console by console
NAT：[A] pk 0x03f50c80 s 172.16.1.2—>200.8.7.6：512 [2514]
NAT：[B] pk 0x03f5240c d 200.8.7.6—>172.16.1.2：512 [3467]
NAT：[A] pk 0x03f4e6f4 s 172.16.1.2—>200.8.7.6：512 [2516]
NAT：[B] pk 0x03f481e8 d 200.8.7.6—>172.16.1.2：512 [3470]
NAT：[A] pk 0x03f53734 s 172.16.1.2—>200.8.7.6：512 [2521]
NAT：[B] pk 0x03f4b268 d 200.8.7.6—>172.16.1.2：512 [3473]
NAT：[A] pk 0x03f4e064 s 172.16.1.2—>200.8.7.6：512 [2524]
NAT：[B] pk 0x03f4cc20 d 200.8.7.6—>172.16.1.2：512 [3474]
NAT：[A] pk 0x03f53248 s 172.16.1.3—>200.8.7.7：512 [2427]
NAT：[B] pk 0x03f553ac d 200.8.7.7—>172.16.1.3：512 [3505]
NAT：[A] pk 0x03f55a3c s 172.16.1.3—>200.8.7.7：512 [2428]
NAT：[B] pk 0x03f49938 d 200.8.7.7—>172.16.1.3：512 [3506]
NAT：[A] pk 0x03f44a3c s 172.16.1.3—>200.8.7.7：512 [2429]
NAT：[B] pk 0x03f4b5b0 d 200.8.7.7—>172.16.1.3：512 [3509]
NAT：[A] pk 0x03f44d84 s 172.16.1.3—>200.8.7.7：512 [2430]
NAT：[B] pk 0x03f55d84 d 200.8.7.7—>172.16.1.3：512 [3510]
IN# show ip nat statistics
```

3. PAT 的配置

(1) 实验要求

建立 172.16.1.0/24 和地址池 200.8.7.4 之间的 PAT 映射。

(2) 配置参考

步骤同前基本相同，删除动态 NAT 的配置：

首先删除将访问控制列表映射到 NAT 地址集

```
IN(config)# no ip nat inside source list 1 pool yctc
IN(config)# no ip nat pool yctc 200.8.7.4 200.8.7.9 netmask 255.255.255.0
```

重新为内部网络定义一个地址集

```
IN(config)# ip nat pool yctc 200.8.7.4 200.8.7.4 netmask 255.255.255.0
```

将访问控制列表映射到 NAT 地址集

```
IN(config)# ip nat inside source list 1 pool yctc overload  //注意加上 overload
```

分别用 PC1 和 PC2 ping PC3，IN 上得到如下的调试信息。

```
IN(config)#NAT:[A] pk 0x03f49938 s 172.16.1.2->200.8.7.4:512 [2769]
NAT:[B] pk 0x03f528f8 d 200.8.7.4->172.16.1.2:512 [3674]
NAT:[A] pk 0x03f4e550 s 172.16.1.2->200.8.7.4:512 [2772]
NAT:[B] pk 0x03f5aa1c d 200.8.7.4->172.16.1.2:512 [3677]
NAT:[A] pk 0x03f4cdc4 s 172.16.1.2->200.8.7.4:512 [2774]
NAT:[B] pk 0x03f4944c d 200.8.7.4->172.16.1.2:512 [3678]
NAT:[A] pk 0x03f4538d8 s 172.16.1.2->200.8.7.4:512 [2777]
NAT:[B] pk 0x03f4f878 d 200.8.7.4->172.16.1.2:512 [3679]
NAT:[A] pk 0x03f4f6d4 s 172.16.1.3->200.8.7.4:512 [2561]
NAT:[B] pk 0x03f492a8 d 200.8.7.4->172.16.1.3:512 [3687]
NAT:[A] pk 0x03f4c0a4 s 172.16.1.3->200.8.7.4:512 [2563]
NAT:[B] pk 0x03f4a5d0 d 200.8.7.4->172.16.1.3:512 [3689]
NAT:[A] pk 0x03f48a1c s 172.16.1.3->200.8.7.4:512 [2567]
NAT:[B] pk 0x03f4d084 d 200.8.7.4->172.16.1.3:512 [3691]
NAT:[A] pk 0x03f4a0e4 s 172.16.1.3->200.8.7.4:512 [2569]
NAT:[B] pk 0x03f5ad64 d 200.8.7.4->172.16.1.3:512 [3693]
```

IN# **show ip nat statistics**
Total translations:0,max entries permitted:30000
 Peak translations:3 @ 00:07:44 ago
 Outside interfaces:serial 1/2
 Inside interfaces:FastEthernet 1/0
 Rule statistics:
 [ID:3] inside source dynamic
  hit:8
  match (after routing):
   ip packet with source-ip match access-list 1
  action:
   translate ip packet's source-ip use pool yctc

4. 外部主机访问内部服务器的配置
(1) 删除前面3种配置
(2) 为外部网络定义一个标准的访问控制列表

IN(config)# **access-list 3 permit host 200.8.7.3**

(3) 为内部网络定义一个地址集

IN(config)# **ip nat pool yctc 172.16.1.2 172.16.1.2 netmask 255.255.255.0**

(4) 将外网的公网IP地址转换为内部服务器地址

> IN(config)# ip nat inside destination list 3 pool yctc

（5）定义端口映射

> IN(config)# ip nat inside source static tcp 172.16.1.2 80 200.8.7.3 80

（6）在内部端口和外部端口上启动 NAT

（7）验证

> IN# show ip nat translations
> IN# show ip nat statistics

五、实验注意事项

注意在内部端口和外部端口启用 NAT。

六、拓展训练

如何控制外部计算机对内部服务器的访问？

NAT 的功能还可以通过哪些技术来实现？

实验 2.8　策略路由

一、实验目的

（1）理解策略路由的概念；
（2）掌握策略路由的配置。

二、预备知识

1. 策略路由的概念

策略路由是一种比基于目标网络进行路由更加灵活的数据包路由转发机制。应用了策略路由，路由器将通过路由图决定如何对需要路由的数据包进行处理，路由图决定了一个数据包的下一跳转发路由器。

应用策略路由，必须要指定策略路由使用的路由图，并且要创建路由图。一个路由图由很多条策略组成，每条策略都有对应的序号(Sequence)，序号越小，该条策略的优先级越高。每个策略都定义了 1 个或多个的匹配规则和对应操作，由一条或者多条 match 语句以及对应的一条或者多条 set 语句组成。match 语句定义了 IP 报文的匹配规则，set 语句定义了对符合匹配规则的 IP 报文处理动作。IP 策略路由使用 IP 标准或者扩展 ACL 作为 IP 报文的匹配规则。一个接口应用策略路由后，将对该接口接收到的所有包进行检查，不符合路由图任何策略的数据包将按照通常的路由转发进行处理，符合路由图中某个策略的数据包就按照该策略中定义的操作进行处理。在策略路由转发过程中，报文依优先级从高到低依次匹配，只要匹配前面的策略，就执行该策略对应的动作，然后退出策略路由的执行。

策略路由可以使数据包按照用户指定的策略进行转发。对于某些管理目的，如 QoS 需求或 VPN 拓扑结构，要求某些路由必须经过特定的路径，就可以使用策略路由。例如，一个策略可以指定从某个网络发出的数据包只能转发到某个特定的接口。

2. 策略路由的种类

策略路由大体上分为两种：一种是根据路由的目的地址来进行的策略称为目的地址路由；另一种是根据路由源地址来进行策略实施的称为源地址路由。随着策略路由的发展现在有了第三种路由方式：智能均衡的策略方式。

3. 策略路由的应用

策略路由在中国最大的应用莫过于用于电信、网通的互联互通问题了，电信、网通分家之后出现了中国特色的网络环境，就是南电信,北网通,电信访问网通的线路较慢,网通访问电信的线路也较慢。人们就想到了接入电信、网通双线路,这种情况下双线路的普及就使得策略路由有了大的用武之地了。通过在路由设备上添加策略路由包的方式,成功地实现了电信数据走电信,网通数据走网通,这种应用一般都属于目的地址路由。

由于光纤的费用在今天的中国并不便宜,于是很多地方都采用了光纤加 ADSL 的方式,然而这样的使用就出现了两条线不如一根线快的现象,通过使用策略路由让一部分优先级较高的用户机走光纤,另一部分级别低的用户机走 ADSL,这种应用就是属于源地址路由。

而现在出现的第三种策略方式:智能均衡策略,就是两条线不管是网通还是电信,光纤还是 ADSL,都能自动地识别,并且自动地采取相应的策略方式,这是策略路由的发展趋势。

三、实验环境及拓扑结构

RG-R2624 路由器三台。

实验拓扑如图 2-8-1 所示。

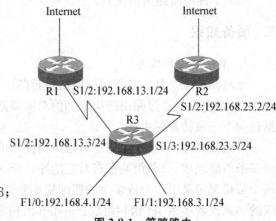

图 2-8-1 策略路由

四、实验内容

1. 设备连接

根据拓扑图 2-8-1 所示连接好设备。

2. 路由器基本设置

(1) 给三台路由器分别命名为 R1、R2、R3;

(2) 根据拓扑图 2-8-1 配置好各路由器端口的参数;

(3) 判断各串口是否是 DCE 端,如是,统一配置时钟为 64 000。

3. 策略路由配置

(1) 实验要求

通过策略实现对数据流向上的控制,要求 192.168.4.1/24 网段的 PC 机,向外的连接通过速度较快的 R3 的 S1/3 出口连接上。

(2) 命令参考

① route-map

要定义路由图,并进入路由图配置模式,请使用全局配置命令 route-map。

该命令的 no 形式删除指定路由图的定义。

route-map route-map-name [permit|deny] [sequence-number]

no route-map route-map-name [permit|deny] [sequence-number]

route-map-name:给路由图定义一个便于记忆的名字。redistribute 路由进程配置命令是通过该名字引用路由图的。一个路由图可以定义多个路由图策略,一个路由图策略对应一个序号。

permit(可选)：如果定义了 permit 关键字，又符合 match 定义的匹配规则。则 set 命令对重分布路由进行控制；对于策略路由，set 命令将对数据包转发进行控制。并退出路由图的操作。

如果定义了 permit 关键字，而不符合 match 定义的匹配规则。则将进入第二个路由图策略进行操作。直到最终执行了 set 命令。

deny(可选)：如果定义了 deny 关键字，又符合 match 定义的匹配规则。则不会执行任何操作，该路由图策略不允许进行路由重分布或策略路由，而且退出路由图操作。

如果定义了 deny 关键字，而不符合 match 定义的匹配规则。则将进入下一个路由图策略进行操作。直到最终执行了 set 命令。

sequence-number：路由图策略对应的序号。低序号的策略优先得到使用，因此需要注意序号的设置。

② match ip address

要重分布访问列表中允许的目标网络路由，请使用路由图配置命令 match ip address。该命令的 no 形式删除已有配置。

match ip address ｛access-list-number｜access-list-name｝［… access-list-number｜… access-list-name］

no match ip address ｛access-list-number｜access-list-name｝［… access-list-number｜… access-list-name］

access-list-number：访问列表号。

access-list-name：访问列表名字。

缺省没有配置，在路由图配置模式下执行。

③ set ip next-hop

要对符合 match 匹配规则的数据包指定下一跳 IP 地址，使用路由图配置命令 set ip next-hop。该命令的 no 形式删除已有配置。本命令仅用于策略路由配置。

set ip next-hop ip-address［weight］［…ip-address］

no set ip next-hop ip-address［weight］［…ip-address］

ip-address：下一跳 IP 地址；weight：下一跳的权重。

本命令在路由图配置模式执行。

④ ip policy route-map

要在一个接口启用策略路由，使用接口配置命令 ip policy route-map。

该命令的 no 形式关闭策略路由的应用。

ip policy route-map route-map

no ip policy route-map route-map

route-map：路由图名称。

例子：在 serial 1/0 上启用策略路由。当该接口接收到源网络为 10.0.0.0 数据包的流量,将发送到192.168.100.1;源网络为172.16.0.0数据包的流量,将发送到172.16.100.1;其余的数据流量将全部丢弃。

```
interface serial 1/0
ip policy route-map load-balance
access-list 10 permit 10.0.0.0 0.255.255.255
access-list 20 permit 172.16.0.0 0.0.255.255
route-map load-balance permit 10
match ip address 10
set ip next-hop 192.168.100.1
route-map load-balance permit 20
match ip address 20
set ip next-hop 172.16.100.1
!
route-map load-balance permit 30
set interface Null0
```

(3) 配置参考

```
R3(config)#access-list 1 permit 192.168.4.0 0.0.0.255
R3(config)#route-map to-fast permit 10//来自192.168.4.0的流量走策略路由
R3(config-route-map)#mat ip address 1//定义该route-map中调用的访问控制列表
R3(config-route-map)#set ip next-hop 192.168.13.1
R3(config-route-map)#exit
R3(config)#route-map to-fast permit 20
R3(config)#interface s1/3
R3(config-if)#ip policy route-map to-fast
R3(config-if)#no shut
```

五、实验注意事项

(1) 要在接口上应用策略路由。

(2) 控制列表要写准确,如果应用了deny,需要通过其他流量,记得末尾要permit any。

六、拓展训练

查看Cisco路由产品策略路由的实现方法。

1. 策略路由的配置步骤是什么?
2. 策略路由和访问控制列表的区别是什么?

实验 2.9 VPN 配置

一、实验目的

(1) 了解 VPN 的概念与应用；
(2) 掌握 VPN 的工作原理；
(3) 掌握 VPN 的基本配置。

二、预备知识

1. VPN 概述

VPN(Virtual Private Network)，即虚拟专用网，就是利用开放的公众网络建立专用数据传输通道，将远程的分支办公室、商业伙伴、移动办公人员等连接起来，并且提供安全的端到端的数据通信的一种广域网技术。虚拟专用网不是真的专用网络，但却能够实现专用网络的功能。虚拟专用网是依靠 ISP(Internet 服务提供商)和其他 NSP(网络服务提供商)，在公用网络中建立专用的数据通信网络的技术。在虚拟专用网中，任意两个节点之间的连接并没有传统专网所需的端到端的物理链路，而是利用某种公众网的资源动态组成的。所谓虚拟，是指用户不再需要拥有实际的长途数据线路，而是使用 Internet 公众数据网络的长途数据线路。所谓专用网络，是指用户可以为自己制定一个最符合自己需求的网络。

虚拟专用网是相对专线而言，以前为了将两个或更多的分支机构连接起来，往往采用 DDN 专线等方法，但这种专线价格昂贵。VPN 有基于 Frame Relay、ATM 和 IP 等不同的种类。但基于 IP 的 VPN 因其合理的价格、良好的公共基础设施，从而得到广泛的应用。

IP VPN 有如下优点：

(1) 可靠的安全保障：IP VPN 可以帮助远程用户、公司分支机构、商业伙伴及供应商同公司的内部网络建立可信的安全连接，并保证数据的安全传输。

(2) 服务质量保证：IP VPN 能够为需要服务质量保证的业务提供不同程度的服务质量保证。

(3) 较好的可扩充性和灵活性：IP VPN 用户的增加和删除只是逻辑上的操作，无须专门的物理设备和连接。

(4) 方便的管理功能：企业可以将 IP VPN 的解决方案外包给运营商，将精力集中到企业自己的事情上，而不是网络上。

(5) 低成本：可以大幅度减少用户花费在城域网和远程网的连接上的费用，并且能够保护现有的网络投资。

2. VPN 的应用

（1）远程接入 VPN：指利用公共网络的拨号方式实现虚拟专用网，主要用于企业、小型 ISP、移动办公人员提供接入服务。

（2）内联网 VPN：主要用于将企业总部网和分支机构的企业网连接起来。

（3）外联网 VPN：主要用于将企业网与企业的合作伙伴连接起来。

3. VPN 的协议类型

根据分层模型，VPN 可以建立在第二层、也可以建立在第三层。

第二层隧道协议：点到点隧道协议（PPTP）、第二层转发协议（L2F，Cisco 专用协议），第二层隧道协议（L2TP），多协议标记交换（MPLS）。

第三层隧道协议：通用路由封装协议（GRE），IP 安全协议（IPSec）。

4. VPN 隧道机制

VPN 的实现都要求采用某种类型的隧道机制，隧道是一种利用一种协议传输另一种协议的技术。隧道技术涉及了三种协议，即隧道协议、承载协议和乘客协议。承载协议将隧道协议当作自己的数据来传输，隧道协议将乘客协议当作自己的数据来传输。

相关协议介绍如下：

PPTP：Point-to-Point Tunneling Protocol 是一种用于让远程用户拨号连接到本地 ISP，通过因特网安全访问远程公司网络资源的网络技术。它是一种中小型 VPN 解决方案。但这种技术的网络存在一定的安全隐患。

L2F：是 Cisco 专用的第二层 VPN 技术。可以在多种介质上建立多协议的安全虚拟专用网，但它没有使用标准的加密方法。

L2TP：它结合了 PPTP 和 L2F 的优点。

MPLS：它为每个 IP 包加上一个固定长度的标签，并根据标签值转发数据包。适用于对服务质量、服务等级划分以及网络资源的利用率、网络的可靠性有较高要求的 VPN。

IPSec：IP 安全是专门为 IP 设计提供安全服务的一种协议。它可以有效保护 IP 数据报的安全，所采用的保护形式有：数据源验证、无连接数据的完整性验证、数据内容的机密性保护、抗重播保护等。IPSec 主要由 AH（认证头）、ESP（封装安全载荷）、IKE（因特网密钥交换）三种协议组成。

GRE：通用路由封装是规定如何用一种网络协议去封装另一种网络协议的方法。它没有加密功能，所以常常和 IPSec 一起使用。

SSL：Secure Socket Layer，安全套接层是用于 Web 的安全传输的协议，是一个介于 HTTP 和 TCP 之间的一个可选层。它是由 SSL 记录协议、SSL 握手协议、SSL 密钥更改协议和告警协议组成。

SOCKS（SOCKetS 的缩写，一种网络传输协议）：是为了让使用 TCP 和 UDP 的客户/

服务器应用程序更方便而安全地使用网络防火墙所提供的服务而设计的。也就是它为各种应用安全通过防火墙提供了一种机制和方法。它是位于应用层和传输层之间的一层。

5. 使用 IPSec 建立 VPN

(1) 建立 IKE 策略：该策略在 VPN 的两个终端上必须相同。它由以下元素组成：

密钥分配方法：手工或证书授权中心。

认证方法：大多数由密钥分配方法决定。手工分配使用预共享密钥。证书授权中心分配使用 RSA 加密临时值或 RSA 数字签名。

IP 地址和对等实体的主机名：IP 需要知道在什么地方定位潜在的对等实体，并且中间设备上访问控制列表需要允许对等实体相互通信。IPSec 配置需要设备的完全域名和 IP 地址。

IKE 策略参数：ISAKMP 将这些参数用于建立 IKE 第 1 阶段的安全隧道。IKE 策略由下面 5 个参数组成。

加密算法—DES/3DES

散列算法—MD5/SHA-1

认证方法—预共享，RSA 加密，RSA 签名

密钥交换—D-H Group 1/D-H Group 2

IKE SA 生成期—缺省为 864 000 秒

(2) 建立 IPSsec 策略：IPSec 的安全及认证能力被应用于对等实体之间传递的某种流量。可以选择通过 IPSec 隧道传送对等实体之间的所有流量，但是当使用 IPsec 时将导致严重的性能损失，因此在这类应用中应该是有选择的。然而，如果选择实现 IPSec 隧道，在隧道的两个端点必须实现相同的 IPSec 策略。这一策略主要包括如下一些信息：

IPSec 协议：AH 或 ESP。

认证：MD5 或 SHA-1。

加密：DES 或 3DES。

转换或者转换集：ah-sha-hmac，esp-3des，esp-md5-hmac 或者其他允许的组合中的一种。

标识被保护的流量：协议、源、目的地及端口。

SA 建立：手工或 IKE。

(3) 检查当前配置：通过检查设备上已存在的 IPSec 设置，避免出现冲突的配置参数等问题。

(4) 在 IPSec 之间检查网络：能够 Ping 您的对等实体。

(5) 允许 IPSec 端口和协议：如果在沿着计划的 IPSec VPN 路径的任何设备上实现了 ACL，确认这些设备允许 IPSec 流量。必须保证下面的内容通过网络。

UDP 端口 500：ISAKMP，由关键字 isakmp 标识。

协议 50：ESP，由关键字 esp 标识。

协议 51：AH，由关键字 ahp 标识。

三、实验环境及拓扑结构

（1）锐捷路由器 RG-R1762 三台；

（2）PC 机两台；

实验拓扑如图 2-9-1 所示。

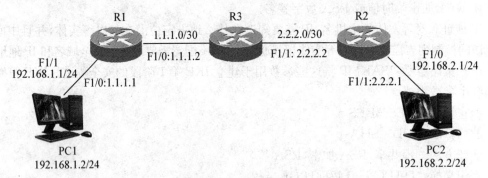

图 2-9-1　VPN 实验拓扑

四、实验内容

1．设备连接

按图 2-9-1 所示连接好设备。

2．配置 Internet 路由器 R3

（1）实验要求

在 R3 上按图 2-9-1 所示配置 F1/0 和 F1/1 口的 IP 地址。

（2）配置参考

```
R3#configure terminal
R3(config)#interface fastEthernet 1/0
R3(config-if)#ip address 1.1.1.2 255.255.255.252
R3(config-if)#exit
R3(config)#interface fastEthernet 1/1
R3(config-if)#ip address 2.2.2.2 255.255.255.252
R3(config-if)#exit
```

3．配置 R1 与 R2 的 Internet 连通性

（1）实验要求

在 R1 和 R2 上按图 2-9-1 所示配置 F1/0 和 F1/1 口的 IP 地址，配置默认路由。

(2) 配置参考

```
R1#configure terminal
R1(config)#interface fastEthernet 1/0
R1(config-if)#ip address 1.1.1.1 255.255.255.252
R1(config-if)#exit
R1(config)#interface fastEthernet 1/1
R1(config-if)#ip address 192.168.1.1 255.255.255.0
R1(config-if)#exit
R1(config)#ip route 0.0.0.0 0.0.0.0 1.1.1.2
```

```
R2#configure terminal
R2(config)#interface fastEthernet f1/1
R2(config-if)#ip address 2.2.2.1 255.255.255.252
R2(config-if)#exit
R2(config)#interface fastEthernet 1/0
R2(config-if)#ip address 192.168.2.1 255.255.255.0
R2(config-if)#exit
R2(config)#ip route 0.0.0.0 0.0.0.0 2.2.2.2
```

4. 配置 R1 的 IKE 参数

(1) 实验要求

R1 的 IKE 使用 3DES 加密算法，使用预共享密钥验证方式，使用 SHA-1 算列算法，使用 DH 组 2。

(2) 命令参考

crypto isakmp policy

要定义 IKE 某个优先级的策略，请执行全局配置命令 crypto isakmp policy 并进入 IKE 策略配置模式。该命令的 no 形式删除某个优先级的策略。

crypto isakmp policy priority

no crypto isakmp policy priority

其中：

priority：IKE 策略的优先级。使用 1 到 10 000 的整数，1 是最高优先级，而 10 000 是最低，在 IKE 策略配置模式中，可以对以下参数进行设置：

encryption(IKE policy)：指定加密算法。缺省值＝56 比特 DES-CBC；des：指定 56 比特的 DES-CBC 作为加密算法。3des：指定 168 比特的 3DES-CBC 作为加密算法。

hash(IKE policy)：指定 HASH 算法。缺省值＝SHA-1；sha：指定 SHA-1(HMAC 变体)作为 HASH 算法。

Md5：指定 MD5（HMAC 变体）作为 HASH 算法。

authentication（IKE policy）：指定验证方法。缺省值＝RSA 签名；pre-share：预共享密钥验证。rsa-sig：数字签名验证。

group（IKE policy）：指定 Diffie-Hellman 组标识。缺省值＝768 比特，1：指定 768 比特 Diffie-Hellman 组。2：指定 1 024 比特 Diffie-Hellman 组。

Diffie-Hellmanl lifetime（IKE policy）：缺省值＝86 400 秒（1 天）；安全联盟的生命周期。

（3）配置参考

R1(config)#**crypto isakmp policy**1	//创建 IKE 策略
R1(isakmp-policy)#**encryption 3des**	//使用 3DES 加密算法
R1(isakmp-policy)#**authentication pre-share**	//使用预共享密钥验证方式
R1(isakmp-policy)#**hash sha**	//使用 SHA-1 算列算法
R1(isakmp-policy)#**group 2**	//使用 DH 组 2
R1(isakmp-policy)#**exit**	
R1(config)#**crypto isakmp key 0 1234567 address 2.2.2.1**	//配置预共享密钥

5. 配置 R1 的 IPSec 参数

（1）命令参考

crypto ipsec transform-set transform-set-name transform1 [transform2 [transform3]]

no crypto ipsec transform-set transform-set-name

其中：transform-set-name：变换集的名称。transform1、transform2、transfrom3：安全联盟使用的安全协议和算法。

变换集合是安全协议、算法以及将用于受 IPSec 保护的通信的其他设置的组合。在 IPSec 安全联盟协商过程中，对等体必须使用同一个特定的变换集合来保护特定的数据流。

crypto map map-name seq-num ipsec-isakmp [dynamic dynamic-map-name]

no crypto map map-name [seq-num]

其中：

map-name：加密映射集合的名称。

seq-num：加密映射条目的序列号。

ipsec-manual：指定映射条目用于建立手工 IPSec 安全联盟。

ipsec-isakmp：指定映射条目用于建立 IKE 协商的 IPSec 安全联盟。

dynamic-map-name：指定作为策略模板的动态加密映射集的名称。

match address：为加密映射列表指定一个访问列表。

set peer：指定远程对等体。

set transform-set：指定变换集合。

(2) 配置参考

R1(config)# **crypto ipsec transform-set 3des_sha esp-3des esp-sha-hmac**
//配置 IPsec 转换集，使用 ESP 协议，3DES 算法和 SHA-1 散列算法
R1(cfg-crypto-trans)# **exit**
R1(config)# **access-list 100 permit ip 192.168.1.0 0.0.0.255 192.168.2.0 0.0.0.255**
//配置加密访问控制列表
R1(config)# **crypto map to_r2 1 ipsec-isakmp**   //配置 IPsec 加密映射
R1(config-crypto-map)# **match address 100**   //引用加密访问控制列表
R1(config-crypto-map)# **set transform-set 3des_sha**   //引用 IPsec 转换集
R1(config-crypto-map)# **set peer 2.2.2.1**   //配置 IPsec 对等体地址
R1(config-crypto-map)# **exit**
R1(config)# **interface fastEthernet1/0**
R1(config-if)# **crypto map to_r2**   //将 IPsec 加密映射应用到接口
R1(config-if)# **exit**

6. 配置 R2 的 IKE 参数

R2(config)# **crypto isakmp policy 1**
R2(isakmp-policy)# **encryption 3des**
R2(isakmp-policy)# **authentication pre-share**
R2(isakmp-policy)# **hash sha**
R2(isakmp-policy)# **group 2**
R2(isakmp-policy)# **exit**
R2(config)# **crypto isakmp key 0 1234567 address 1.1.1.1**

7. 配置 R2 的 IPsec 参数

R2(config)# **crypto ipsec transform-set 3des_sha esp-3des esp-sha-hmac**
R2(cfg-crypto-trans)# **exit**
R2(config)# **access-list 100 permit ip 192.168.2.0 0.0.0.255 192.168.1.0 0.0.0.255**
R2(config)# **crypto map to_r1 1 ipsec-isakmp**
R2(config-crypto-map)# **match address 100**
R2(config-crypto-map)# **set transform-set 3des_sha**
R2(config-crypto-map)# **set peer 1.1.1.1**
R2(config-crypto-map)# **exit**
R2(config)# **interface fastEthernet1/1**
R2(config-if)# **crypto map to_r1**
R2(config-if)# **exit**

8. 配置 PC1 和 PC2

PC1 的 IP 地址为 192.168.1.2，网关为 192.168.1.1。

PC2 的 IP 地址为 192.168.2.2，网关为 192.168.2.1。

9. 测试

```
C:\Documents and Settings\Administrator>ping 192.168.1.1
Pinging 192.168.1.1 with 32 bytes of data:
Reply from 192.168.1.1: bytes=32 time<1ms TTL=63
Reply from 192.168.1.1: bytes=32 time<1ms TTL=63
Reply from 192.168.1.1: bytes=32 time<1ms TTL=63
Reply from 192.168.1.1: bytes=32 time<1ms TTL=63
Ping statistics for 192.168.1.1:
    Packets: Sent = 4, Received = 4, Lost = 0 (0% loss),
Approximate round trip times in milli-seconds:
Minimum = 0ms, Maximum = 0ms, Average = 0ms
```

10. 查看配置

```
R1#show run
Building configuration ...
Current configuration: 910 bytes
!
version 8.51 (building 50)
hostname R1
!
access-list 100 permit ip 192.168.1.0 0.0.0.255 192.168.2.0 0.0.0.255
no service password-encryption
!

crypto isakmp policy 1
  encryption 3des
  authentication pre-share
  hash sha
  group 2
!

crypto isakmp key 7 151b5f72467e7a52 address 2.2.2.1
crypto ipsec transform-set 3des_sha esp-3des esp-sha-hmac
crypto map to_r2 1 ipsec-isakmp
  set peer 2.2.2.1
```

```
   set transform-set 3des_sha
  match address 100
!
interface serial 1/2
!
interface serial 1/3
  clock rate 64000
!
interface FastEthernet 1/0
  ip address 1.1.1.1 255.255.255.252
  crypto map to_r2
  duplex auto
  speed auto
!
interface FastEthernet 1/1
  ip address 192.168.1.1 255.255.255.0
  duplex auto
  speed auto
!
interface Null 0
!
ip route 0.0.0.0 0.0.0.0 1.1.1.2
!
line con 0
line aux 0
line vty 0 4
   login
!
end
R1#
```

```
R2#sh run

Building configuration ...
Current configuration: 955 bytes

!
version 8.51 (building 50)
```

```
hostname R2
!
access-list 100 permit ip 192.168.2.0 0.0.0.255 192.168.1.0 0.0.0.255
!
no service password-encryption
!
crypto isakmp policy 1
  encryption 3des
  authentication pre-share
  hash sha
  group 2
!
crypto isakmp key 7 04664a556a567942 address 1.1.1.1
crypto ipsec transform-set 3des_sha esp-3des esp-sha-hmac
crypto map to_r1 1 ipsec-isakmp
  set peer 1.1.1.1
  set transform-set 3des_sha
  match address 100
!
!
interface serial 1/2
  clock rate 64000
!
interface serial 1/3
  clock rate 115200
!
interface FastEthernet 1/0
  ip address 192.168.2.1 255.255.255.0
  duplex auto
  speed auto
!
interface FastEthernet 1/1
  ip address 2.2.2.1 255.255.255.252
  crypto map to_r1
  duplex auto
  speed auto
!
interface Loopback 0
!
```

```
   interface Null 0
!
ip route 0.0.0.0 0.0.0.0 2.2.2.2
!
line con 0
line aux 0
line vty 0 4
  login
!
end
R2#
```

```
R3# sh run

Building configuration ...
Current configuration: 536 bytes

!
version 8.51 (building 50)
hostname R3
!
!
no service password-encryption
!
!
interface serial 1/2
  bandwidth 56
!
interface serial 1/3
  clock rate 115200
  bandwidth 56
!
interface FastEthernet 1/0
  ip address 1.1.1.2 255.255.255.252
  duplex auto
  speed auto
!
interface FastEthernet 1/1
```

```
    ip address 2.2.2.2 255.255.255.252
    duplex auto
    speed auto
!
interface Loopback 0
!
interface Null 0
!
!
line con 0
   login
line aux 0
line vty 0 4
   login
!
!
end
```

五、实验注意事项

注意 PC 机上关闭防火墙。

六、拓展训练

查阅实现 VPN 的其他技术。

习　题

使用 IPSec 建立 VPN 的步骤是什么？

实验 2.10　路由备份技术

一、实验目的

(1) 理解路由备份的概念；
(2) 通过改变静态路由的管理距离值来实现浮动的静态路由；
(3) 通过在不同链路上配置不同的路由协议实现链路备份。

二、预备知识

1. 路由备份的概念

在企业网中，如果离开本地有两个出口到达上级网络的话，可以采用路由备份的方式：一条链路主用，一条链路备用。更好的方式是：一条链路，主要传输业务数据，备用传输办公数据；另一条链路，主用传输办公数据，备用传输业务数据。两条链路互相备份，又各自有自己的主要用途。

2. 浮动静态路由

用静态路由协议的话，有两种实现方法。其中用的最多的就是浮动静态路由。

浮动静态路由区别于普通路由的关键在于它的管理距离增大了。两条到达同一目的网络的路由，下一跳不同，管理距离也不同。管理距离大的路由条目不会出现在路由表中，只有当管理距离小的路由条目从路由表中消失后，管理距离大的路由条目才会"浮出水面"出现在路由表中。

浮动静态路由是两条或多条路由条目相对而言，管理距离越小越优先。

ip route 10.10.2.0 255.255.255.0 192.168.10.2 10

ip route 10.10.2.0 255.255.255.0 192.168.20.2 20

当下一跳 IP 地址有效的时候，第一条路由会出现在路由表中，它的管理距离是 10。当第一条路由由于某些原因，比如下一跳接口 f0/0 连接的线路故障，那么从 f0/0 就无法到达目的地。这时候从接口 s0/0 出去可以到达目的地，ip route 10.10.2.0 255.255.255.0 192.168.20.2 20 路由条目会自动"浮出水面"出现在路由表中。

3. 动态路由备份

动态路由备份作为一种新的备份方式，主要使用 DCC(Dial Control Center，拨号控制中心)功能动态维护拨号链路，即基于路由进行的拨号备份。动态路由备份很好地集成了备份和路由功能，提供了可靠的连接和规范的按需拨号服务。

动态路由备份的特点。

动态路由备份主要是针对动态路由协议产生的路由进行备份,也可以对静态路由和直连路由进行备份。动态路由备份不对特定接口或特定链路进行备份,适用于多接口和多路由器的情况。动态路由备份的主链路断开时备份链路将自动启动,不会导致拨号延迟(该延迟未包括路由收敛时间)。

动态路由备份不依赖于具体的路由协议,可以和 RIP-1、RIP-2、OSPF、IS-IS、BGP 等路由协议配合工作。但有些路由协议(如 BGP)默认使用优选路由,当到达被监控网段的主链路故障中断,启用备份链路之后,备份链路通过 BGP 协议学习到达被监控网段的路由;当主链路再次启用后,主链路通过 BGP 协议学到的路由和备份链路学到的路由相比可能不是最优路由,因此继续使用从备份链路学到的路由,导致动态路由监控失败,备份链路在主链路恢复时无法挂断。

对于 BGP 协议,需要使用下面的方法来解决这种问题:一是备份链路的 IP 地址要大于主链路的 IP 地址;二是配置负载分担,即让同一路由可以通过多条链路学到。

通过配置要监控的网段,可以实现在主链路故障时启动备份链路。动态路由备份监控路由、启动备份链路的顺序如下:

(1) 系统监控到达需监控网段是否存在路由更新,并检查到达需监控网段是否存在至少一条有效路由;

(2) 如果存在至少一条到达需监控网段的路由,并且这条路由从其他接口(未启动动态路由备份功能的接口)出发,则认为主链路接通;

(3) 如果不存在有效路由,则认为主链路关闭并且不可用,拨号启动备份链路;

(4) 备份链路启动后,拨号链路承载通信数据。当主链路恢复后,根据用户的配置可以选择直接挂断备份链路,也可以等待定时器超时后再挂断备份链路。

三、实验环境及拓扑结构

(1) RG-R2624 路由器三台;

(2) V.35 电缆线两对。

实验拓扑如图 2-10-1 所示。

四、实验内容

1. 设备连接

根据拓扑图 2-10-1 所示连接好设备。

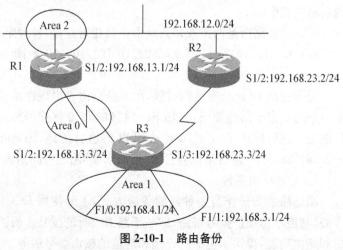

图 2-10-1 路由备份

2. 路由器基本设置

(1) 给三台路由器分别命名为 R1、R2、R3；

(2) 根据拓扑图 2-10-1 配置好各路由器端口的参数；

(3) 判断各串口是否是 DCE 端，如是，统一配置时钟为 64 000。

3. 通过浮动的静态路由实现链路备份

(1) 实验要求

通过改变静态路由的管理距离值来实现浮动的静态路由。重要服务器处于 Area 2 的 192.168.12.0/24 网段，主链路是通过 R1 和 R3 的 OSPF 路由协议。现要求实现一个冗余备份，保证在拥有冗余链路的时候，主链路失效，备份链路工作。

(2) 命令参考

ip route [网络编号] [子网掩码] [转发路由器的 IP 地址/本地接口] 管理距离值

(3) 配置参考

配置主链路路由

```
R1(config)#router os 1
R1(config-router)#net 192.168.13.0 0.0.0.255 area 0
R1(config-router)#net 192.168.12.0 0.0.0.255 area 2
R3(config)#router ospf 1
R3(config-router)#net 192.168.13.0 0.0.0.255 area 0
R3(config-router)#net 192.168.4.0 0.0.0.255 area 1
R3(config-router)#net 192.168.3.0 0.0.0.255 area 1
```

配置备份路由

```
R3(config)#ip route 192.168.12.0 255.255.255.0 serial 1/3 150
//备份路由的管理距离必须大于主路由的管理距离
```

(4) 验证测试

```
R3#show ip route
```

关闭 R3 的 s1/2 口

```
R3#show ip route
```

重新开启 R3 的 s1/2 口

```
R3#show ip route
```

4. 通过动态路由协议实现链路备份

(1) 实验要求

通过在不同链路上配置不同的路由协议实现链路备份。重要服务器处于 Area2 的

192.168.12.0/24 网段，主链路是通过 R1 和 R3 的 OSPF 路由协议。现要求实现一个冗余备份，保证在拥有冗余链路的时候，主链路失效，备份链路工作。

(2) 命令参考

在 R1 和 R3 上配置 OSPF 路由，在 R2 和 R3 上配置 RIP 路由协议，RIP 协议管理距离大于 OSPF，OSPF 自动成为主路由协议。

(3) 配置参考

在 R3 上取消静态路由

```
R3(config)# no ip route 192.168.12.0 255.255.255.0 serial 1/3 150
```

配置主链路路由

```
R1(config)# router os 1
R1(config-router)# net 192.168.13.0 0.0.0.255 area 0
R1(config-router)# net 192.168.12.0 0.0.0.255 area 2
R3(config)# router ospf 1
R3(config-router)# net 192.168.13.0 0.0.0.255 area 0
R3(config-router)# net 192.168.4.0 0.0.0.255 area 1
R3(config-router)# net 192.168.3.0 0.0.0.255 area 1
//以上设置和前面 3 中内容相同。
```

配置 RIP 协议，作为备份

```
R3(config)# router rip
R3(config-router)# version 2
R3(config-router)# net 192.168.23.0
R3(config-router)# no auto-summary
//注意只有 192.168.23.0/24 参与 RIP 协议。
R2(config)# router rip
R2(config-router)# version 2
R2(config-router)# net 192.168.23.0
R2(config-router)# net 192.168.12.0
R3(config-router)# no auto-summary
```

(4) 验证测试

```
R3# show ip route
```

关闭 R3 的 s1/2 口

```
R3# show ip route
```

重新开启 R3 的 s1/2 口

```
R3#show ip route
```

五、实验注意事项

（1）配置备份路由器的管理距离必须大于主路由器的管理距离。
（2）通过关闭和开启主链路，观察工作的链路情况。

六、拓展训练

查阅 Cisco 路由备份的方法。

什么是动态路由备份？

实验 2.11　路由重分布

一、实验目的

（1）理解路由重分布的含义；
（2）掌握 OSPF 与 RIP 路由协议之间的重分布。

二、预备知识

为了在同一个网络中有效地支持多种路由协议，必须在不同的路由协议之间共享路由信息。在不同的路由协议之间交换路由信息的过程被称为路由重分布。路由重分布可以是单向也可以是双向。实现重分布的路由器被称为边界路由器。

路由重分布非常复杂，有如下几点不足：

路由回环：根据重分布的使用方法，路由器有可能将它从一个 AS 收到的路由信息发回到这个 AS 中，这种回馈与距离矢量路由协议的水平分割问题类似。

路由信息不兼容：不同的路由协议使用不同的量度值，因为这些量度值可能无法正确引入到不同的路由协议，使用重分布的路由信息来进行路径选择可能不是最优的。

收敛时间不一致：不同的路由协议收敛效率不同，例如，RIP 比 EIGRP 收敛慢，因此如果一条链路 DOWN 掉，EIGRP 网络将比 RIP 网络更早得知这一信息。

通过仔细的设计和执行，可以避免这些潜在的问题。在配置路由重分布时应使用以下重要的指导方针：

对网络非常熟悉——实现重分布的方式很多，对网络非常熟悉能帮助你作出最好的决定。

不要重叠使用路由协议——不要在同一个网络里使用两个不同的路由协议，在使用不同路由协议的网络之间应该有明显的边界。

有多个边界路由器的情况下使用单向重分布——如果有多于一台路由器作为重分布点，使用单向重分布可以避免回环和收敛问题。在不需要接收外部路由的路由器上使用默认路由。

在单边界的情况下使用双向重分布——当一个网络中只有一个边界路由器时，双向重分布工作很稳定。如果没有任何机制来防止路由回环，不要在一个多边界的网络中使用双向重分布。综合使用默认路由、路由过滤以及修改管理距离可以防止路由回环。

要进行重分布，首先必须确定哪种路由选择协议是核心路由选择协议，哪些路由选择协议是边缘路由选择协议。核心路由选择协议是网络中运行的主路由选择协议。在同时运行多种路由协议的网络中,核心路由选择协议通常是更高级的路由选择协议,通常是 OSPF、IS-IS 或 BGP。

三、实验环境及拓扑结构

(1) RG-R2624 路由器三台；
(2) V.35 电缆线一对。
实验拓扑如图 2-11-1 所示。

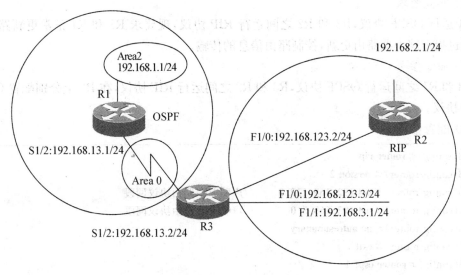

图 2-11-1　路由重分布

四、实验内容

1. 设备连接

根据拓扑图 2-11-1 所示连接好设备。

2. 路由器基本设置

(1) 给三台路由器分别命名为 R1、R2、R3；
(2) 根据拓扑图 2-11-1 配置好各路由器端口的参数；
(3) 判断各串口是否是 DCE 端,如是,统一配置时钟为 64 000；
(4) 在 R1 上声明一个回环接口,模拟一个网段。

```
R1(config)# interface loopback 0
R1(config-router)# ip address 192.168.1.1 255.255.255.0
```

在 R2 上声明一个回环接口,模拟一个网段

R2(config)#interface loopback 0
R2(config-router)#ip address 192.168.2.1 255.255.255.0

在 R3 上声明一个回环接口,模拟一个网段

R3(config)#interface loopback 0
R3(config-router)#ip address 192.168.3.1 255.255.255.0

3．配置路由协议

（1）实验要求

R1 运行 OSPF 协议,R3 和 R2 之间运行 RIP 协议,现要求 R3 和 R1 正常更新路由信息。通过指定路由器路由更新,控制路由信息的传输。

（2）命令参考

R3 和 R1 之间运行 OSPF 协议,R3 和 R2 之间运行 RIP 协议,在 R3 上分别配置 OSPF 和 RIP 协议。

（3）配置参考

R3(config)#router rip
R3(config-router)#version 2
R3(config-router)#net 192.168.123.0   //声明 RIP 路由协议网段
R3(config-router)#net 192.168.3.0   //声明 RIP 路由协议网段
R3(config-router)#no auto-summary
R3(config-router)#exit
R3(config)#router ospf 1
R3(config-router)#network 192.168.13.0 0.0.0.255 area 0
//声明 OSPF 路由协议网段

R2(config)#router rip
R2(config-router)#version 2
R2(config-router)#net 192.168.123.0   //声明 RIP 路由协议网段
R2(config-router)#net 192.168.2.0   //声明 RIP 路由协议网段
R2(config-router)#no auto-summary

R1(config)#router ospf 1
R1(config-router)#network 192.168.13.0 0.0.0.255 area 0
R1(config-router)#network 192.168.1.0 0.0.0.255 area 1

4. 验证测试

```
R1# show ip route
R2# show ip route
R3# show ip route
```

5. 双向重分布路由

(1) 实验要求

在 R3 中双向重分布路由。

(2) 命令参考

① redistribute(RIP)

要配置重分布外部路由信息，请使用路由配置模式 redistribute 命令。要取消重分布外部路由，请使用该命令的 no 形式。

redistribute {bgp|isis|ospf|connected|static}[metric value]
[route-map route-map-name][match internal|external type|nssa-external type]

no redistribute {bgp|isis|ospf|connected|static}[metric value]
[route-map route-map-name][match internal|external type|nssa-external type]

其中 bgp|isis|ospf|connected|static 重分布协议

metric：设置重分布的路由的 metric。

route-map：重分布过滤规则。

match：设置重分布 ospf 的路由类型。

使用该命令将外部路由信息重分布到 RIP 中。

路由重分布时，将一个路由协议的量度转换成另一种路由协议的量度是没有必要的，因为不同路由协议所采用的量度计算方法是完全不同的。RIP 量度计算是基于跳数，OSPF 是基于带宽，因此它们计算出来的量度是没有可比性的。但是路由重分布时，又必须要设置一个象征性的量度，否则路由重分布将失败。

② Redistribute(OSPF)

该命令用于重分布外部路由信息。

redistribute {bgp|isis|rip|connected|static}[metric value|metric-type{1|2}|route-map map-tag|tag <0-4294967295>|subnets]

no redistribute bgp|isis|rip|connected|static

bgp|isis|rip|connected|static：重分布协议。

metric：设置 OSPF extern2 LSA 的 metric。

metric-typ：设置外部路由类型为 E-1 或 E-2。

route-map：重分布过滤规则。

tag：设置重分布到 OSPF 内路由的 tag 值。

subnets:可重分布非标准类网络。

（3）配置参考

```
R3(config)# router ospf 1
R3(config-router)# redistribute rip metric-type 1 metric 10 subnets
//向 OSPF 协议里发布 RIP 信息
R3(config)# router rip
R3(config)# redistribute ospf 1  metric  3
//向 RIP 协议里发布 OSPF 信息
```

五、实验注意事项

（1）注意重分布时默认度量值的设置；
（2）只能在支持相同协议栈的路由协议之间进行重分布。

六、拓展训练

EIGRP 在重分布时注意事项是什么？

1. 在什么情况下使用路由重发布？
2. 路由重分布的步骤？

实验 2.12　路由过滤原理与配置

一、实验目的

（1）理解路由过滤的原理；
（2）掌握配置 Passive Interface 来防止指定路由器路由更新；
（3）掌握配置 Distribute-List 来控制路由更新。

二、预备知识

1. 路由过滤

通过路由过滤，可以控制允许哪些路由进入，将路由器通告给对等方以及将哪些路由从一个路由协议重新分配给另一个路由协议。

2. 实现方案

（1）Passive-Interface

① RIPv1 / RIPv2 /IGRP

路由器不存在邻居关系，以广播、组播发送路由信息。若一个接口配置为 passive-interface，则可以从该接口接收路由更新信息，但是不能发送路由更新信息。现象是可以学到对方路由，但对方学不到本端路由。

② EIGRP/OSPF

路由器存在邻居关系，若一个接口配置为 passive-interface，则邻居关系无法建立。双方都无法学习对方的路由。末节网络的接口都应该激活路由协议，所对应的网段才能通告出去。

（2）分发列表（Distribute-List）——用于过滤路由更新信息

不能使用 ACL 来过滤一条具体路由。因为 RIP 的更新报文算作应用层信息，所以单纯使用 ACL 是控制不了的。ACL 只能过滤传输层和网络层信息。

在路由协议配置下，借助 ACL 描述路由。

router(config-router)#distribute-list {access-list-number | name } out
router(config-router)#distribute-list {access-list-number | name } out

① RIPv1 / RIPv2 / IGRP / EIGRP

发送/接收的为路由信息

router(config)#router rip

router(config-router)#distribute-list 1 in // 表示从所有接口接收的路由都需要 ACL 1 来匹配

router(config-router)#distribute-list 2 in s0 // 表示从 s0 接口接收的路由需要 ACL 2 来匹配

router(config-router)#distribute-list 3 out

router(config-router)#distribute-list 4 out e0

② OSPF

发送/接收的为 LSA 信息

router(config)#router ospf 1

router(config-router)#distribute-list 1 in

in 方向可行,过滤后 LSA 的序列号不变,LSA 信息没任何改变,只是把路由禁止写到路由表中。

router(config-router)#distribute-list 2 in s0

X---router(config-router)#distribute-list 3 out

out 不可行,发送的是 LSA

X---router(config-router)#distribute-list 4 out e0

注:在 OSPF 中无法控制 LSA 的发布和接收,但可以控制这条路由不写入 in 路由表。

③ 路由重分布

router(config)#router ospf 1

router(config-router)#redistribute rip subnets(若只配该语句,允许所有 RIP 路由进入)

router(config-router)#distribute-list 1 out rip

表示从 RIP 重分布到 OSPF 时,必须满足 ACL 1 的路由才允许重分布到 OSPF 中。

router(config)#router eigrp 1

router(config-router)#redistribute rip subnets

router(config-router)#distribute-list 1 out rip

表示从 RIP 重分布到 EIGRP 时,必须满足 ACL 1 的路由才允许重分布到 EIGRP 中。

"OUT+路由协议"时一定和"重分布"结合使用,用来控制哪些路由希望重分布进来,而哪些路由不希望重分布进来。

查看命令 show access-list 查看是否匹配上。

查看命令 show ip protocols 可查看相关信息。

如下:

incoming update filter list for all interfaces is 1(即 ACL 为 1)

or

针对接口 s1/1 进行的出口过滤信息
outgoing udpate filter list for all interfaces is not set
serial1/1 filtered by 1(per-user),default is 1

(3) Route-Map

特点：

① 类似于一种复杂的 ACL；

② 按照从上到下的匹配顺序(按照序列号从小到大依次匹配)；

③ 首次匹配原则(匹配某一条后,就不需要继续往下匹配)；

④ 隐含的规则为拒绝。

应用场合：

① 路由重分布：控制哪些路由可以重分布,并控制路由的参数；

② PBR(基于策略的路由)：控制路由器如何转发 IP 报文。

缺省情况下,路由器收到 IP 报文后,根据 IP 包的目标 IP 地址查找 IP 路由表,确定如何转发。转发报文,不仅仅依靠目标 IP,也依靠源 IP-BGP 中的策略部署。

三、实验环境及拓扑结构

RG-R2624 路由器三台。

实验拓扑如图 2-12-1 和图 2-12-2 所示。

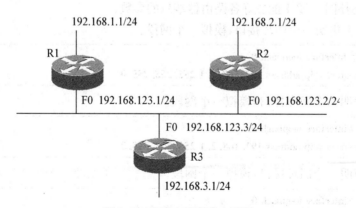

图 2-12-1　防止指定路由更新

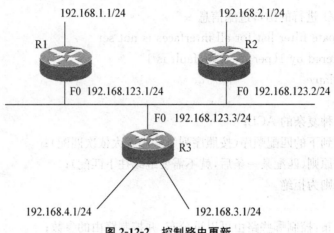

图 2-12-2 控制路由更新

四、实验内容

1. 设备连接

根据拓扑图 2-12-1 所示连接好设备。

2. 路由器基本设置

(1) 给三台路由器分别命名为 R1、R2、R3；

(2) 根据拓扑图 2-12-1 配置好各路由器端口的参数；

(3) 在 R1 上声明一个回环接口，模拟一个网段。

```
R1(config)#interface loopback 0
R1(config-router)#ip address 192.168.1.1 255.255.255.0
```

在 R2 上声明一个回环接口，模拟一个网段。

```
R2(config)#interface loopback 0
R2(config-router)#ip address 192.168.2.1 255.255.255.0
```

在 R3 上声明一个回环接口，模拟一个网段。

```
R3(config)#interface loopback 0
R3(config-router)#ip address 192.168.3.1 255.255.255.0
```

3. 配置路由协议并对指定路由器控制

(1) 实验要求

在 R1、R2、R3 上启用 RIP 协议，R1 可以发送路由更新到 R3，但 R3 路由信息不能发送到 R1，R1 和 R2 之间可以交互路由信息。

(2) 命令参考

① passive-interface

要取消在一个接口上发送更新报文的功能，使用接口配置命令 passive-interface 命令。该命令的 no 形式重新启用发送更新报文的功能。

passive-interface {default | *interface-type interface-num*}

no passive-interface {default | *interface-type interface-num*}

其中 default 参数设置所有接口为 passive 模式，*interface-type interface-num* 接口类型与序号。

passive-interface default 命令将所有接口设置为 passive 模式，这时可以使用 no passive-interface*intface-type interface-num* 命令设置某些接口为非 passive 模式。

举例：

以下的配置例子设置所有接口为 passive 模式，然后设置 fastethernet0/0 为非 passive 模式。

```
Ruijie(config-router)# passive-interface default
Ruijie(config-router)# no passive-interface fastethernet 0/0
```

② neighbor（RIP）

要定义 RIP 邻居的 IP 地址，可以用路由进程配置命令 neighbor。该命令的 no 形式删除邻居定义。

neighbor ip-address

no neighbor

ip-address：邻居的 IP 地址。应该是本地路由器直连网络地址。

RIPv1 缺省使用 IP 广播地址（255.255.255.255）通告路由信息，RIPv2 缺省使用组播地址（224.0.0.9）通告路由信息。如果不希望广播网或非广播多路访问网上的全部路由器，均可接收到路由信息，可以用路由进程配置命令 passive-interface 将相应接口设置为被动接口，然后只定义某些邻居可以接收到路由信息。该命令不会影响 RIP 信息报文的接收。

（3）配置参考

```
R3(config)# router rip
R3(config-router)# version 2
R3(config-router)# net 192.168.123.0    //声明 RIP 路由协议网段
R3(config-router)# net 192.168.3.0      //声明 RIP 路由协议网段
R3(config-router)# passive-interface fastEthernet 0
//在 fastEthernet 0 接口上只接受路由更新，不发送路由更新
R3(config-router)# neighbor 192.168.123.2
//可以与邻居 192.168.123.2 交互路由信息
```

```
R2(config)#router rip
R2(config-router)#version 2
R2(config-router)#net 192.168.123.0    //声明 RIP 路由协议网段
R2(config-router)#net 192.168.2.0      //声明 RIP 路由协议网段
```

```
R1(config)#router rip
R1(config-router)#version 2
R1(config-router)#net 192.168.123.0   //声明 RIP 路由协议网段
R1(config-router)#net 192.168.3.0
```

(4) 验证测试

```
R1#show ip route
R2#show ip route
R3#show ip route
```

4. 通过配置 disribute-list 来控制路由更新

(1) 实验要求

R3 中的 192.168.3.0 网段信息不发布到 R1 和 R2 上,但为了扩展,要将此段信息加到 RIP 协议中。

(2) 基本配置

① 给三台路由器分别命名为 R1、R2、R3;
② 根据拓扑图 2-12-2 配置好各路由器端口的参数;
③ 在 R1 上声明一个回环接口,模拟一个网段。

```
R1(config)#interface loopback 0
R1(config-router)#ip address 192.168.1.1 255.255.255.0
```

在 R2 上声明一个回环接口,模拟一个网段。

```
R2(config)#interface loopback 0
R2(config-router)#ip address 192.168.2.1 255.255.255.0
```

在 R3 上声明两个回环接口,模拟两个网段。

```
R3(config)#interface loopback 0
R3(config-router)#ip address 192.168.3.1 255.255.255.0
R3(config)#interface loopback 1
R3(config-router)#ip address 192.168.4.1 255.255.255.0
```

(3) 配置路由协议及对指定路由器控制

命令参考

① distribute-list in(RIP)

要控制路由更新处理,以实现路由过滤,使用路由进程配置命令 distribute-list in。该命令的 no 形式删除该定义。

distribute-list {[access-list-number | name] | prefix prefix-list-name [gateway prefix-list-name]} in [interface-type interface-number]

no distribute-list {[access-list-number | name] | prefix prefix-list-name [gateway prefix-list-name]} in [interface-type interface-number]

其中 access-list-number:指定访问列表。只有访问列表允许的路由,才可以被接收。

prefix prefix-list-name:使用前缀列表来过滤路由。

gateway prefix-list-name:使用前缀列表来过滤路由的源。

interface-type interface-number(可选):该分布列表,只应用在指定接口。

为了拒绝接收某些指定路由,可以通过配置路由分布控制列表,对所有接收到的路由更新报文进行处理。

如果没指定接口,就对所有的接口接收的路由更新报文进行处理。

举例:

以下的配置例子,RIP 对从 Fastethernet 0/0 端口接收的路由,进行了控制处理,只允许接收 172.16 开头的路由。

```
router rip
network 200.168.23.0
distribute-list 10 in fastethernet 0/0
no auto-summary
!
access-list 10 permit 172.16.0.0 0.0.255.255
```

② distribute-list out(RIP)

要控制路由更新通告,以实现路由过滤,使用路由进程配置命令 distribute-list out。该命令的 no 形式删除该定义。

distribute-list {[access-list-number | name] | prefix prefix-list-name} out [interface | protocol]

no distribute-list {[access-list-number | name] | prefix prefix-list-name} out [interface | protocol | process-id]

其中 access-list-number:指定访问列表。只有访问列表允许的路由,才可以被发送。

prefix prefix-list-name:使用前缀列表来过滤路由。

interface(可选):该分布列表,路由更新通告控制只应用在指定接口。

protocol(可选):该分布列表,对指定路由进程的路由进行选择性重分布。

如果该命令不跟任何可选参数,路由更新通告控制对所有接口起作用;如果跟接口选项,路由更新通告控制只对指定接口起作用;如果跟其他路由进程参数,则是对指定路由进程的路由进行重分布路由过滤,其作用已经不是路由更新通告控制了。

举例:

以下的配置例子,RIP 路由进程只对外通告 192.168.12.0/24 路由。

```
router rip
network 200.4.4.0
network 192.168.12.0
distribute-list 10 out
version 2
!
access-list 10 permit 192.168.12.0
```

配置参考

R3(config)# **router rip**
R3(config-router)# **version 2**
R3(config-router)# **net 192.168.123.0**   //声明 RIP 路由协议网段
R3(config-router)# **net 192.168.3.0**   //声明 RIP 路由协议网段
R3(config-router)# **net 192.168.4.0**
R3(config-router)# **distribute-list 1 out Fastethernet 0**
//通过调用访问控制列表决定路由更新的方向。
R3(config)# **access-list 1 deny 192.168.3.0 0.0.0.255**
//禁止 192.168.3.0 网段通过
R3(config)# **access-list 1 permit any**
//允许其他任意网段通过

R2(config)# **router rip**
R2(config-router)# **version 2**
R2(config-router)# **net 192.168.123.0**   //声明 RIP 路由协议网段
R2(config-router)# **net 192.168.2.0**   //声明 RIP 路由协议网段

R1(config)# **router rip**
R1(config-router)# **version 2**
R1(config-router)# **net 192.168.123.0** //声明 RIP 路由协议网段
R1(config-router)# **net 192.168.3.0**

(4) 验证测试

R1#**show ip route**
R2#**show ip route**
R3#**show ip route**

五、实验注意事项

(1) 注意 RIP 路由协议的版本。
(2) 注意声明要与自己通信的邻居。
(3) 访问控制列表 deny 后,要 permit any。

六、扩展训练

在 Cisco 路由器中是如何实现路由过滤的？如何进行配置？

1. 路由过滤的原理是什么？
2. 路由过滤有什么应用场景？

实验 2.13 VRRP 原理与配置

一、实验目的

（1）理解 VRRP 的原理；
（2）掌握 VRRP 的配置。

二、预备知识

1. VRRP 虚拟路由冗余协议

VRRP 虚拟路由冗余协议（Virtual Router Redundancy Protocol，简称 VRRP）技术是解决网络中主机配置单网关容易出现单点故障问题的一项技术，通过将多台路由器配置到一个 VRRP 组中，每一个 VRRP 组虚拟出一台虚拟路由器，作为网络中主机的网关。一个 VRRP 组中，所有真实路由器选举出来一台优先级最高的路由器作为主路由器。虚拟路由器的转发工作由主路由器承担。当主路由器因故障宕机时，备份路由器成为主路由器，承担虚拟路由器的转发工作，从而保证网络的稳定性。注意：HSRP（Hot Standby Routing Protocol，热备份路由协议），是思科的私有协议，VRRP 是标准协议。

2. 使用场景

某集团公司总部在北京，分公司在上海，分公司和总部之间通过一条线路连接，在总部和分公司间运行 OSPF。在使用网络过程中经常出现由于线路故障导致网络中断的情况，为了实现分公司与总公司之间的高可用性，所以希望在分公司的网络中通过配置 VRRP，实现通过两条线路连接到总公司，两条线路互为备份。

3. 需求分析

要解决分公司采用单条链路接入到总部容易出现单点故障的问题，可以采用多条线路接入总部网络，同时在分公司的出口路由器上运行 VRRP，使两条线路互为备份，出现故障时自动切换。

三、实验环境及拓扑结构

（1）路由器锐捷 RG1762 三台；
（2）锐捷二层交换机 RG2126 一台；
（3）PC 机两台。

实验拓扑如图 2-13-1 所示。

实验 2.13 VRRP 原理与配置

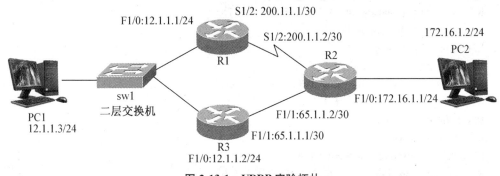

图 2-13-1 VRRP 实验拓扑

注：虚拟路由地址为：12.1.1.254/24。

四、实验内容

1. 在路由器上配置 IP 地址

```
R1#config terminal
R1(config)#interface serial 1/2
R1(config-if)#ip address 200.1.1.1 255.255.255.252
R1(config-if)#no shut
R1(config-if)#exit
R1(config)#interface fastethernet 1/0
R1(config-if)#ip address 12.1.1.1 255.255.255.0
R1(config-if)#no shut
R1(config-if)#exit
```

```
R3#config terminal
R3(config)#interface fastethernet 1/0
R3(config-if)#ip address 12.1.1.2 255.255.255.0
R3(config-if)#no shut
R3(config-if)#exit
R3(config)#interface fastethernet 1/1
R3(config-if)#ip address 65.1.1.1 255.255.255.252
R3(config-if)#no shut
R3(config-if)#exit
```

```
R2#config terminal
R2(config)#interface serial 1/2
```

R2(config-if)#**ip address 200.1.1.2 255.255.255.252**
R2(config-if)#**clock rate 64000**
R2(config-if)#**no shut**
R2(config-if)#**exit**
R2(config)#**interface fastethernet 1/1**
R2(config-if)#**ip address 65.1.1.2 255.255.255.252**
R2(config-if)#**no shut**
R2(config-if)#**exit**
R2(config)#**interface fastethernet 1/0**
R2(config-if)#**ip address 172.16.1.1 255.255.255.0**
R2(config-if)#**no shut**
R2(config-if)#**exit**

2. 配置 OSPF

R1(config)#**router ospf**
R1(config-router)#**network 12.1.1.0 0.0.0.255 area 0.0.0.0**
R1(config-router)#**network 200.1.1.0 0.0.0.3 area 0.0.0.0**

R3(config)#**router ospf**
R3(config-router)#**network 12.1.1.0 0.0.0.255 area 0.0.0.0**
R3(config-router)#**network 65.1.1.0 0.0.0.3 area 0.0.0.0**

R2(config)#**router ospf**
R2(config-router)#**network 65.1.1.0 0.0.0.3 area 0.0.0.0**
R2(config-router)#**network 172.16.1.0 0.0.0.255 area 0.0.0.0**
R2(config-router)#**network 200.1.1.0 0.0.0.3 area 0.0.0.0**

3. 配置 VRRP

(1) 命令参考

vrrp *group-number* ip *ip-address* secondary

其中 group-number 是 vrrp 组号,取值范围为 0~255 之间。ip-address 是虚拟路由器 IP 地址。secondary 标明是该虚拟路由器的次 IP 地址。

vrrp group-number priority priority-value

配置 vrrp 组优先级。其中 priority-value 的取值范围为 0~254。

vrrp group-number track interface [priority-decrement]

跟踪端口

（2）配置参考

R1(config)＃**interface fastethernet 1/0**

R1(config-if)＃**vrrp 32 ip 12.1.1.254**

//设置虚拟路由器地址 12.1.1.254。

R1(config-if)＃**vrrp 32 priority 120**

//将 R1 在 VRRP 组 32 中的优先级配置为较高的 120，从而能够成为 Master 路由器。

R1(config-if)＃**vrrp 32 track serial 1/2 30**

//设置 R1 在 VRRP 组 32 中对端口 serial 1/2 进行监控，当监控的端口状态为 DOWN 时，路由器优先级降低 30。监控的口是针对 f1/0 口而言，所以需要在 f1/0 端口下进行配置，监控的目的是当对端出问题时，也能调整优先级做出响应。

R3(config)＃**interface fastethernet 1/0**

R3(config-if)＃**vrrp 32 ip 12.1.1.254**

4．验证测试

设置 PC1 的 IP 地址 12.1.1.3，掩码为 255.255.255.0，网关为 12.1.1.254。

设置 PC2 的 IP 地址 172.16.1.2，掩码为 255.255.255.0，网关为 172.16.1.1。

在 PC2 上 ping PC1，结果连通。如图 2-13-2 所示。

```
C:\Documents and Settings\Administrator>ping 12.1.1.3

Pinging 12.1.1.3 with 32 bytes of data:

Reply from 12.1.1.3: bytes=32 time=20ms TTL=126
Reply from 12.1.1.3: bytes=32 time=20ms TTL=126
Reply from 12.1.1.3: bytes=32 time=21ms TTL=126
Reply from 12.1.1.3: bytes=32 time=20ms TTL=126

Ping statistics for 12.1.1.3:
    Packets: Sent = 4, Received = 4, Lost = 0 (0% loss),
Approximate round trip times in milli-seconds:
    Minimum = 20ms, Maximum = 21ms, Average = 20ms
```

图 2-13-2　Ping 测试

使用 show vrrp brief 来验证配置。

R1＃**show vrrp brief**

```
R1#show vrrp brief
Interface          Grp Pri Time  Own Pre State   Master addr     Group addr
FastEthernet 1/1    32 120   -     -   P  Master  12.1.1.1 12.1.1.254
R1#
```

图 2-13-3　show vrrp brief

从 show 命令的输出结果可以看到，R1 路由器在 VRRP 组 32 中，优先级为 120，状态为 Master 路由器。如图 2-13-3 所示。

在 R2 接口 S1/2 上用 shutdown 命令关闭该接口。

```
R2(config)#interface serial 1/2
R2(config-if)#shutdown
```

R1 的 S1/2 接口的状态也变为 DOWN。如图 2-13-4 所示。

```
R1#
%LINK CHANGED: Interface serial 1/2, changed state to down
%LINE PROTOCOL CHANGE: Interface serial 1/2, changed state to DOWN
```

图 2-13-4 S1/2 接口状态

此时用 PC2 ping PC1 仍能 ping 通。

用 show vrrp brief 验证配置。如图 2-13-5 所示。

```
R1#show vrrp brief
```

```
R1#show vrrp brief
Interface        Grp Pri Time  Own Pre State  Master addr  Group addr
FastEthernet 1/1  32  90  -    -   P   Backup 12.1.1.2     12.1.1.254
```

图 2-13-5 VRRP 状态变化

五、实验注意事项

在 VRRP 中，如果虚拟网关的 IP 地址为主网关的真实 IP 地址，即此台路由器为虚拟 IP 地址的拥有者，那么它的优先级为 255，这点需要在设置抢占策略模式与阀限值的时候适当调整阀值大小。

六、拓展训练

（1）了解思科专有的备份协议。
（2）如何实现 VRRP 的负载均衡？

习 题

1. 什么是抢占模式配置？
2. 如何配置 VRRP 的定时器？

实验 2.14　QoS 原理与配置

一、实验目的

（1）掌握 QoS 的概念和工作机制；
（2）掌握 QoS 的配置步骤。

二、预备知识

1. 基本概念

服务质量 QoS,是指一个网络能够利用各种各样的基础技术,向指定的网络通信提供更好的服务能力。简单地说,就是针对各种不同需求,提供不同的网络服务质量,对实时性强且重要的数据报文提供更好的服务质量,并进行优先处理；而对于实时性不强的普通数据报文,则提供较低的处理优先级。若要在网络上承载各种不同的业务,就要求网络不仅能提供单一的服务,而且能为不同业务提供不同的 QoS。可以说提供 QoS 能力将是对未来 IP 网络的基本要求。

通常 QoS 提供以下三种服务模型:Best-Effort Service(尽力而为服务模型)、Integrated Service(综合服务模型,简称 Int-Serv)和 Differentiated Service(区分服务模型,简称 Diff-Serv)。Best-Effort 服务模型是一个单一的服务模型,也是最简单的服务模型。对 Best-Effort 服务模型,网络尽最大的可能性来发送报文。但对时延、可靠性等性能不提供任何保证。Best-Effort 服务模型是网络的缺省服务模型,通过 FIFO 队列来实现。它适用于绝大多数网络应用,如 FTP、E-Mail 等。Int-Serv 服务模型是一个综合服务模型,它可以满足多种 QoS 需求。该模型使用资源预留协议(RSVP),RSVP 运行在从源端到目的端的每个设备上,可以监视每个流,以防止其消耗资源过多。这种体系能够明确区分并保证每一个业务流的服务质量,为网络提供最细粒度化的服务质量区分。但是,Int-Serv 模型对设备的要求很高,当网络中的数据流数量很大时,设备的存储和处理能力会遇到很大的压力。Int-Serv 模型可扩展性很差,难以在 Internet 核心网络实施。Diff-Serv 服务模型是一个多服务模型,它可以满足不同的 QoS 需求。与 Int-Serv 不同,它不需要通知网络为每个业务预留资源。区分服务实现简单,扩展性较好。相对于具体的网络元素而言,QoS 可以由报文分类、拥塞管理、队列管理、流量监控和流量整形等技术提供支持。

2. 拥塞管理

如果在网络中传送一些重要数据,同时又有大量非重要的数据也需要传送。设备对这些数据的重要性不予识别而是予以同等的处理,在这种情况下,由于非重要的数据占用了大量的网络带宽,耽误了重要数据的传输,可能会造成重大的损失。所以引入了一种管理机制——拥塞管理机制。利用这个机制,给不同应用的数据包分配不同的优先权,根据数据包的优先权,来确定数据包发送出网络接口的顺序,拥塞管理功能允许对拥塞进行控制,对于一些重要的数据,提高数据报文的优先权,在拥塞发生时,优先发送,确保关键业务能够得到及时服务。

在发送接口发生通信拥塞期间,数据包抵达这个接口的速度比这个接口把数据包发送出去的速度要快。使用了拥塞管理功能,积累在拥塞接口的数据包就会排队等候,根据它们所分配的优先权以及为这个接口配置的排队机制,按照规定的顺序发送出去。通过控制哪些数据包应该放置在哪个队列,以及如何为这些队列提供服务,设备决定了数据包的传输顺序,这就是设备的拥塞管理策略。拥塞管理 QoS 功能提供六种类型的排队机制,每一种都可以允许创建数目不等的队列。

以下讨论六种类型的拥塞管理队列控制,它们构成了拥塞管理 QoS 功能。

(1) 先入先出排队方式(FIFO)

先入先出排队方式(First-In,First-Out Queueing,简写为 FIFO)——FIFO 不需要考虑通信优先权以及分类的机制。使用 FIFO 时,数据包发送出接口的顺序依赖于数据包抵达这个接口的顺序。对于高带宽的接口,FIFO 方式是缺省的排队方式,不需要特殊的配置。

(2) 加权公平排队方式(WFQ)

加权公平排队方式(Weighted Fair Queueing,简写为 WFQ)——WFQ 提供了动态的、公平的排队方式,它基于权重来划分通信队列的带宽。WFQ 可以保证所有的通信都能够根据它的权重而受到公平的对待。WFQ 可以保证某些苛刻的应用(比如一些要求及时响应的交互式或者事务处理的应用)能够得到令人满意的响应时间。

WFQ 对流量进行分类的依据有源地址、目的地址、源端口、目的端口号及协议的类型等。对于带宽为 2.048 Mbps 或者更低的串行接口来说,WFQ 是默认使用的。当没有配置其他排队策略的时候,所有其他接口都默认使用 FIFO 排队方式。

WFQ 配置实例如下所示,在同步口 0 设置一个公平排队,具体配置是拥塞丢弃门限(阈值)为 128 个消息、512 个动态队列以及 50 个保留队列:

```
interface Serial 1/0
ip address 1.1.1.1 255.255.255.0
fair-queue 128 512
```

下面是在特权用户模式下,查看该接口配置的例子:

```
Ruijie# show queue interface serial 1/0
Queueing strategy: weighted fair
Output queue: 0/128/0 (size/threshold/drops)
Output queue num: 0/0 (now/max)
```

通过如上的显示，可以看出接口的排队策略采用 WFQ 排队方式，拥塞丢弃门限（阈值）为 128。

（3）基于类的加权公平排队方式（CBWFQ）

基于类的加权公平排队方式（Class-Based Weighted Fair Queueing，简写为 CBWFQ）——CBWFQ 是对标准 WFQ 功能的扩展。与 WFQ 一样，CBWFQ 提供了动态的、公平的排队方式，它基于权重来划分通信队列的带宽。与 WFQ 不同的地方在于它与 WFQ 的分类规则以及权重计算方式不同。WFQ 对流量进行分类的依据有源地址、目的地址、源端口、目的端口号及协议的类型等；而 CBWFQ 对网络数据流进行分类依据的是用户自定义的分类规则。WFQ 对网络数据包权重是按照固定的规则（譬如 IP 包依据 ToS 域计算权重）；而 CBWFQ 是按照用户自定义的带宽分配来计算权重并由此来实现通信队列带宽的按比例分配。

CBWFQ 实现了网络数据流分类与带宽分配的即时控制。CBWFQ 可用来实现用户自定义的带宽分配，它可以确保不同类型的网络数据流获得指定比例的带宽分配。

CBWFQ 配置任务缺省状态下，RGNOS 上低带宽（<4 Mbps）网络接口默认的 QoS 策略为 WFQ。为了配置 CBWFQ 功能，需要完成下面的配置任务：

定义类映射表；

在规则映射表中设置类规则；

在指定接口上应用服务规则；

为指定类设置带宽；

为指定类设置队列深度；

设置分配给 CBWFQ 的带宽；

监控 CBWFQ 设置；

配置 CBWFQ。

定义类映射表，该项功能设置对于实现 CBWFQ 功能是必须的。用户在类映射表中定义网络数据包分类规则，用户在规则映射表中可以通过指定类映射表的名称来引用这些类映射表，同一个类映射表可以被一个规则映射表引用，也可以同时被多个规则映射表引用。该项功能的典型设置如表 2-14-1 所示。

表 2-14-1 配置命令

命 令	功 能
Ruijie(config)# **class-map** match-all class-map-name	进入/创建与类型的类映射表,也就是要满足类映射表下的所有条件
Ruijie(config)# **class-map** match-any class-map-name	进入/创建或类型的类映射表,只要满足类映射表下的一个条件
Ruijie(config-cmap)# **match access-group** access-list-number or Ruijie(config-cmap)# **match input-interface** interface-name or Ruijie(config-cmap)# **match protocol** protocol-name Ruijie(config-cmap)# **Match ip dscp** value Ruijie(config-cmap)# **Match ip precedence** value Ruijie(config-cmap)# **Match not** match-type value	设置网络数据包分类规则(按照ACL,网络数据包到达接口,封装协议类型,IP DSCP 编码,IP Precedence 编码或者以上分类规则的取非条件)

(4) 低延迟队列(LLQ)和 RTP 优先级队列(RTPQ)

低延迟排队方式(Low Latency Queueing,简写为 LLQ)——可以把 LLQ 理解成 PQ+CBWFQ,即严格的优先级队列,该队列的报文都要发送完以后才发送 CBWFQ 队列的报文,这样就保证了符合流量的报文能够有低延迟的传输。

RTP 优先级队列(RTPQ)其功能和 LLQ 类似,就是每个接口都有一个 RTP 优先级队列,专门用来保证 RTP 协议报文的低延迟传输,它只匹配一定端口范围的 UDP 报文。

(5) 优先权排队方式(PQ)

优先权排队方式(Priority Queueing,简写为 PQ)——在 PQ 排队方式下,属于某个通信优先权等级的数据包可以比所有优先权等级低的数据包先发送出去,以保证优先权级别高的数据包能够及时地发送出去。

PQ 队列用来为重要的网络数据提供严格的优先级别,可根据网络协议(如 IP 协议)、数据流入的接口报文长短、源地址/目的地址等,灵活地指定优先次序,确保在应用 PQ 的网络节点上最重要的网络数据能够得到最快速的处理。

(6) 自定义排队方式(CQ)

自定义排队方式(Custom Queueing,简写为 CQ)——在 CQ 排队方式下,对于每一种不同类型的通信种类来说,带宽是按照比例来分配的,用户可以根据数据报文的重要程度,来为不同类型的报文划分不同比例的带宽,确保关键数据报文的通过,CQ 排队方式还允许指定从队列中抽取出来的字节或者数据包的总数。对于速度比较慢的接口来说,这种功能是非常有用的。

3. 流量监管和整形介绍

流量监管就是对分类后的流采取某种动作用于限制出入网络的流量速率。流量整形可以限制流量的突发,使报文流能以均匀的速率发送。这有助于网络流量保持平稳。

锐捷系列设备通常采用接入速率控制(CAR)技术来监督进入网络的某一流量的速率,使之不超出承诺的速率。报文的流量限制和流分类配置可以结合进行。

锐捷系列设备实现的通用流量整形(Generic Traffic Shaping,GTS)可以对不规则或不符合预定流量特性的报文流进行整形,以利于网络上下游之间的带宽匹配。GTS 使用报文缓冲区和令牌桶来完成,当报文流发送速度过快时,首先在缓冲区进行缓存,在令牌桶的控制下,再均匀地发送这些被缓冲的报文。

4. 拥塞避免介绍

拥塞避免技术一般用于网络的瓶颈处,其目的是有效监控网络流量负载预期拥塞的发生,并有效防止在网络瓶颈处形成拥塞。通过丢弃信息包可以达到避免拥塞的目的。在较多的避免拥塞机制中,随机早期检测 RED(Random Early Detection)技术是常用的,这种技术对于高速传输网络来说是最佳的。

过度的拥塞会对网络资源造成极大危害,必须采取某种措施加以解除。这里所说的拥塞避免(Congestion Avoidance),是指通过监视网络资源(如队列或内存缓冲区)的使用情况,在网络拥塞时,采取主动丢弃报文,调整网络流量来解除网络过载。

5. 报文压缩协议

报文压缩主要是包括 TCP 报文的压缩和 UDP 报文的压缩,RGNOS 实现的是以下两种的报文格式压缩:

VJ TCP 报文压缩:是指专门针对 TCP 的报文压缩,主要应用在低速串行链路上,遵循的标准是 RFC1144。

IPHC 报文压缩:这是基于 IP 框架的报文压缩,包含了 IP+TCP,IP+UDP,IP+UDP+RTP 的三类报文压缩,主要遵循的标准是 RFC2057。

6. QoS 相关命令

(1) class-map

本命令将进入指定名称的类映射表配置层,如果不存在对应指定名称的类映射表,系统就会创建一个以指定名称为标识的类映射表。其 no 形式将从系统中删除指定名称的类映射表。

class-map class-map-name [match-all | match-any]

no class-map class-map-name [match-all | match-any]

其中 class-map-name：类映射表的名称，它也是其在系统中相互区分的标识。match-all | match-any：类映射表的类型，是匹配该表下的所有条件还是匹配其中一个条件。

class-map 命令允许用户建立指定名称的类映射表并进入 class-map 接口配置模式。在 class-map 接口上，用户可以根据需要配置用以将网络数据流分类的规则。网络数据流在到达设置了 CBWFQ 功能的发送接口后，会按照引用的 class-map 来进行分类。

（2）match access-group

本命令将设置 class-map 的分类规则为对访问列表（ACL）的匹配，其 no 形式将取消该分类匹配规则设置。

  match access-group access-list-number

  no match access-group access-list-number

其中 access-list-number：为访问列表编号。

用户可以通过本命令指定访问列表作为 class-map 的分类匹配规则，如果网络数据流满足指定的访问列表即认为通过分类匹配并被放入对应的 CBWFQ 队列中。

用户可以在同一个 class-map 上多次设置分类规则（match-rule），但是只有最后一次设置的分类规则才起作用，也就是说当前设置的分类规则会覆盖上次设置的分类规则。

在下面的例子中，凡是合乎 access-list 101 的网络数据包就被认为满足 class-map class1 的分类规则并被放入对应的 CBWFQ 队列中。

  class-map class1

  match access-group 101

（3）policy-map

本命令将进入指定名称的规则映射表配置层，如果不存在对应指定名称的规则映射表，系统就会创建一个以指定名称为标识的规则映射表。其 no 形式将从系统中删除指定名称的规则映射表。

  policy-map policy-map-name

  no policy-map policy-map-name

其中 policy-map-name：规则映射表的名称，它也是其在系统中相互区分的标识。在缺省情况下，系统没有设置任何规则映射表。该命令在全局配置模式。

注意：可以使用本命令进入规则映射表配置层。在规则映射表配置层，用户可以同时引用最多达 64 个已经存在于本设备上不同的类映射表。在配置规则映射表后，就可以将其应用到网络接口上以启用 CBWFQ。同一个规则映射表可以同时应用到不同的网络接口上。如果应用规则映射表的网络接口不能满足规则映射表要求的总的可用带宽，那么将无法成功启用 CBWFQ。对规则映射表的修改将同步影响到应用该规则映射表的网络接口上的 CBWFQ 工作性能。如果修改后的规则映射表要求的总的可用带宽大于所在网络接口所能提供的带宽，那么该接口上的 CBWFQ 将自动失效。

(4) priority

本命令将为规则映射表中引用的类映射表对应的流量创建一个LLQ低延迟优先级队列,其no形式将恢复系统缺省设置。

priority { bandwidth-kbps | percent percent} {Burst bytes}
no priority

其中 bandwidth-kbps:分配的带宽(以 kbps 为单位);percent-number:分配的带宽百分比(相对于网络接口全部可用带宽而言)。用户可以在此为指定类型的网络数据流分配带宽。系统默认为指定类型的网络数据流分配1%的带宽。Burst bytes:可以超额的报文字节数。缺省情况下,系统没有设置任何 priority 优先级队列。该命令在Policy-map class 接口配置模式。

注意:LLQ 是对 CBWFQ 功能的扩展。它确保某些对时延敏感的报文不但能得到带宽分配,而且能得到低时延的发送保证。可以把 LLQ 理解成 PQ+CBWFQ,就是有个严格的优先级队列,该队列的报文都要发送完以后才发送 CBWFQ 队列的报文。对 LLQ 队列中的不同类型的流量分别进行监视,在不拥塞的情况下允许发送,在拥塞的情况下,不同类型的流量要监视其发送速率,如果超过其带宽,必须予以丢弃。

举例:

下面的例子中创建了一个名为"policy1"的规则映射表,并且在该规则映射表中引用了一个类映射表。被引用的类映射表"class1"指定匹配规则为对访问列表101的匹配的报文建立优先级队列。

下面的命令创建类映射表"class1"并定义了分类匹配规则:

```
class-map class1
match access-group 101
```

下面的命令创建了规则映射表,其中引用了类映射表"class1":

```
policy-map policy1
class class1
priority 2000 25000
```

(5) class (policy-map)

本命令将进入被引用的指定名称的类映射表配置层,如果不存在指定名称的类映射表,系统就会给出出错提示;如果不存在对指定名称的类映射表的引用,系统就会将其添加到对应的规则映射表的引用列表中。其no形式将从对应的规则映射表中删除对指定名称的类映射表的应用。

class class-name
no class class-name

其中 class-name：被引用的类映射表名称。在缺省情况下，规则没有引用任何类映射表。该命令在 Policy-map 接口配置模式。

注意：在 Policy-map 中引用的类映射表必须已经存在于设备上，否则用户将无法在规则映射表中成功引用该类映射表。同样，如果从设备上清除类映射表，那么所有对该类映射表的引用均将失效进而影响到 CBWFQ。

在同一个规则映射表中，至多同时引用 64 个不同的类映射表。在进入被引用的指定名称的类映射表配置层后，用户可以定义在当前规则映射表中分配给该类网络数据流的带宽以及对应的 CBWFQ 队列的深度。

举例：

在下面的例子中，规则映射表"policy1"引用了类映射表"acl120"与"acl121"。对于"acl120"，为其分配带宽为 600 kbps，其对应的 CBWFQ 队列深度为 64（系统默认值）；对于"acl121"，为其分配的带宽为所在接口可用带宽的 30%，其对应的CBWFQ 队列深度为 40。

```
policy-map policy1
 class acl120
 bandwidth 600
 class acl121
 bandwidth percent 30
 queue-limit 40
```

(6) fair-queue

在接口配置模式下使用 fair-queue 命令为特定的接口配置加权公平队列。使用本命令的 no 形式取消该接口的加权公平队列配置。

fair-queue [congestive-discard-threshold [dynamic-queues]]

no fair-queue

其中 congestive-discard-threshold：在每个队列中所允许容纳的数据包的最大数目（阈值）。默认值是 64，一个新的阈值必须是在 1 到 4 096 之间的 2 的幂。当数据包数目达到该阈值时，将丢弃新到达的数据包。dynamic-queues（该参数可选）：动态队列的数量，默认值是 256，取值范围为 1～4 096 之间的整数。在接口配置模式下使用 fair-queue 命令为特定的接口配置加权公平队列。

(7) service-policy

本命令将在网络接口上应用指定名称的规则映射表并启用 CBWFQ 功能。其 no 形式将恢复系统缺省设置。

service-policy { input | output } policy-map-name

no service-policy { input | output } policy-map-name

policy-map-name：被应用的规则映射表的名称。

在网络接口上应用规则映射表的时候,必须确保该网络接口分配给 CBWFQ 的带宽满足指定的规则映射表要求的带宽总和,否则将无法成功应用规则映射表。

举例:

在下面的例子中,在网络接口 serial1 上应用名为"policy9"的规则映射表并启用 CBWFQ。

```
interface serial1
service-policy output policy9
```

三、实验环境和拓扑结构

(1) 锐捷 RG1762 两台路由器;
(2) 一台二层交换机 RG2612;
(3) 三台计算机。

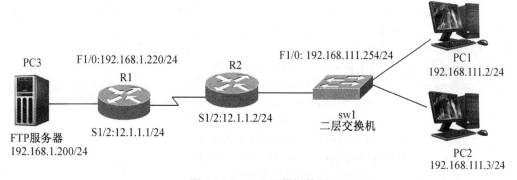

图 2-14-1 QoS 配置拓扑图

四、实验内容

(1) 按拓扑图 2-14-1 所示连好实际设备。
(2) 配置路由器
① R1 的配置

```
R1>en 14
Password:
R1#conf t
Enter configuration commands, one per line. End with CNTL/Z.
R1(config)#int fa1/0
R1(config-if)#ip add 192.168.1.220 255.255.255.0
```

```
R1(config-if)# no shut
R1(config-if)# exit
R1(config)# int s1/2
R1(config-if)# ip add 12.1.1.1 255.255.255.0
R1(config-if)# no shut
R1(config-if)# exit
R1(config)# ip route 0.0.0.0 0.0.0.0 12.1.1.2
R1(config)# exit
R1# show interface s1/2    //查看是否是 DCE 端,若是要配置时钟。
serial 1/2 is UP , line protocol is UP
Hardware is PQ2 SCC HDLC CONTROLLER serial
Interface address is: 12.1.1.1/24
   MTU 1500 bytes, BW 2000 Kbit
   Encapsulation protocol is HDLC, loopback not set
   Keepalive interval is 10 sec , set
   Carrier delay is 2 sec
   RXload is 1 ,Txload is 1
   Queueing strategy: WFQ
   5 minutes input rate 17 bits/sec, 0 packets/sec
   5 minutes output rate 17 bits/sec, 0 packets/sec
     166 packets input, 3652 bytes, 0 res lack, 0 no buffer,0 dropped
     Received 166 broadcasts, 0 runts, 0 giants
     0 input errors, 0 CRC, 0 frame, 0 overrun, 0 abort
     166 packets output, 3652 bytes, 0 underruns,0 dropped
     0 output errors, 0 collisions, 2 interface resets
     1 carrier transitions
     V35 DCE cable
DCD=up DSR=up DTR=up RTS=up CTS=up
R1(config)# int s1/2
R1(config-if)# clock rate 64000
```

② R2 的配置

```
R2>en 14
Password:
R2# conf t
Enter configuration commands, one per line. End with CNTL/Z.
R2(config)# int fa1/0
R2(config-if)# ip add 192.168.111.254 255.255.255.0
```

```
R2(config-if)# no shut
R2(config-if)# exit
R2(config)# int s1/2
R2(config-if)# ip add 12.1.1.2 255.255.255.0
R2(config-if)# no shut
R2(config-if)# exit
R2(config)# ip route 0.0.0.0 0.0.0.0 12.1.1.1
R2(config)# exit
```

(3) 配置三台 PC 机

① PC3 上安装 Serv_U,建立 FTP 服务器。设置 IP 地址为 192.168.1.200,掩码为 255.255.255.0,网关为 192.168.1.220。

② PC1 和 PC2 分别设置拓扑上标明的 IP 地址,并设网关都为 192.168.111.254。

(4) 在 PC1 和 PC2 上分别 Ping PC3,测试成功。

(5) 在 PC1 和 PC2 上访问 PC3 的 FTP,并从上面下载文件。

在 Serv_U 的管理控制台,可以看到 192.168.111.2 的下载速度是 2.25 KB/秒,192.168.111.3 的下载速度是 2.72 KB/秒,可以看出两台机的下载速度相差无几。

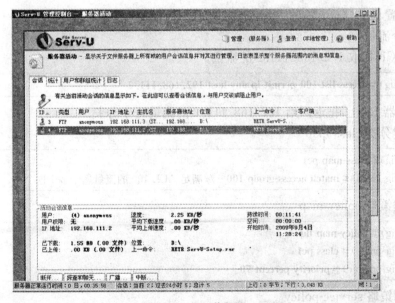

图 2-14-2 下载界面 1

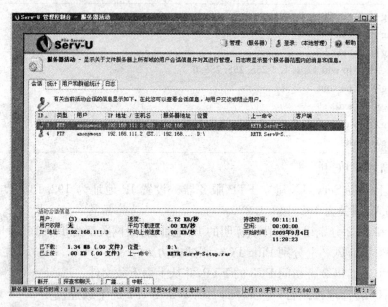

图 2-14-3 下载界面 2

(6) 配置 QoS

① 区分流量

使用 ACL 抓取 192.168.111.2 的流量。

R1(config)#**access-list 100 permit ip any host 192.168.111.2**

在路由器 R1 上,把返回给 192.168.111.2 的流量区分出来。

② 创建分类 class-map

R1(config)#**class-map pc1**
R1(config-cmap)#**match access-group 100**　　//满足 ACL 100 的流量属于 pc1 这个类。

③ 创建策略 policy-map

R1(config)#**policy-map llq**
R1(config-pmap)#**class pc1**
R1(config-pmap-c)#**priority percent 70**

④ 应用策略 service-policy

R1(config)#**int s1/2**
R1(config-if)#**service-policy output llq**　　//在流量的外出方向应用策略 llq

(7) 在 PC1 和 PC2 上再访问 PC3 的 FTP,并从上面下载文件。

在 Serv_U 的管理控制台,可以看到 192.168.111.2 的下载速度是 5.28 KB/秒,192.168.111.3 的下载速度是 678 字节/秒,可以看出优先保证了 PC1 的服务。

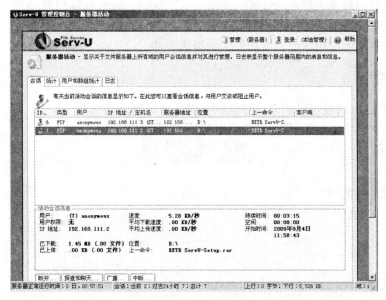

图 2-14-4　下载界面 3

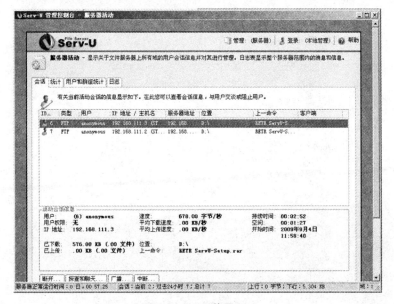

图 2-14-5　下载界面 4

五、实验注意事项

（1）一个接口最多关联一个 policy-map，一个 policy-map 可以拥有多个 class-map，一个 class-map 最多关联一个 ACL。

（2）设置测试的应用数据。下载的文件要大一些。

六、拓展训练

拥塞管理 QoS 功能提供的六种排队机制的配置区别是什么？

报文压缩如何配置？

实验 2.15　广域网协议

一、实验目的

（1）了解广域网的主要类别；
（2）了解在广域网中第二层的封装类型；
（3）掌握 PPP 的基本配置；
（4）掌握 PPP PAP 认证；
（5）掌握 PPP CHAP 认证。

二、预备知识

1. 广域网的三个主要类别

（1）点到点租用线路：是服务提供商为用户预先建立好的一条与远程网络的专用连接。服务提供商保证这一租用线路只给他的客户使用。链路总是处于连接状态。服务提供商仅仅传输一个恒定速率的比特流，不对在此线路上传输的比特内容进行解释。这样就避免共享连接带来的问题。保证了通信的实时性和准确性，但费用一般较贵。

（2）电路交换：在这种方式下，发送者和接收者在呼叫期间必须有一条专用的电路路径（物理线路），基本电话业务和综合业务数字网（ISDN）一般使用电路交换。

（3）包交换：在这种方式下，用户共享一条点到点的连接线路，用户数据包从源位置传送到目的位置。包交换也提供虚电路服务，但它的线路是共享的。价格一般比租用线路便宜。

2. WAN 第 2 层的封装

（1）Cisco 高级数据链路控制协议（High-Level Data Link Control，HDLC）：是点到点专用链路和电路交换连接的默认封装，是一种面向比特的同步数据链路协议。

（2）点到点协议（Point to Point Protocol，PPP）：通过同步和异步电路提供路由器到路由器和主机网络的连接。PPP 能和几个网络层协议，如 IP、IPX 等一起工作。它还提供了安全机制，如密码验证协议（PAP）和竞争握手协议（CHAP）。

（3）串行线路网际协议（Serial Line Internet Protocol，SLIP）：是早期使用的点到点串行连接的标准协议，由于其没有提供寻址、差错控制、压缩等功能而被 PPP 替代。

（4）X.25/平衡链路访问过程（Link Access Procedure，Balanced，LAPB）：它定义了怎样维护公用数据网络上的远程终端访问和计算机通信的 DTE 和 DCE 标准。

(5) 帧中继:它是对 X.25 的改进。简化了 X.25 中的差错控制和流量控制。因为在帧中继中它一般使用光纤作为传输介质,可靠性大大提高。它能同时处理多个虚电路。

(6) 异步传输模式(Asynchronous Transfer Mode,ATM):它使用一种更小(53 个字节)的分组,也称为信元作为传输单元。由于分组定长,因此便于用硬件实现,减少了传输延时。也提供了比较高的服务质量。

3. PPP 协议

PPP 协议位于 OSI 七层模型的数据链路层,PPP 协议按照功能划分为两个子层:LCP、NCP。LCP 主要负责链路的协商、建立、回拨、认证、数据的压缩、多链路捆绑等功能。NCP 主要负责和上层的协议进行协商,为网络层协议提供服务。

4. PPP 认证

PPP 的认证功能是指在建立 PPP 链路的过程中进行密码的验证,验证通过建立连接,验证不通过拆除链路。

PPP 协议支持两种认证方式 PAP(Password Authentication Protocol,密码验证协议)和 CHAP(Challenge Handshake Authentication Protocol,挑战式握手验证协议)。

(1) PAP 认证:这种认证使用二次握手法建立身份标志。PAP 仅在最初链路建立时使用,链路建立结束后,一个用户名、密码对被远程节点重复地发给路由器,直到验证被应答或连接终止。PPP 不是一个强壮的验证协议。密码是以明文的形式穿过链路的,对于回放和重复的试错法攻击没有防护能力。

(2) CHAP 论证:这种认证使用三次握手周期性验证远程节点的身份。CHAP 在链路初始建立时运行,并可在链路建立后的任何时候重复。在 PPP 链路建立后,本地路由器发送一条竞争消息给远程节点。远程节点回应一个经过单向哈希函数(如 MD5)运算过的值。本地路由器将回应值和自己用哈希算法计算出的值比较,如果两值匹配,则验证通过,否则结束连接。

三、实验环境及拓扑结构

(1) 路由器 RG-1762 两台;
(2) V.35 线缆一对。
实验拓扑如图 2-15-1 所示。

四、实验内容

1. 设备连接

按图 2-15-1 所示连接好设备。

2. 基本配置

(1) 实验要求

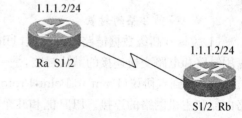

图 2-15-1 实验拓扑结构图

分别为两台路由器命名为 Ra 和 Rb,并按图示要求配置 S1/2 口的 IP 地址,并为 DCE 端配置时钟。

(2) 配置参考

```
Router#configure terminal
Enter configuration commands, one per line. End with CNTL/Z.
Router(config)#hostname Rb
Rb(config)#interface serial 1/2
Rb(config-if)#ip address 1.1.1.2 255.255.255.0
Rb(config-if)#clock rate 64000
Rb(config-if)#no shutdown
```

3. PPP 协议封装

(1) 实验要求

设置 Ra 和 Rb 的 S1/2 口上封装类型为 PPP。

(2) 命令参考

encapsulation 是封装数据链路层协议的命令

查看支持的封装类型。

```
Ra(config-if)#encapsulation?              //encapsulation 是封装数据链路层协议的命令
frame-reply  Frame Relay networks         //帧中继协议
hdlc         serial HDLC synchronous      //高级数据链路控制协议
lapb         LAPB(x.25 leverl 2)          //x..25 的二层协议
ppp          Point-to-Point protocol      // ppp 点到点协议
x25          x.25                         // x..25 协议
Ra(config-if)#encapsulation ppp           //将接口协议封装为 ppp
```

(3) 配置参考

```
Ra(config)#interface serial 1/2
Ra(config-if)#encapsulation ppp
Ra(config-if)#end
```

4. 被验证方的配置

(1) 实验要求

设置被验证方 Ra 的 PAP 认证的用户名、密码。

(2) 命令参考

要配置对远程 PAP 认证的支持,执行接口配置命令 ppp pap sent-username 指定本地路由器的用户名和口令。

ppp pap sent-username username [password encryption-type password]

其中：
usename：在 PAP 身份认证中发送的用户名；
encryption-type：在 PAP 身份认证中发送口令的加密类型，"0"表示明文；
password：在 PAP 身份认证中发送的口令。
该命令的 no 形式取消对远程 PAP 认证的支持：
no ppp pap sent-username
（3）配置参考
被验证方的配置

> Ra(config)#**interface serial 1/2**
> Ra(config-if)#**ppp pap sent-username Ra password 0 star**
> //被验证方的用户名是 Ra，口令是 star。

5. 验证方的配置
（1）实验要求
在验证方端 Rb 设置被验证方 Ra 的 PAP 认证的用户名、密码。
（2）命令参考
① username
要设置本地用户数据库，执行全局配置命令 username。
username name password secret
② ppp authentication
要在接口上进行 PPP 认证，执行接口配置命令 ppp authentication。
ppp authentication {chap|pap|chap pap|pap chap}
其中：
chap：在接口上启用 CHAP 认证。
pap：在接口上启用 PAP 认证。
该命令的 no 形式取消关联，恢复默认配置。
no ppp authentication
（3）配置参考

> Rb(config)#**username Ra password 0 star**
> Rb(config)#**interface serial 1/2**
> Rb(config-if)#**encapsulation ppp**
> Rb(config-if)#**ppp authentication pap**

6. 观察验证过程
（1）实验要求

在 Ra 和 Rb 上观察 PAP 验证过程。

（2）命令参考

debug ppp

要打开 ppp 协商的调试开关，可以执行特权用户模式命令 debug ppp。

debug ppp [authentication|error|multilink|negotiation|packet]

authentication ppp 认证

（3）配置参考

Ra# debug ppp authentication

%LINK CHANGED：Interface serial 1/2，changed state to administratively down

%LINE PROTOCOL CHANGE：Interface serial 1/2，changed state to DOWN

PPP：ppp_clear_author()，protocol = TYPE_LCP

%LINK CHANGED：Interface serial 1/2，changed state to up

PPP：serial 1/2 PAP ACK received

PPP：serial 1/2 Passed PAP authentication with remote

PPP：serial 1/2 lcp authentication OK！

PPP：ppp_clear_author()，protocol = TYPE_IPCP

%LINE PROTOCOL CHANGE：Interface serial 1/2，changed state to UP

Rb# debug ppp authentication

%LINK CHANGED：Interface serial 1/2，changed state to administratively down

%LINE PROTOCOL CHANGE：Interface serial 1/2，changed state to DOWN

PPP：ppp_clear_author()，protocol = TYPE_LCP

%LINK CHANGED：Interface serial 1/2，changed state to up

PPP：serial 1/2 authentication event enqueue，message type = [RECV_PAP_REQUEST]

PPP：dispose authentication message [RECV_PAP_REQUEST]

PPP：serial 1/2 PAP authenticating peer Ra

PPP：serial 1/2 Remote passed PAP authentication sending Auth-Ack to peer。

PPP：serial 1/2 lcp authentication OK！

PPP：ppp_clear_author()，protocol = TYPE_IPCP

%LINE PROTOCOL CHANGE：Interface serial 1/2，changed state to UP

7. PPP CHAP 认证

(1) 实验要求

在 Ra 和 Rb 上设置被 PPP CHAP 认证。

(2) 配置参考

基本配置和前面实验内容 2 部分相同。

```
Ra#configure terminal
Enter configuration commands, one per line. End with CNTL/Z.
Ra(config)#username Rb password 0 star
Ra(config)#interface serial 1/2
Ra(config-if)#encapsulation ppp
Ra(config-if)#ppp authentication chap
```

```
Rb#configure terminal
Enter configuration commands, one per line. End with CNTL/Z.
Rb(config)#username Ra password 0 star
Rb(config)#interface serial 1/2
Rb(config-if)#encapsulation ppp
```

8. 观察验证过程

(1) 实验要求

在 Ra 和 Rb 上观察 CHAP 验证过程。

(2) 配置参考

```
Ra#debug ppp authentication
%LINK CHANGED: Interface serial 1/2, changed state to administratively down
%LINE PROTOCOL CHANGE: Interface serial 1/2, changed state to DOWN
PPP: ppp_clear_author(), protocol = TYPE_LCP
%LINK CHANGED: Interface serial 1/2, changed state to up
PPP: serial 1/2 Send CHAP challenge id=2 to remote host
PPP: serial 1/2 authentication event enqueue, message type = [RECV_CHAP_RESPONSE]

PPP: dispose authentication message [RECV_CHAP_RESPONSE]

PPP: serial 1/2 CHAP response id=2, received from Rb
PPP: serial 1/2 Send CHAP success id=2 to remote
PPP: serial 1/2 remote router passed CHAP authentication.
PPP: serial 1/2 lcp authentication OK!
```

> PPP：ppp_clear_author()，protocol = TYPE_IPCP
> %LINE PROTOCOL CHANGE：Interface serial 1/2，changed state to UP

> **Rb# debug ppp authentication**
> %LINK CHANGED：Interface serial 1/2，changed state to down
> %LINE PROTOCOL CHANGE：Interface serial 1/2，changed state to DOWN
> PPP：ppp_clear_author()，protocol = TYPE_LCP
>
> %LINK CHANGED：Interface serial 1/2，changed state to up
> PPP：serial 1/2 authentication event enqueue，message type = [RECV_CHAP_CHALLENGE]
>
> PPP：dispose authentication message [RECV_CHAP_CHALLENGE]
>
> PPP：serial 1/2 recv CHAP challenge from Ra
> PPP：serial 1/2 authentication event enqueue，message type = [RECV_PAP_REQUEST]
>
> PPP：dispose authentication message [RECV_PAP_REQUEST]
>
> PPP：serial 1/2 Passed CHAP authentication with remote.
> PPP：serial 1/2 lcp authentication OK！
>
> PPP：ppp_clear_author()，protocol = TYPE_IPCP
>
> %LINE PROTOCOL CHANGE：Interface serial 1/2，changed state to UP

五、实验注意事项

（1）在实验内容 6 和 8 执行时观察验证过程，在特权模式下执行命令"Rb# debug ppp authentication"后需要进入对应端口执行端口关闭和重启工作，才能观察到协商过程，另外关闭调试需要在特权模式下执行"undebug all"。

（2）在 DCE 端配置时钟。

（3）在 PPP CHAP 认证时，"Ra(config)# username Rb password 0 star"中 username 是对方的主机名。

六、拓展训练

如何配置 PPP 协商参数？

习 题

1. 如何进行 PPP PAP 双向认证？
2. 如何进行 PPP CHAP 双向认证？
3. 在下面的调试信息中，分析采用的 PPP 认证方式是什么，当前执行调试的路由器是验证方还是被验证方？

```
Ra#debug ppp authentication
%LINK CHANGED: Interface serial 1/2, changed state to administratively down
%LINE PROTOCOL CHANGE: Interface serial 1/2, changed state to DOWN
PPP: ppp_clear_author(), protocol = TYPE_LCP
%LINK CHANGED: Interface serial 1/2, changed state to up
PPP: serial 1/2 Send CHAP challenge id=2 to remote host
PPP: serial 1/2 authentication event enqueue, message type = [RECV_CHAP_RESPONSE]
PPP: dispose authentication message [RECV_CHAP_RESPONSE]
PPP: serial 1/2 CHAP response id=2, received from Rb
PPP: serial 1/2 Send CHAP success id=2 to remote
PPP: serial 1/2 remote router passed CHAP authentication.
PPP: serial 1/2 lcp authentication OK!

PPP: ppp_clear_author(), protocol = TYPE_IPCP
%LINE PROTOCOL CHANGE: Interface serial 1/2, changed state to UP
```

实验 2.16　路由器系统维护

第一部分　系统文件的备份与恢复

一、实验目的

（1）掌握查看路由器系统和配置信息，查询当前路由器的工作状态；
（2）掌握配置文件和系统文件的备份方式；
（3）掌握路由器操作系统的升级和恢复；
（4）掌握 Flash 文件的操作方法。

二、预备知识

（1）查看路由器的系统和配置信息命令要在特权模式下进行。信息查看主要通过 show 命令实现。
（2）路由器配置文件和系统文件的备份方式与交换机相似。

三、实验环境及拓扑结构

（1）PC 机一台；
（2）RG-R1762 路由器两台。
实验拓扑如图 2-16-1 所示。

图 2-16-1　实验拓扑结构图

四、实验内容

1. 设备连接

按图 2-16-1 所示的拓扑结构连接好相应的设备。

使用 DB9-RJ45 线缆将 PC0 的 COM 口和 Router0 的 Console 口连接。V.35 线缆连接 Router0 和 Router1 的 S1/2 口。用直通的网线连接 PC0 的以太网卡和 Router0 的 Fa1/0。利用 PC0 的超级终端连接 Router0。根据拓扑图 2-16-1 设置相应端口的 IP 地址。

2. 配置信息查看

（1）查看当前配置

```
Router0 # show run
Building configuration…
Current configuration：1006 bytes
!
version 8.51（building 50）
hostname Router0
enable secret level 14 5  $1$nmWc$524E04yCCx421q5y
enable secret 5  $1$Qkhi$830DA03w3Fyzpw09
!
no service password-encryption
!
interface serial 1/2
  ip address 10.1.1.1 255.255.255.252
  clock rate 115200
!
interface serial 1/3
  clock rate 64000
!
interface FastEthernet 1/0
  ip address 172.16.1.1 255.255.255.0
  duplex auto
  speed auto
!
interface FastEthernet 1/1
  duplex auto
  speed auto
!
interface Loopback 0
  ip address 172.16.2.1 255.255.255.0
!
interface Null 0
!
line con 0
```

```
  login
  password 7 0312654b526b55
 line aux 0
  login
  password 7 11437556461f5b
 line vty 0
  login
  password 7 1443185e704078
 line vty 1
  login
  password 7 001b721012654b
 line vty 2
  login
  password 7 135440195c7341
 line vty 3
  login
  password 7 0312654b576c50
 line vty 4
  login
  password 7 06576c507e4741
 !
 banner login ^C
 work hard ^C
 banner motd ^C
 CS network lab^C
 !
 end
```

（2）查看操作系统版本

```
Router0# show version
Red-Giant Operating System Software
RGNOS (tm) RELEASE SOFTWARE，Version 8.51（building 50）
Copyright (c) 2004 by Red-Giant Network co. ,Ltd
Compiled Dec 28 2006 16:54:26 by liudf

Red-Giant uptime is 0 days 0 hours 19 minutes
System returned to ROM power-on
System image file is "flash:/rgnos.bin"
```

```
Red-Giant R1700 series R1762
Motorola Power PC processor with 65536K bytes of memory.
Processor board ID 00000001,with hardware revision 00000001
Router ID e47e23a6ab440217

          card information in the system
          ==================================
slot      class id      type id          hardware ver     firmware version
slot 0    main board    MB_M8248_1762    1.30             1.00
slot 1    FNM card      FNM_2FE2HS       1.10             1.00
```

注意:加粗斜体部分是 OS 的文件名。

3. 当前配置保存到初始化配置中

Router0 # **copy running-config startup-config**

4. 利用 TFTP 服务器进行配置文档的备份和还原

(1) 实验要求

能将启动时配置文件备份到 TFTP 服务器指定的文件夹下;将当前配置保存到 TFTP 服务器上;从 TFTP 恢复运行时配置文件;从 TFTP 恢复启动时配置文件。

(2) 命令参考

利用 TFTP 服务器备份,要求在 PC0 中运行 TFTP 软件,PC0 的网关要设置为 Router0 的 fa1/0 的地址,保证 Router0 和 PC0 连通。

Router0 # copy running-config tftp

Router0 # copy startup-config tftp

Router0 # copy tftp running-config

Router0 # copy tftp startup-config

(3) 配置参考

R1 # **copy running-config tftp**
Address or name of remote host []? **172.16.1.2**
Destination filename []? **running-config**
Building configuration…
Accessing tftp://172.16.1.2/running-config…

Success:Transmission success,file length 1024

> R1#**copy tftp running-config**
> *Address or name of remote host []?* 172.16.1.2
> *Source filename []? running-config*
> *Accessing tftp*://172.16.1.2/*running-config*…
>
> *Success*：*Transmission success*，*file length* 1024

5. 利用 TFTP 服务器进行操作系统的备份和还原

(1) 实验要求

操作系统的备份与恢复。

(2) 命令参考

R1#copy tftp flash

R1#copy flash tftp

操作步骤：

① 配置 TFTP 的 IP 地址，并保证路由器与 TFTP 是连通的。

② 启动 TFTP 服务器软件。

③ 查找操作系统 IOS 的文件名，在特权模式下输入 show version。找到文件名选择并按 Ctrl+C 键复制。

④ 在特权模式下输入 copy flash tftp。

⑤ 输入 TFTP 服务器的 IP 地址。

⑥ 输入源文件名，即操作系统名称。可通过右击选择"粘贴到主机"命令将第二步复制的文件粘贴到光标处。

⑦ 输入目标文件名，直接回车则与源文件名相同。建议这样做，因为 IOS 名称每一部分都有特定含义。

⑧ 备份开始，如果出现惊叹号，则说明备份正常。最后检查 TFTP 上是否有备份的系统即可。

(3) 配置参考

> Router0# **copy flash tftp**
> *Source filename []?* **rgnos.bin**
> *Address or name of remote host []?* **172.16.1.2**
> *Destination filename [rgnos.bin]?*
> *Accessing tftp*://172.16.1.2/*rgnos.bin*…
> !!
> !!
> !!
> !!
> !!!

```
Success：Transmission success，file length 5544696
R1#
```

```
R1# copy tftp flash
Address or name of remote host []? 172.16.1.2
Source filename []? rgnos.bin
Destination filename [rgnos.bin]?
Accessing tftp：//172.16.1.2/rgnos.bin...
!!!!!!!!!!!!!!!!!!!!!!!!!!!!!!!!!!!!!!!!!!!!!!!!!!!!!!!!!!!!!!!!!!!!!!!!
!!!!!!!!!!!!!!!!!!!!!!!!!!!!!!!!!!!!!!!!!!!!!!!!!!!!!!!!!!!!!!!!!!!!!!!!
!!!!!!!!!!!!!!!!!!!!!!!!!!!!!!!!!!!!!!!!!!!!!!!!!!!!!!!!!!!!!!!!!!!!!!!!
!!!!!!!!!!!!!!!!!!!!!!!!!!!!!!!!!!!!!!!!!!!!!!!!!!!!!!!!!!!!!!!!!!!!!!!!
!!!!!!!!!!!!!!!!!!!!!!!!!!!!!!!!!!!!!!!!!!!!!
Write file to flash successfully!

Success：Transmission success，file length 5544696
R1#
```

6. 利用 ROM 方式重写路由器操作系统

(1) 实验要求

当路由器操作系统丢失后，能够利用 ROM 方式重写路由器操作系统。

(2) 操作步骤

① 将新的路由器操作系统版本放到 TFTP 服务器所在目录下。

② 超级终端下调整 COM 口属性。

③ 在超级终端上，同时按下 Ctrl+C，然后路由器加电，进入监控模式。出现如下菜单。

```
Main Menu：

   1. TFTP Download & Run
   2. TFTP Download & Write Into File
   3. X-Modem Download & Run
   4. X-Modem Download & Write Into File
   5. List Active Files
   6. List Deleted Files
   7. Run A File
   8. Delete A File
   9. Rename A File
   a. Squeeze File System
   b. Format File System
```

c. Other Utilities
d. hardware test

Please select an item:
Please select an item:

④ 输入 2

Please select an item:2

⑤ 根据提示输入操作系统文件名、本地 IP、TFTP 服务器的 IP 地址等信息。如图 2-16-2 所示。

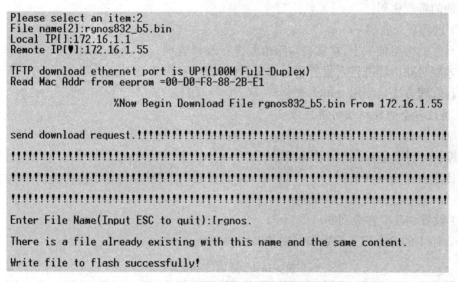

图 2-16-2　重写路由器操作系统

第二部分　路由器的密码维护

一、实验目的

（1）掌握路由器不同类型密码的设置方法；
（2）掌握路由器密码恢复的方法。

二、预备知识

1. 路由器密码的种类

(1) 登录密码

用户进入用户模式必须提供的密码,这是进入路由器的第一道关卡。

(2) 特权密码

用户进行特权模式必须提供的密码,这个密码对整个系统的安全非常重要。用户一旦获取该密码,路由器的安全性将受到严重的威胁。该密码可以为加密的密码,也可以是不加密的密码,建议使用加密密码,这样即使其他用户获取到路由器的配置文件,也不能获取路由器正确的特权密码。

(3) 远程登录密码

在日常的网络维护中,常常要对路由器进行远程管理。必须正确设置路由器的远程登录密码才能对路由器进行远程管理。如果不设置密码,将无法对路由器进行远程管理。常用的远程管理方法是使用 telnet 命令。

2. 通过命令的授权控制用户访问

控制网络上的终端访问路由器的一个简单办法,就是使用口令保护和划分特权级别。口令可以控制对网络设备的访问,特权级别可以在用户登录成功后,控制其可以使用的命令。

锐捷路由器的用户级别为 0 至 15,level1 是普通用户级别,如果不指明用户的级别则缺省为 15 级,缺省没有设置任何级别的口令。

(1) 设置和改变各级别的口令

表 2-16-1 的命令用于设置和改变各级别的口令。

表 2-16-1 级别口令设置

命 令	目 的
Ruijie(config)# **enable password** [**level** *level*] {*password* | *encryption-type encrypted-password*}	设置静态口令。目前只能设置 15 级用户的口令,并且只能在未设置安全口令的情况下有效。 如果设置非 15 级的口令,系统将会给出一个提示,并自动转为安全口令。 如果设置的 15 级静态口令和 15 级安全口令完全相同,系统将会给出一个警告信息。
Ruijie(config)# **enable secret** [**level** *level*] {*encryption-type encrypted-password*}	设置安全口令,功能与静态口令相同,但使用了更好的口令加密算法。为了安全起见,建议使用安全口令。
Ruijie# **enable** [*level*] 和 Ruijie# **disable** [level]	切换用户级别,从权限较低的级别切换到权限较高的级别需要输入相应级别的口令。

在设置口令中,如果使用带 level 关键字时,则为指定特权级别定义口令。设置了特权级别的口令后,给定的口令只适用于那些需要访问该级别的用户。

(2) 用户自定义命令级别

在缺省情况下,系统只有两个受口令保护的授权级别:普通用户级别(1 级)和特权用户级别(15 级)。但是用户可以为每个模式的命令划分 16 个授权级别。通过给不同的级别设置口令,就可以通过不同的授权级别使用不同的命令集合。

在特权用户级别口令没有设置的情况下,进入特权级别亦不需要口令校验。为了安全起见,最好为特权用户级别设置口令。

管理员可以把某些命令的权限级别从 15 降至 2 到 14 中的某个级别,并对这个级别设置 enable 密码,拥有该级别的密码的用户将可以执行该级别及该级别以下的命令。

特权级进入全局配置模式

Router0(config)#privilege exec all level 2 clear　　//把所有 clear 命令及子命令权限级别改为 2

Router0(config)#enable secret level 2 ruijie　　//把级别 2 的使能密码设为 ruijie

通过 show privilege 查看当前的权限级别。

三、实验环境及拓扑结构

(1) PC 机一台;

(2) RG-R1762 路由器两台。

实验拓扑如图 2-16-1 所示。

四、实验内容

1. 设备连接

按图 2-16-1 所示的拓扑结构连接好相应的设备。

使用 DB9-RJ45 线缆将 PC0 的 COM 口和 Router0 的 Console 口连接。V.35 线缆连接 Router0 和 Router1 的 S1/2 口。用直通的网线连接 PC0 的以太网卡和 Router0 的 Fa1/0 口。利用 PC0 的超级终端连接 Router0。根据拓扑图 2-16-1 设置相应端口的 IP 地址。

2. 掌握登录密码、特权密码、Telnet 登录密码的设置

(1) 设置登录密码

```
Router0#conft t
Enter configuration commands, one per line. End with CNTL/Z.
Router0(config)#line con 0
Router0(config-line)#password 123456
```

```
Router0(config-line)#login
Router0(config-line)#exit
```

(2) 设置特权密码

默认 15 级特权用户的密码设置

```
Router0(config)#enable secret 123456    //加密密码
```

或者

```
Router0(config)# enable password 123456
Router0(config)#exit
```

不同级别用户密码设置

命令参考：enable secret [level level] {encryption-type encrypted-password}

说明：level level 口令应用到的交换机的管理级别。可以设置 0 到 15 共 16 个级别，如果不指明级别则缺省为 15 级。

encryption-type：加密类型。0 表示用明文输入口令，5 表示用密文输入口令。

encrypted-password：输入的口令。如果加密类型为 0，则口令是以明文形式输入，如果加密类型为 5，则口令是以密文形式输入。

配置参考：

```
Router0（config）#enable secret level 15 0 12345
Router0（config）#enable secret level 14 0 12345
```

(3) 设置 0~4 个用户可以 telnet 远程登录

```
Router0（conf)line vty 0 4
Router0（conf-line)#login
Router0（conf-line)#password 123456    //以 123456 为远程登录的用户密码
```

退出路由器用户模式，重新进入不同配置模式，检验配置效果。

3. 路由器的本地 Telnet 登录设置

设置 PC0 IP 为 172.16.1.2，netmask 为 255.255.255.0，gate-way 为 172.16.1.1。注意：网关地址是路由器本地以太网端口地址。

在 PC0 的 DOS 窗口中输入：

telnet 172.16.1.1

进入 telnet 远程登录界面

password：**123456**

Router0>**en**

password：**123456**

Router0#

接下来和超级终端连接方式下配置一样。

4. 设置命令的使用级别

(1) 实验要求

设置第 10 级用户可以使用 show run 命令。

(2) 命令参考

privilege mode [all] {level level | reset} command-string

mode：命令的模式，configure 表示全局配置模式；exec 表示特权命令模式，interface 表示接口配置模式等等。

[all]：将指定命令的所有子命令的权限，变为相同的权限级别。

level：授权级别，范围从 0 到 15。level1 是普通用户级别，level 15 是特权用户级别，在各用户级别间切换可以使用 enablevel 命令。

reset：将命令的执行权限恢复为默认级别。

command：要授权的命令。

(3) 配置参考

```
Router0(config)#enable secret level 10 0 123
Router0 (config)#^Z
Router0#exit
Press RETURN to get started!
Router0>enable 10
Password：
Router0#show run
               ^
% Invalid input detected at '^' marker.
Router0#exit
Press RETURN to get started!
Router0>enable
Password：
Router0#configure terminal
Router0 (config)#privilege exec level 10 show run
Router0 (config)#^Z
Router0#exit
Press RETURN to get started!
Router0>enable 10
Password：
Router0#show run
```

5. 路由器密码丢失的处理方法

(1) 实验要求

路由器密码忘记,要求破解密码。

(2) 命令参考

基本思想是进入 ROM 监控模式,去除保存密码配置信息。

(3) 配置参考

准备一台运行超级终端程序的 PC。

将 PC 的串口和路由器的控制口用配套的控制线连接。

超级终端上同时按下 Ctrl+C,然后重启路由器,使路由器进入 ROM 模式,出现以下菜单。

具体如下:

```
R1>
Boot Program for 1700,Version 03.03,Rev 00,Compiled 2006-1-9.
Copyright (c) 1999-2006 by Red-Giant Network co.,Ltd.
RG1700 processor with 64 mbytes of main memory
CPM Revision Num = 0x00E1
Parallel FLASH ID:017E1000 , Size 1024 kbytes
Parallel FLASH ID(bank1):017E1000
    Size :7104 KB

The wired nand flash checking!

Main Menu:

    1. TFTP Download & Run
    2. TFTP Download & Write Into File
    3. X-Modem Download & Run
    4. X-Modem Download & Write Into File
    5. List Active Files
    6. List Deleted Files
    7. Run A File
    8. Delete A File
    9. Rename A File
    a. Squeeze File System
    b. Format File System
    c. Other Utilities
```

实验 2.16 路由器系统维护

    d. hardware test

Please select an item:
Please select an item:5
show all Active files information in flash!
    filename   filesize   filebaseaddress   filecrc   time
    rgnos.bin   5544696   0xff810548   0x261b332c   2007-02-26 00:49:34
    config.bak   515   0xffd68208   0x58323331   2007-06-02 09:02:12
    config.text   899   0xffd6a198   0xaf85b1ed   2009-01-22 12:56:53
//选择菜单选项 5，列出 flash 上的所有文件
//其中配置文件名是 config.text

Please press any key to continue.
Main Menu:
  1. TFTP Download & Run
  2. TFTP Download & Write Into File
  3. X-Modem Download & Run
  4. X-Modem Download & Write Into File
  5. List Active Files
  6. List Deleted Files
  7. Run A File
  8. Delete A File
  9. Rename A File
  a. Squeeze File System
  b. Format File System
  c. Other Utilities
  d. hardware test
Please select an item:9
Old file name input.
Enter File Name(Input ESC to quit):config.text
New file name input.
Enter File Name(Input ESC to quit):config.bakk
The date must be number!
The date must be number!
Write file to flash:!!
Write file to flash successfully!
Rename successfully!
//选择菜单选项 9，进行文件名修改操作
//把缺省的配置文件 config.text 改名称为 config.bakk

Main Menu:

1. TFTP Download & Run
2. TFTP Download & Write Into File
3. X-Modem Download & Run
4. X-Modem Download & Write Into File
5. List Active Files
6. List Deleted Files
7. Run A File
8. Delete A File
9. Rename A File
a. Squeeze File System
b. Format File System
c. Other Utilities
d. hardware test

Please select an item: 5
show all Active files information in flash!

filename	filesize	filebaseaddress	filecrc	time
rgnos.bin	5544696	0xff810548	0x261b332c	2007-02-26 00:49:34
config.bak	515	0xffd68208	0x58323331	2007-06-02 09:02:12
config.bakk	899	0xffd6a588	0xaf85b1ed	2006-01-01 00:00:00

//此时 **config.text** 文件名已改为 **config.bakk**,
//路由器找不到配置文件 **config.text**,
//就会以默认配置运行路由器,
//这样就避开了原先配置的用户口令

Please press any key to continue.

重新启动路由器

Red-Giant>**en**
Red-Giant#**dir**
Directory of flash:/
    3   an   5544696 0x261b332c Feb 26 2007 00:49:34 rgnos.bin
  99   an   515 0x58323331 Jun 2 2007 09:02:12 config.bak
 113   an   899 0xaf85b1ed Jan 1 2006 00:00:00 config.bakk
Total space for basic flash is 7274496 bytes(1660648 bytes free)
//通过该命令,查看路由器上 **flash** 上的所有文件,其中
// **config.bakk** 是需要恢复的配置文件
Red-Giant#
Red-Giant#**rename config.bakk config.text**

实验 2.16 路由器系统维护

```
Write file to flash: !
Write file to flash successfully!
rename file config. bakk successfully!
//通过该命令,把备份的配置文件 config. bakk 改名为默认的配置文件 config. text
```

```
Red-Giant#copy tftp flash
Address or name of remote host []? 172.16.1.2
Source filename []? rgnos.bin
Destination filename [rgnos.bin]?
Accessing tftp://172.16.1.2/rgnos.bin…
!!!!!!!!!!!!!!!!!!!!!!!!!!!!!!!!!!!!!!!!!!!!!!!!!!!!!!!!!!!!!!!!!!!!!!!!
!!!!!!!!!!!!!!!!!!!!!!!!!!!!!!!!!!!!!!!!!!!!!!!!!!!!!!!!!!!!!!!!!!!!!!!!
!!!!!!!!!!!!!!!!!!!!!!!!!!!!!!!!!!!!!!!!!!!!!!!!!!!!!!!!!!!!!!!!!!!!!!!!
!!!!!!!!!!!!!!!!!!!!!!!!!!!!!!!!!!!!!!!!!!!!!!!!!!!!!!!!!!!!!!!!!!!!!!!!
!!!!!!!!!!!!!!!!!!!!!!!!!!!!!!!!!!!!!!!!!!!!!!!!!!
Write file to flash successfully!
Success: Transmission success, file length 5544696
//恢复原来备份的配置。
//重新设置需要的密码。
```

五、实验注意事项

(1) 不同的路由器型号,采用 ROM 方式升级的方法也不同。

(2) TFTP 服务器要和处理的路由器之间能够 ping 通。

(3) 路由器基本配置的很多命令和交换机基本配置命令相似,可以借鉴交换机部分相关配置。

(4) 进入 ROM 模式时,先同时按下 Ctrl+C,然后重启路由器。

六、拓展训练

(1) 掌握 Debug 命令的使用。

(2) 掌握网络通信检测工具的使用。

习 题

1. 查阅 Cisco 路由器操作系统重写的方法。
2. 查阅 Cisco 路由器密码恢复的方法。

第三章 无线局域网配置与管理

实验 3.1 构建自组网(Ad-Hoc)模式无线网络

一、实验目的

(1) 了解无线自组织网络(Ad-Hoc)的概念及原理；
(2) 掌握无线自组织网络(Ad-Hoc)的构建方法。

二、预备知识

无线自组织网络是最简单的无线局域网结构，由一组具有无线接口的计算机组成，没有 AP 设备，也称对等网络或 Ad-Hoc 网络。自组网络用于一台无线工作站(STA，Station)和另一台或多台其他无线工作站的直接通讯，该网络无法接入有线网络中，只能独立使用。一个对等网络覆盖的服务区称 IBSS，自组网络的计算机要有相同的工作组名、SSID 和密码。

对等网络组网灵活，任何时间，只要两个或更多的无线接口互相都在彼此的范围之内，它们就可以建立一个独立的网络。网络中的一个节点必需能同时"看"到网络中的其他节点，否则就认为网络中断，因此对等网络只能用于少数用户的组网环境，比如 4 至 8 个用户，并且他们离得足够近。由于省去了无线接入点，自组网模式无线网络的架设过程较为简单，但是传输距离相当有限，这种模式比较适合满足一些临时性的计算机之间的无线互联需求。

三、实验环境及拓扑结构

(1) PC 机两台；
(2) RG-WG54U(802.11g 无线局域网外置 USB 网卡，2 块)。
实验拓扑如图 3-1-1 所示。

图 3-1-1 无线自组网(Ad-Hoc)模式实验拓扑

四、实验内容

1. 安装网卡及驱动

（1）把 RG-WG54U 适配器插入到计算机空闲的 USB 端口，系统会自动搜索到新硬件，并且提示安装设备的驱动程序。

（2）选择"从列表或指定位置安装"并插入驱动光盘或软盘，选择驱动所在的相应位置（软驱或者指定的位置），然后再点击"下一步"按钮。

（3）计算机将会找到设备的驱动程序，按照屏幕指示安装 54 Mbit/s 无线 USB 适配器，再点击"下一步"按钮。

（4）点击"完成"结束安装。屏幕的右下角出现无线网络连接图标，当前没有连接到无线网络，所以在图标下方有一个红色的叉。正常连接上则显示没有红叉的图标。如图 3-1-2 所示。

（5）安装客户端软件 IEEE 802.11g Wireless LAN Utility(软件在设备配套光盘)。屏幕右下角会出现包括速率和信号强度的图标，当前由于没有连接上，所以显示为红色的叹号和红色信号强度线。正常连接上以后图标变为蓝色的信号强度线。如图 3-1-2 所示。

图 3-1-2　无线网络未连接图标

2. 无线自组网（Ad-Hoc）构建

（1）实验要求

将 STA1 和 STA2 组建成无线自组网。

（2）配置参考

① 采用 Windows 自带的无线网络配置来配置连接。STA1 和 STA2 上做同样的操作。

右击网上邻居→属性→选择所设置的无线网卡→右键→选择属性，如图 3-1-3 所示。

在弹出的界面中，如图 3-1-4 所示，选择"无线网络配置"选项卡→选择"高级"→弹出的界面中，将模式设置为"仅计算机到计算机"。

点击"关闭"返回到"无线网络配置"一栏中，点击"添加"按钮，弹出如图 3-1-5 所示界面，来添加一个可用网络。

- SSID 自由定义（支持中文，限 32 个字节）。
- 数据加密：不设密码则选择"已禁用"。
- 所有设置均要确认方可生效。

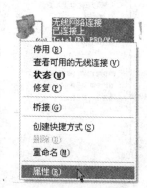

图 3-1-3　无线网络连接属性

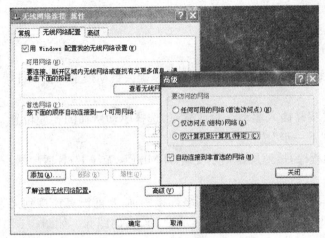
图 3-1-4 设置计算机到计算机模式

图 3-1-5 添加可用网络

最后设置无线网卡的 IP 地址,右击网上邻居→属性→选择所设置的无线网卡→右键→选择属性,在常规选项卡中点击 TCP/IP 协议属性,设置 STA1 的 IP 地址为 192.168.1.20,STA2 的 IP 地址为 192.168.1.21。子网掩码都为 255.255.255.0。确定后完成配置。如图 3-1-6 所示。

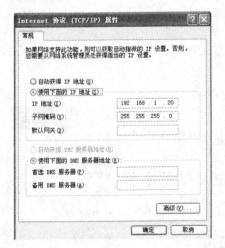

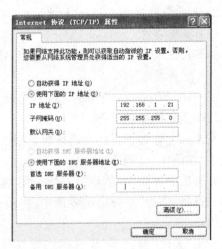

图 3-1-6 STA1 和 STA2 IP 地址配置

设置完毕后,可双击"无线网络连接"(或者双击屏幕右下角无线网卡图标),查看可用的无线网络,如图 3-1-7 所示。注意 Ad-Hoc 模式的图标与带 AP 图标的区别。

选择刚刚所创建的 Ad-Hoc 网络,点击连接按钮即可看到,桌面右下角的无线网络连接的图标变成活动状态,如图 3-1-8 所示,这时即可通过组建的无线自组网来实现 STA1 和

STA2 之间的通信。

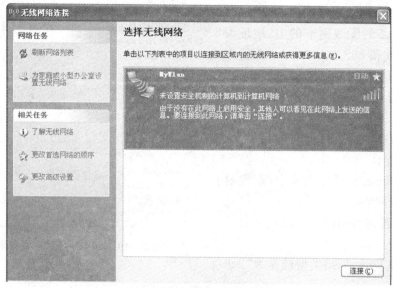

图 3-1-7 选择无线网络窗口

图 3-1-8 无线自组网正常连接后图标状态

在 STA1 上通过 ping 192.168.1.21 命令来测试无线自组网中 STA1 和 STA2 的连通情况。测试结果如图 3-1-9 所示。

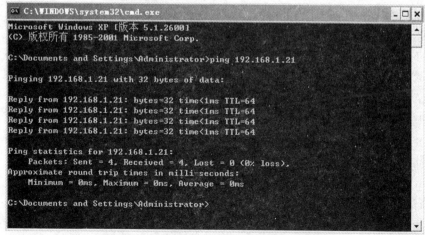

图 3-1-9 无线网络 Ad-Hoc 模式测试结果图

② 通过锐捷客户端软件 IEEE 802.11g Wireless LAN Utility 来配置。

【第一步】 插上无线网卡,分别配置 STA1 和 STA2 的无线网卡的 IP 地址为 192.168.1.20 和 192.168.1.21。配置方法如图 3-1-6 所示。

【第二步】 在 STA1 端启动客户端软件 IEEE 802.11g Wireless LAN Utility,双击桌面右下角图标,打开软件主界面。如图 3-1-10 所示。

在"Configuration"选项卡中,配置自组网模式无线网络,

SSID:配置自组网模式无线网络名称(如"abhoc1")。

Network Type:网络类型选择为"Ad-Hoc"。

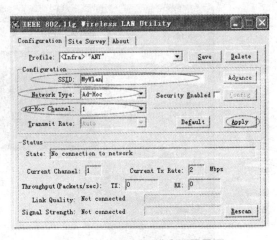

图 3-1-10 Ad-Hoc 模式配置界面

Ad-Hoc1 Channel:选择自组网模式无线网络工作信道(如"1")。

单击"Apply"按钮应用设置,至此完成对测试计算机 STA1 的配置。

【第三步】 在 STA2 上启动客户端软件 IEEE 802.11g Wireless LAN Utility 做同样的设置,即 SSID、Ad-Hoc Channel 项与 STA1 保持一致,同时 Network Type 选择为"Ad-Hoc",单击"Apply"完成配置。

【第四步】 测试。此时 STA1 和 STA2 均可以看到无线网络连接状态为"已连接上",如图 3-1-8 所示。在测试计算机 STA1 和测试计算机 STA2 的 IEEE 802.11g Wireless LAN Utility 中可以看到如下信息,如图 3-1-11 所示。

State:<Ad-Hoc>－adhoc1－[STA1 MAC 地址]

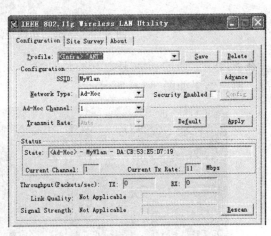

图 3-1-11 在 Wireless LAN Utility 中查看配置信息

Current Channel:自组网(Ad-hoc)模式无线网络信道

【第五步】 在 STA1 上通过 Ping 命令来测试连通性,结果如图 3-1-9 所示。

五、实验注意事项

（1）两台移动设备的无线网卡的 SSID 必须为一致。

（2）RG-WG54U 无线网卡默认的信道为 1，如遇其他系列网卡，则要根据实际情况调整无线网卡的信道，使多块无线网卡的信道一致。

（3）注意两块无线网卡的 IP 地址设置为同一网段。

（4）无线网卡通过 Ad-Hoc 方式互联，对两块网卡的距离有限制，工作环境下一般不建议超过 10 m。

六、拓展训练

多台设备间无线自组网的实现。

1. 无线网络常见的组建模式有哪几种？各有什么特点？
2. 无线网络常见的标准有哪些？
3. 请用三台计算机通过无线网卡构建无线自组网。

实验 3.2 构建基础结构(Infrastructure)模式无线网络

一、实验目的

(1) 了解基础结构(Infrastructure)模式网络的概念及原理;
(2) 掌握基础结构(Infrastructure)模式网络的构建方法。

二、预备知识

基础结构模式无线网络也称为"有中心网络"或"结构化网络"。它由无线访问节点(AP)、无线工作站(STA)以及分布式系统(DSS)构成,覆盖的区域称基本服务区(BSS)。其中无线访问点也称无线 AP 或无线 Hub,用于在无线工作站和有线网络之间接收、缓存和转发数据。所有的无线通信都由 AP 来处理及完成,实现从有线网络向无线终端的连接。AP 的覆盖半径通常能达到几百米,能同时支持几十至几百个用户。

"有中心网络"有着极为广泛的应用环境,一般的终端无线用户都需要采用这种方式接入网络之中。例如在学校图书馆的阅览室和自习室是学生课外来得最多的地方,组建了无线局域网,学生们就可以通过自带的笔记本电脑,上网查询所需资料。无线局域网的组建给学习、交流、娱乐带来了极大的便利和实惠。无线移动办公更是适应企业的发展,使工作更加方便快捷。

三、实验环境及拓扑结构

(1) PC 机两台;
(2) RG-WG54U(802.11g 无线局域网外置USB 网卡,2 块);
(3) RG-WG54P(802.11g无线AP,1 台)。
实验拓扑如图 3-2-1 所示。

图 3-2-1 基础结构模式无线网络拓扑

四、实验内容

1. 安装网卡及驱动

(1) 实验要求
安装 RG-WG54U 无线网卡。
(2) 配置参考

实验 3.2 构建基础结构(Infrastructure)模式无线网络

【第一步】 把 RG-WG54U 适配器插入到计算机空闲的 USB 端口,系统会自动搜索到新硬件并且提示安装设备的驱动程序。

【第二步】 选择"从列表或指定位置安装"并插入驱动光盘或软盘,选择驱动所在的相应位置(软驱或者指定的位置),然后再点击"下一步"按钮。

【第三步】 计算机将会找到设备的驱动程序,按照屏幕指示安装 54 Mbit/s 无线 USB 适配器,再点击"下一步"按钮。

【第四步】 点击"完成"结束安装。屏幕的右下角出现无线网络连接图标,当前没有连接到无线网络,所以在图标下方有一个红色的叉。正常连接上则显示没有红叉的图标。如图 3-1-2 所示。

【第五步】 安装客户端软件 IEEE 802.11g Wireless LAN Utility(软件在设备配套光盘)。屏幕右下角会出现包括速率和信号强度的图标,当前由于没有连接上,所以显示为红色的叹号和红色信号强度线。正常连接上以后图标变为蓝色的信号强度线。

2. 配置 RG-WG54P,搭建基础机构模式无线网络

(1) 实验要求

配置 RG-WG54P 无线接入器,创建无线网络名称,并选择信道频段。

(2) 配置参考

【第一步】 实物连接 RG-WG54P,以便通过计算机进行配置。如图 3-2-2 所示。

图 3-2-2 RG-WG54P 实物连接图

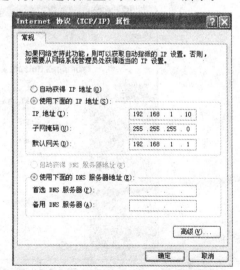

图 3-2-3 管理 PC 机 IP 地址配置图

【第二步】 配置管理 PC 机的 IP 地址。由于 RG-WG54P 的管理地址默认为 192.168.1.1,要是 PC 机能管理该无线接入器,需要把地址配置在 192.168.1.X 段。同时配置网关地址为接入器 AP 的地址。如图 3-2-3 所示,我们使用 192.168.1.10 作为管理 PC 的地址。

【第三步】 登录 RG-WG54P 进行相关配置。在管理 PC 上打开浏览器,在地址栏中输入无线接入器的地址 http://192.168.1.1,回车以后看到登录界面,如图 3-2-4 所示,输入初始密码(default)登录进入配置主页面,如图 3-2-5 所示,起初显示的是一些常规信息。

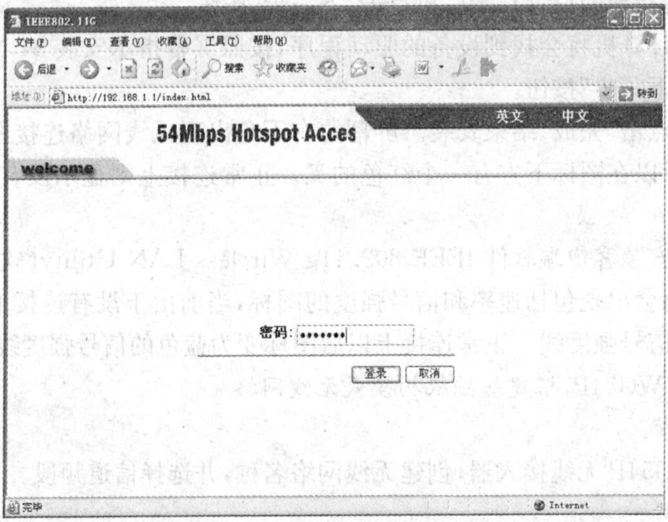

图 3-2-4 RG-WG54P 登录界面

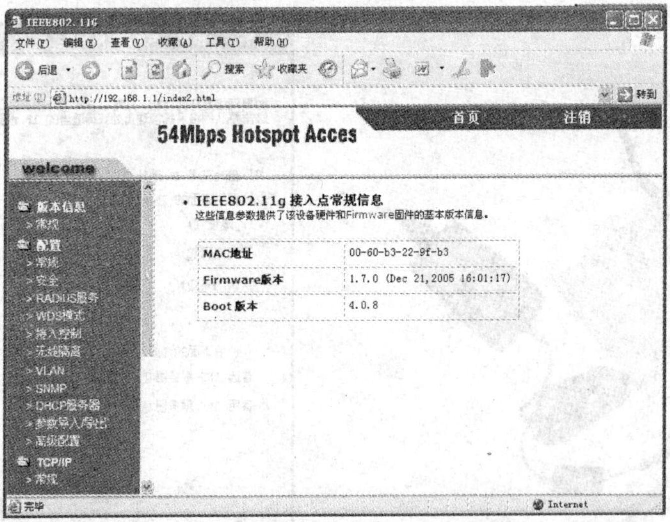

图 3-2-5 RG-WG54P 配置主页面

【第四步】 点击图 3-2-5 所示界面中左侧树形菜单中"配置→常规"菜单,显示如图 3-2-6 所示界面,在常规设置中修改接入点名称为 AP-XG(此名称为任意设置),设置无线模式为 AP,ESSID 为 AP-XGWlan(ESSID 名称可任意设置),信道/频段为 CH 06/2437MHz,模式

实验 3.2 构建基础结构(Infrastructure)模式无线网络

为混合模式(此模式可根据无线网卡类型进行具体设置)。点击"应用"按钮完成配置。

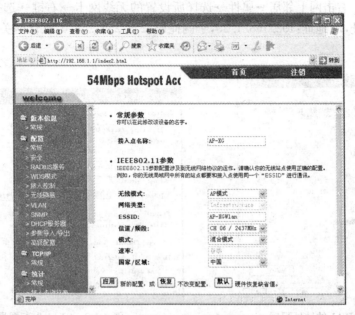

图 3-2-6 RG-WG54P 常规配置界面

【第五步】 使 RG-WG54P 应用新的设置,点击如图 3-2-7 所示界面中"确定"按钮,保存设置并重启无线 AP 使设置生效。

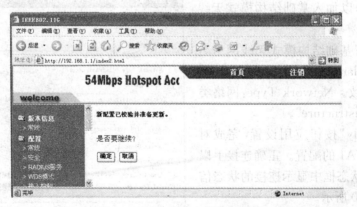

图 3-2-7 保存并应用新设置界面

3. 配置 STA1 和 STA2 加入基础结构模式无线网络
(1) 实验要求
将 STA1 和 STA2 加入到由 RG-WG54P 无线接入器创建的基础结构模式无线网络。

(2) 配置参考

【第一步】 右击网上邻居→属性→选择所设置的无线网卡→右键→选择属性,来配置 STA1 的 IP 地址,IP 地址:192.168.1.20,子网掩码:255.255.255.0,默认网关:192.168.1.1。如图 3-2-8 所示。

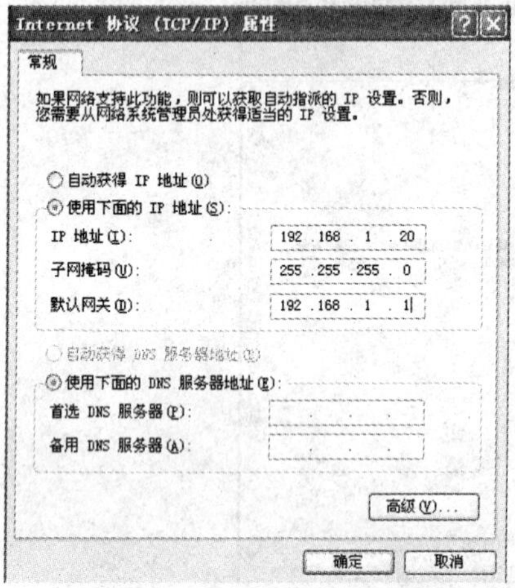

图 3-2-8 STA1 的地址配置

图 3-2-9 STA1 上配置界面

【第二步】 双击桌面右下角任务栏中 IEEE 802.11g Wireless LAN Utility 软件图标,弹出如图 3-2-9 所示界面,在"Configuration"选项卡中配置,以加入基础结构模式无线网络。

SSID:配置基础结构模式无线网络名称为 AP-XGWlan,与无线接入设备 AP 上的配置保持一致。Network Type:网络类型选择为"Infrastructure"。

单击"Apply"按钮应用设置,完成对测试计算机 STA1 的配置。正确连接上以后我们会看到状态框中显示连接的状态信息。如图 3-2-10 所示。

另外,也可以在"Site Survey"选项卡中直接发现所搭建的基础结构模式无线网络,如图 3-2-11 所示,单击"Join"按钮即可加入网络。结果同样如图 3-2-10 所示。

图 3-2-10 STA1 正确加入到基础结构模式网络状态信息

实验 3.2 构建基础结构(Infrastructure)模式无线网络

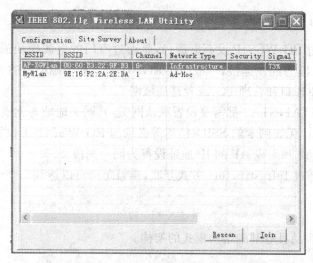

图 3-2-11 Site Survey 选项卡加入基础结构网络

【第三步】 对 STA2 做同样的配置,只需把 IP 地址设置成与 STA1 在一个网段中的地址即可,比如:192.168.1.30。

【第四步】 测试。在 STA1 上通过 ping 命令来测试是否能与 STA2 正常通信。测试结果如图 3-2-12 所示。

图 3-2-12 基础结构模式无线网络测试结果

五、实验注意事项

（1）物理连接时 RG-WG54P 没有电源口，是通过专门的电源模块通过网口来供电的，连线时需要两根 RJ45 直通线连接，一根连接 RG-WG54P 和电源模块的 AP 口，一根连接电源模块的 NETWORK 口和管理 PC，或者是局域网。

（2）管理 PC,STA1,STA2 都需要设置默认网关，其网关地址为无线 AP 的 IP 地址。

（3）RG-WG54U 无线网卡的 SSID、信道等必须与 RG-WG54P 上设置一致。

（4）STA1,STA2 和无线 AP 的 IP 地址设置为同一网段。

（5）无线网卡通过 Infrastructure 方式互联，覆盖距离可以达到 100～300 米。

六、拓展训练

其他主流无线产品具有基础结构模式的架构。

习　题

1. 无线 AP 采用什么技术？简述构建基础结构无线网络的过程。
2. 无线局域网一般适用于哪些环境？
3. 组建一个基础结构模式无线网络，使得多台带无线网卡的计算机可以通过无线 AP 实现无线网络的联通。

实验 3.3 构建无线分布式系统(WDS)模式无线网络

一、实验目的

(1) 理解无线分布式系统模式无线网络的概念及工作原理；
(2) 掌握无线分布式系统模式无线网络的构建方法。

二、预备知识

无线分布式系统(Wireless Distribution System，WDS)是一个在 IEEE 802.11 网络中多个无线访问点通过无线互连的系统。它允许将无线网络通过多个访问点进行扩展。

无线分布式系统可分为无线桥接与无线中继两种不同的应用。无线桥接的目的是为了连接两个不同的 BSS 网络，桥接两端的 AP 通常只与对端 AP 通信，而不接受其他无线设备的连接，比如个人计算机；而无线中继的目的则是为了扩大同一区域无线网络的覆盖范围，中继用的 AP 在与对端 AP 通信的同时也接受其他无线设备的连接。

三、实验环境及拓扑结构

(1) PC 机两台；
(2) RG-WG54U(802.11g 无线局域网外置 USB 网卡，2 块)；
(3) RG-WG54P(802.11g 无线局域网接入器，2 台)。

实验拓扑如图 3-3-1 所示。

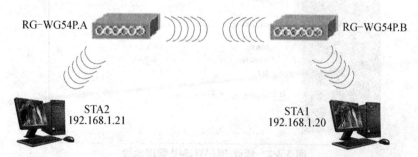

图 3-3-1 无线分布式系统无线网络拓扑

四、实验内容

1. 配置 RG-WG54P，搭建无线分布式系统无线网络结构

（1）实验要求

配置两个 RG-WG54P 无线接入器，构建分布式系统无线网络。

（2）配置参考

【第一步】 用管理机实物连接 RG-WG54P 无线接入器 B，如图 3-2-2 所示，配置管理机 IP 地址为 192.168.1.10，如图 3-2-3 所示。在管理 PC 上打开浏览器，在地址栏中输入无线接入器的地址 http://192.168.1.1，登录到无线接入器 B。输入初始密码（default）进入配置主页面，如图 3-2-5 所示，在初始页面中查看到无线接入器 B 的 MAC 地址（也可点击左侧树形目录的"版本信息→常规"来查看）。记录下 MAC 地址，如：00-60-b3-22-9f-b3。

【第二步】 用同样方法连接 RG-WG54P 无线接入器 A，通过管理机登录进入。记录 MAC 地址，如：00-60-b3-22-97-c7。

【第三步】 修改 RG-WG54P 无线接入器 A 的管理地址。因为两台无线接入器在一个网络中，所以地址不能重复，需要修改其中一台的地址。点击左侧目录"TCP/IP→常规"，如图 3-3-2 所示。修改 IP 地址为 192.168.1.2。点击"应用"。地址更改后，设备重新连接，此时登录设备的地址就变成了 192.168.1.2。重新输入密码：default 登录。

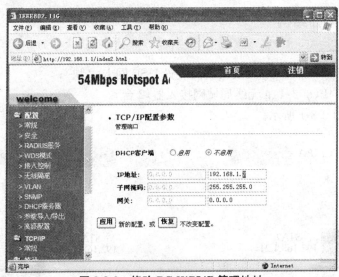

图 3-3-2　修改 RG-WG54P 管理地址

【第四步】 配置无线接入设备 AP（RG-WG54P.A），搭建无线分布式系统模式无线网络。首先，点击"配置→常规"，配置 IEEE 802.11 参数。

ESSID：配置无线网络名称（如"WDSWlan"）。

信道/频段:选择无线网络工作信道(如"CH06/2437MHz")。

如图 3-3-3 所示,单击"应用"按钮,无线 AP 重新启动。

图 3-3-3　配置无线接入设备 802.11 参数

其次,点击"配置→WDS 模式",配置 WDS 模式的相关参数,勾选"手动"方式。

Remote MAC 地址 1:输入对端 AP,即无线接入设备 AP(RG-WG54P.B)的 MAC 地址 00-60-b3-22-9f-b3。单击"应用"按钮,如图 3-3-4 所示。

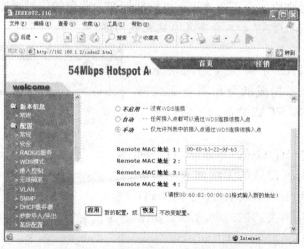

图 3-3-4　配置无线接入设备 WDS 模式

【第五步】 采用【第四步】同样的方法来配置第二块无线接入器。首先连接好 RG-WG54P.B,登录以后配置 IEEE 802.11 参数,ESSID:配置无线网络名称(如"WDSWlan2")信道/频段:选择无线网络工作信道,此处配置需要与 RG-WG54P.A 保持一致,如 H06/

2437MHz。配置 WDS 模式的相关参数，勾选"手动"方式。Remote MAC 地址 1：输入对端 AP，即无线接入设备 AP(RG-WG54P.A)的 MAC 地址 00-60-b3-22-97-c7。

这样无线分布式系统无线网络搭建完成。

2. 安装网卡及驱动

(1) 实验要求

安装 RG-WG54U 无线网卡。

(2) 配置参考

【第一步】 把 RG-WG54U 适配器插入到计算机空闲的 USB 端口，系统会自动搜索到新硬件并且提示安装设备的驱动程序。

【第二步】 选择"从列表或指定位置安装"并插入驱动光盘或软盘，选择驱动所在的相应位置(软驱或者指定的位置)，然后再点击"下一步"按钮。

【第三步】 计算机将会找到设备的驱动程序，按照屏幕指示安装 54 Mbit/s 无线 USB 适配器，再点击"下一步"按钮。

【第四步】 点击"完成"结束安装。屏幕的右下角出现无线网络连接图标，当前没有连接到无线网络，所以在图标下方有一个红色的叉。正常连接上则显示没有红叉的图标。如图 3-1-2 所示。

【第五步】 安装客户端软件 IEEE 802.11g Wireless LAN Utility(软件在设备配套光盘)。屏幕右下角会出现包括速率和信号强度的图标，当前由于没有连接上，所以显示为红色的叹号和红色信号强度线。正常连接上以后图标变为蓝色的信号强度线。

3. 配置 STA1 和 STA2 加入分布式系统无线网络

(1) 实验要求

将 STA1 和 STA2 分别加入到两块 RG-WG54P 无线接入器所构成的分布式系统无线网络，并且实现 STA1 和 STA2 之间的通信。

(2) 配置参考

【第一步】 配置 STA1 的 IP 地址，右击网上邻居→属性→选择所设置的无线网卡→右键→选择属性，IP 地址：192.168.1.20，子网掩码：255.255.255.0，默认网关：192.168.1.1。如图 3-3-5 所示。

【第二步】 双击桌面右下角任务栏中 IEEE 802.11g Wireless LAN Utility 软件图标，弹出如图 3-3-6 所示界面，在"Site Survery"选项卡中可以看到由两个 AP 所搭建的分布式系统无线

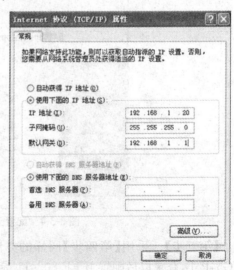

图 3-3-5 STA1 的地址配置

网络,选择"WDSWlan2"网络,点击"Join"加入到该网络中。注意,无线网卡所设置的网关地址,与你所加入的 AP 的地址一致。

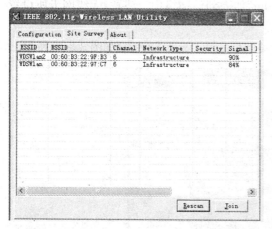 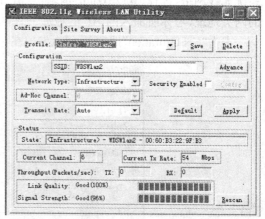

图 3-3-6　STA1 加入 RG-WG54P.B 的无线网络　　图 3-3-7　STA1 正确加入到分布式系统无线网络状态信息

点击"Configuration"选项卡,可以发现在相关的信息栏中显示 STA1。如图 3-3-7 所示。

【第三步】 配置 STA2 的 IP 地址,右击网上邻居→属性→选择所设置的无线网卡→右键→选择属性,IP 地址:192.168.1.21,子网掩码:255.255.255.0,默认网关:192.168.1.2。如图 3-3-8 所示。

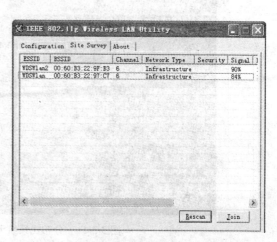

图 3-3-8　STA2 的地址配置　　　　　图 3-3-9　STA2 加入 RG-WG54P.A 的无线网络

【第四步】双击桌面右下角任务栏中 IEEE 802.11g Wireless LAN Utility 软件图标,弹出如图 3-3-9 所示界面,在"Site Survery"选项卡中可以看到由两个 AP 所搭建的分布式系统无线网络,选择"WDSWlan"网络,点击"Join"加入到该网络中。注意,无线网卡所设置的网关地址,与你所加入的 AP 的地址一致。

点击"Configuration"选项卡,可以发现在相关的信息栏中显示STA2。如图 3-3-10 所示。

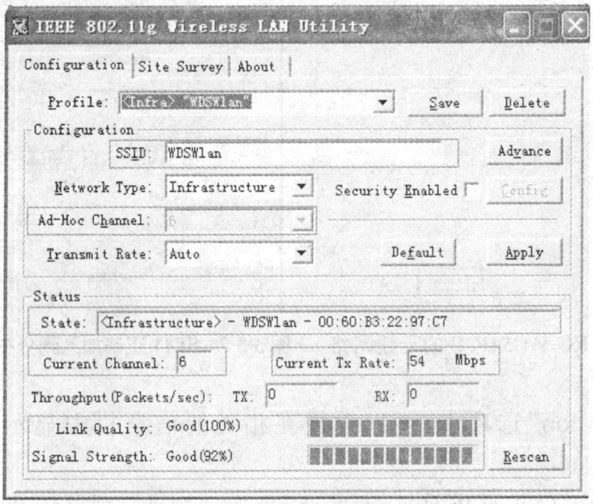

图 3-3-10　STA2 正确加入到分布式系统无线网络状态信息

【第五步】测试。在STA1 上通过 ping 命令来测试是否能与 STA2 正常通信。测试结果如图 3-3-11 所示。

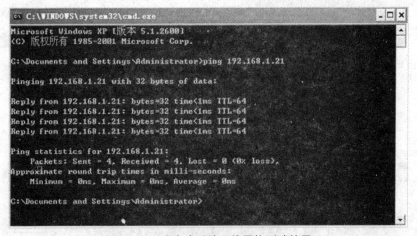

图 3-3-11　分布式系统无线网络测试结果

五、实验注意事项

（1）物理连接时 RG-WG54P 没有电源口，是通过专门的电源模块通过网口来供电的，连线时需要两根直通线连接，一根连接 RG-WG54P 和电源模块的 AP 口，一根连接电源模块的 NETWORK 口和管理 PC，或者是局域网。

（2）管理 PC、STA1、STA2 都需要设置默认网关，其网关地址为无线 AP 的 IP 地址。

（3）保证无线接入设备 AP(RG-WG54P. A)和(RG-WG54P. B)工作信道相同。

（4）保证无线接入设备 AP(RG-WG54P. A)和(RG-WG54P. B)正确指定了对端 MAC 地址

六、拓展训练

其他主流无线产品分布式系统的架构。

1. 什么是基本服务区？什么是扩展服务区？
2. 多个无线 AP 组建扩展服务区是怎么通信的？
3. 通过三个无线 AP 建立一个分布式无线系统，实现大范围无线网络的联通。

实验 3.4　无线网络安全配置

一、实验目的

（1）理解 SSID 隐藏、MAC 地址过滤、WEP 加密的含义及使用场合；
（2）掌握无线网络 SSID 隐藏配置方法；
（3）掌握 MAC 地址过滤配置方法；
（4）掌握 WEP 加密配置方法。

二、预备知识

SSID 用来区分不同的无线网络，最多可以有 32 个字符，无线网卡通过不同的 SSID 可以进入不同的无线网络。SSID 通常由无线接入设备 AP 广播出来，通过无线客户端可以查看当前区域可用的无线网络。出于安全考虑可以不广播 SSID，此时无线客户端就要手动设置 SSID 才能进入相应的网络。简单地说，SSID 就是一个无线局域网的名称，只有设置了相同 SSID 值的无线客户端才能进入网络。

MAC 地址，即网卡的物理地址，也称作硬件地址或链路地址，这是网卡自身的唯一标识。MAC 地址过滤功能可以定义哪些 MAC 地址接入一个无线网络系统，哪些被拒绝接入，这样就能达到访问控制的目的，避免非法用户随意接入网络，窃取资源。

WEP 加密采用静态密钥技术，各客户机使用相同的密钥访问无线网络。共享密钥长度为 40 bit 或 104 bit，加上 24 bit 明文传输的初始向量（Intialized Vector），提供 64 bit 或 128 bit 的加密服务。

三、实验环境及拓扑结构

（1）PC 机两台；
（2）RG-WG54U（802.11g 无线局域网外置 USB 网卡，2 块）；
（3）RG-WG54P（802.11g 无线局域网接入器，1 台）。
实验拓扑如图 3-4-1 所示。

图 3-4-1　无线网络配置拓扑

四、实验内容

1. 无线网络 SSID 隐藏技术

（1）实验要求

配置 RG-WG54P 无线接入器，隐藏 SSID，只有获得正确 SSID 的站点可以访问网络。

（2）配置参考

【第一步】 用管理机实物连接 RG-WG54P 无线接入器，如图 3-2-2 所示，配置管理机 IP 地址为 192.168.1.10，如图 3-2-3 所示。在管理 PC 上打开浏览器，在地址栏中输入无线接入器的地址 http://192.168.1.1，登录到无线接入器。输入初始密码（default）进入配置主页面，如图 3-2-5 所示，

【第二步】 点击图 3-2-5 所示界面中左侧树形菜单中"配置→常规"菜单，显示如图 3-4-2 所示界面，设置无线模式为 AP，ESSID 为 YCIDWlan，信道/频段为 CH 06/2437MHz，模式为混合模式。这样将无线接入器配置成基础结构模式无线网络。点击"应用"按钮完成配置。

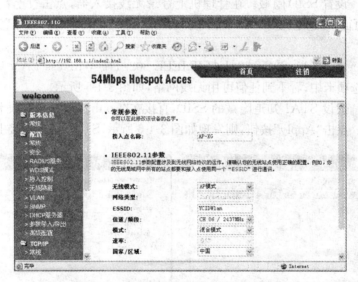

图 3-4-2　设置无线接入器为基础结构模式

【第三步】 分别在 STA1 和 STA2 插上 RG-WG54U 无线网卡，并安装驱动程序，安装 IEEE 802.11g Wireless LAN Utility 软件。分别配置 STA1 的 IP 地址为：192.168.1.20，STA2 的 IP 地址为：192.168.1.21。

【第四步】 启动 IEEE 802.11g Wireless LAN Utility 软件，在"Site Survey"选项卡中，可以看到列表中能显示一个可用的无线网络。ESSID 为 YCIDWlan。此时任何看到的用户

都可以选择,然后点击"Join"按钮,加入到该无线网络中。如图 3-4-3 所示。

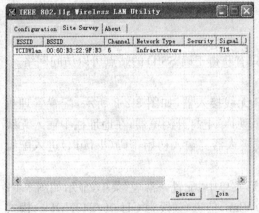

图 3-4-3　在 STA1 和 STA2 上看到无线网络信息

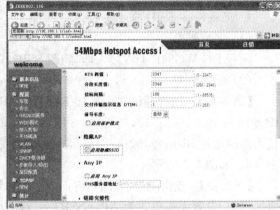

图 3-4-4　配置无线接入器隐藏 SSID

【第五步】　设置 SSID 隐藏。在管理机上登录无线接入器,点击"配置→高级配置"如图 3-4-4 所示页面,勾选上"隐藏 AP"栏下的"启用隐藏 SSID"。点击"应用"完成 SSID 隐藏配置。

【第六步】　在 STA1 和 STA2 上打开 IEEE 802.11g Wireless LAN Utility 软件,在"Site Survey"选项卡中,看不到任何可用无线网络,如图 3-4-5 所示。

【第七步】　假设 STA1 知道隐藏的 SSID,直接在"Configuration"选项卡中,输入 SSID 为 YCIDWlan。点击"Apply"按钮,则发现如图 3-4-6 所示,STA1 已经连接上网络。

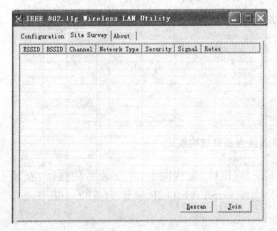

图 3-4-5　SSID 隐藏后状态

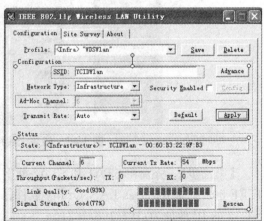

图 3-4-6　STA1 接入 YCIDWlan

【第八步】 假设 STA2 不知道隐藏的 SSID,无法输入正确的 SSID,STA2 也就无法加入该无线网络。

2. MAC 地址过滤技术

(1) 实验要求

通过 MAC 地址过滤,使得可以按照过滤规则,限制无线客户端的接入。

(2) 配置参考

【第一步】 用管理机实物连接 RG-WG54P 无线接入器,如图 3-2-2 所示,配置管理机 IP 地址为 192.168.1.10,如图 3-2-3 所示。在管理 PC 上打开浏览器,在地址栏中输入无线接入器的地址 http://192.168.1.1,登录到无线接入器。输入初始密码(default)进入配置主页面,如图 3-2-5 所示。

【第二步】 点击图 3-2-5 所示界面中左侧树形菜单中"配置→常规"菜单,显示如图 3-4-2 所示界面,设置无线模式为 AP,ESSID 为 YCIDWlan,信道/频段为 CH 06/2437MHz,模式为混合模式。这样将无线接入器配置成基础结构模式无线网络。点击"应用"按钮完成配置。

【第三步】 分别在 STA1 和 STA2 插上 RG-WG54U 无线网卡,并安装驱动程序,安装 IEEE 802.11g Wireless LAN Utility 软件。分别配置 STA1 的 IP 地址为:192.168.1.20,STA2 的 IP 地址为:192.168.1.21。

【第四步】 启动 IEEE 802.11g Wireless LAN Utility 软件,在"Site Survey"选项卡中,可以看到列表中能显示一个可用的无线网络。ESSID 为 YCIDWlan。此时任何看到的用户都可以选择,然后点击"Join"按钮,加入到该无线网络中。

【第五步】 在 STA1 上,通过命令"ipconfig/all"查看无线网卡的 MAC 地址为:00-60-B3-FB-6E-DC,如图 3-4-7 所示。

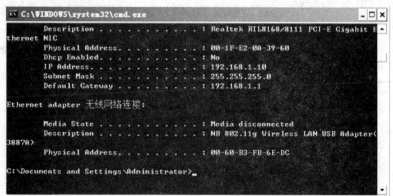

图 3-4-7 查看 STA1 无线网卡 MAC 地址

【第六步】 MAC 地址过滤。在管理机上登录无线接入器,点击"配置→接入控制"如图 3-4-8 所示页面,有三个单选按钮。

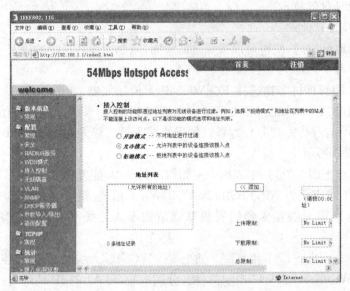

图 3-4-8　MAC 地址过滤页面

- 开放模式,表示不对 MAC 地址进行限制,所有能看到该无线接入器设置的无线网络的主机都可以无限制的加入到该网络中。
- 允许模式,允许下方列表中的设备连接该接入点。不在列表中的一律禁止访问。
- 拒绝模式,列表中的设备不允许接入该无线接入点,其他任何无线设备都可以接入。

为了无线网络安全,我们一般选择允许模式,只有认为安全的无线设备可以接入,其他设备,即使能看到网络,也不能接入。选择"允许模式",在输入框中输入 STA1 无线网卡的 MAC 地址:00:60:B3:FB:6E:DC(按接入点要求格式),点击"添加"按钮,完成 MAC 地址过滤配置。如图 3-4-9 所示,此时可以看到列表中多出一条允许访问的

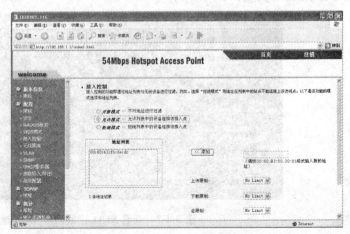

图 3-4-9　添加 MAC 地址过滤

记录,MAC 地址为 00:60:B3:FB:6E:DC。

【第七步】 在 STA1 上启动 IEEE 802.11g Wireless LAN Utility 软件,在"Site Survey"选项卡中,可以看到列表中能显示一个可用的无线网络。选中列表中无线网络,点击"Join"按钮,可以看到如图 3-4-10 所示界面,说明 STA1 可以正常接入到无线网络。在 STA1 上使用 Ping 命令:ping 192.168.1.1,测试 STA1 和无线接入器是否可以正常通信,如图 3-4-11 所示。

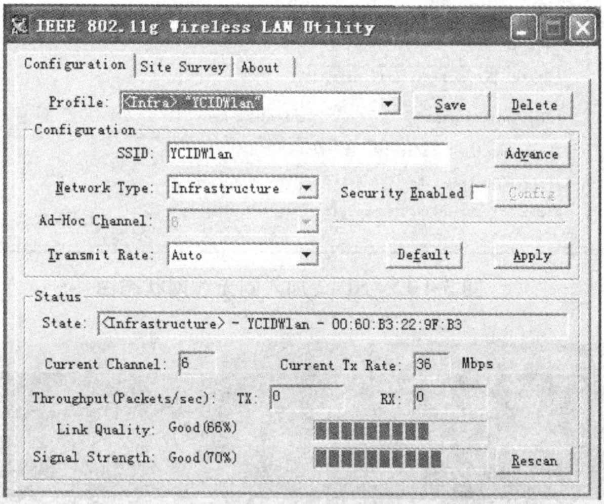

图 3-4-10 STA1 加入到无线网状态图

【第八步】 在 STA2 上启动 IEEE 802.11g Wireless LAN Utility 软件,在"Site Survey"选项卡中,也可以看到列表中能显示一个可用的无线网络。选中列表中无线网络,点击"Join"按钮,可以看到如图 3-4-12 所示界面,说明 STA2 无法正常接入到无线网络。在 STA2 上使用 Ping 命令:ping 192.168.1.1,测试 STA2 和无线接入器无法 PING 通,如图 3-4-13 所示。

图 3-4-11 STA1 PING 无线接入器结果

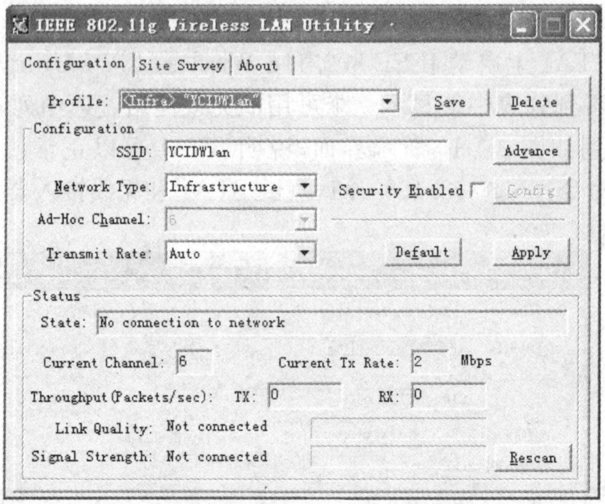

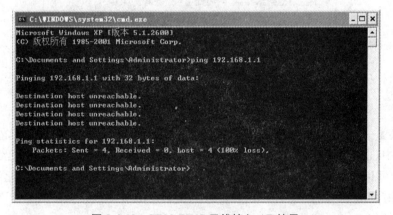

图 3-4-12　STA2 加入到无线网状态图

图 3-4-13　STA2 PING 无线接入 AP 结果

3. WEP 加密技术配置

（1）实验要求

通过 WEP 加密技术，使得只有掌握密码的无线用户才可以接入无线网络正常通信。

（2）配置参考

【第一步】　用管理机实物连接 RG-WG54P 无线接入器，如图 3-2-2 所示，配置管理机 IP 地址为 192.168.1.10，如图 3-2-3 所示。在管理 PC 上打开浏览器，在地址栏中输入无线接入器的地址 http://192.168.1.1，登录到无线接入器。输入初始密码（default）进入配置主页面，如图 3-2-5 所示。

【第二步】　点击图 3-2-5 所示界面中左侧树形菜单中"配置→常规"菜单，显示如图

3-4-2 所示界面,设置无线模式为 AP,ESSID 为 YCIDWlan,信道/频段为 CH 06/2437MHz,模式为混合模式。这样将无线接入器配置成基础结构模式无线网络。点击"应用"按钮完成配置。

【第三步】 分别在 STA1 和 STA2 插上 RG-WG54U 无线网卡,并安装驱动程序,安装 IEEE 802.11g Wireless LAN Utility 软件。分别配置 STA1 的 IP 地址为:192.168.1.20,STA2 的 IP 地址为:192.168.1.21。

【第四步】 启动 IEEE 802.11g Wireless LAN Utility 软件,在"Site Survey"选项卡中,可以看到列表中能显示一个可用的无线网络。ESSID 为 YCIDWlan。此时任何看到的用户都可以选择,然后点击"Jion"按钮,加入到该无线网络中。

【第五步】 在管理机上登录无线接入器,点击"配置→安全",如图 3-4-14 所示页面,配置 WEP 加密,设置网络签证方式为共享密钥,数据加密为 WEP40,密钥格式为 ASCII,密钥 1 为 12345。

图 3-4-14　配置 WEP 加密

【第六步】 在 STA1 上启动 IEEE 802.11g Wireless LAN Utility 软件,在"Site Survey"选项卡中,可以看到列表中能显示一个可用的无线网络,如图 3-4-15 所示。选中列表中无线网络,点击"Join"按钮,弹出对话框要求我们来配置 WEP,如图 3-4-16 所示。

- Authentication Mode (认证模式):Shared(共享密钥);
- Encryption Mode(加密模式):WEP;
- Format for entering key(输入密钥格式):ASCII characters(ASCII 字符);
- Key Index(密钥序号):1(与 RG-WG54P 上设置相同);
- Network Key(密钥):与 RG-WG54P 上设置密钥相同(如"12345");

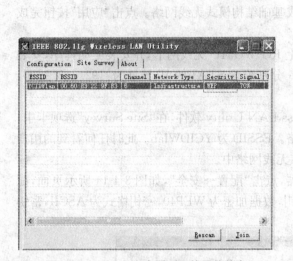 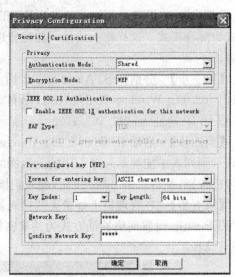

图 3-4-15　STA1 上查看到无线网络信息　　图 3-4-16　STA1 加入无线网络的 WEP 配置

● Confirm Network Key(确认密钥)：与 RG-WG54P 上设置密钥相同(如"12345")。
单击"确定"按钮返回，这时可以看到无线网络已经连接。如图 3-4-17 所示。

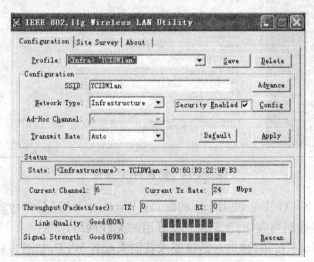

图 3-4-17　STA1 正确加入到无线网络状态图

通过 STA1 来 Ping 无线接入器结果如图 3-4-18 所示。

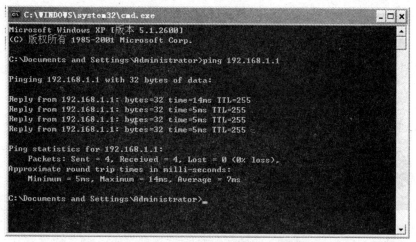

图 3-4-18　STA1 PING 无线接入器结果

【第七步】 在 STA2 上启动 IEEE 802.11g Wireless LAN Utility 软件,在"Site Survey"选项卡中,可以看到列表中能显示一个可用的无线网络,如图 3-4-15 所示。选中列表中无线网络,点击"Join"按钮,弹出对话框要求我们来配置 WEP。如图 3-4-16 所示。输入密码与无线接入器上设置的不一致,如:abcde。确定后看到状态如图 3-4-19 所示。

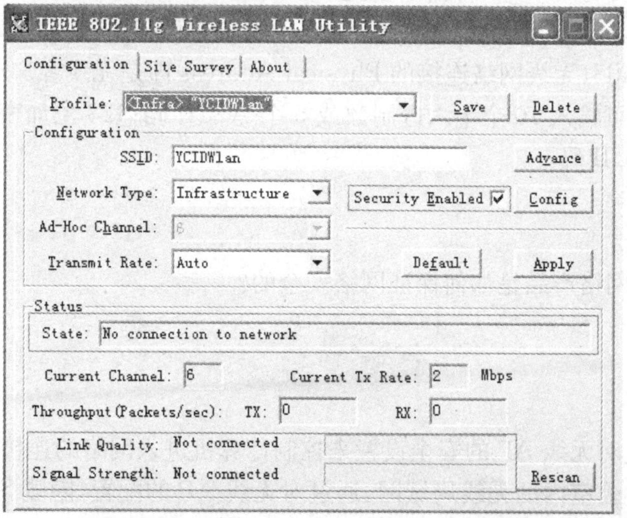

图 3-4-19　STA2 密码不对无法加入到无线网络

通过 STA2 来 PING 无线接入器,结果如图 3-4-20 所示。

```
C:\WINDOWS\system32\cmd.exe

Microsoft Windows XP [版本 5.1.2600]
(C) 版权所有 1985-2001 Microsoft Corp.

C:\Documents and Settings\Administrator>ping 192.168.1.1

Pinging 192.168.1.1 with 32 bytes of data:

Destination host unreachable.
Destination host unreachable.
Destination host unreachable.
Destination host unreachable.

Ping statistics for 192.168.1.1:
    Packets: Sent = 4, Received = 0, Lost = 4 (100% loss),

C:\Documents and Settings\Administrator>_
```

图 3-4-20 STA2 PING 无线接入 AP 的结果

五、实验注意事项

（1）物理连接时 RG-WG54P 没有电源口，通过专门的电源模块网口来供电的，连线时需要两根直通线连接，一根连接 RG-WG54P 和电源模块的 AP 口，一根连接电源模块的 NETWORK 口和管理 PC，或者是局域网。

（2）管理 PC、STA1、STA2 都需要设置默认网关，其网关地址为无线 AP 的 IP 地址。

（3）无线客户端 MAC 地址的查看方法。"开始"→"运行"，输入"cmd"，单击"确定"按钮，输入"ipconfig/all"，无线网络连接的 Physical Address 即是无线客户端 MAC 地址。

（4）40 位加密可输入 10 个十六进制数或 5 个 ASCII 码；128 位加密可输入 26 个十六进制数或 13 个 ASCII 码。

六、拓展训练

其他主流无线网络产品是如何保证网络安全的？

习　题

1. 常见的通过对无线 AP 的安全设置来控制计算机进入网络的连接方式有哪些？
2. 搭建一个办公室内的无线局域网，通过对无线 AP 的配置，隐藏 SSID，实现对 MAC 地址的绑定，并且设置无线通信密码为 abcde。并且使用 DHCP 动态方式分配 IP 地址。地址池为：192.168.1.2～192.168.1.30。

第四章 综合训练

实验 4.1 企业双出口网络

一、背景描述

某高校为了保证网络出口的稳定可靠,向 ISP 申请了两条 Internet 线路,用这两条线路实现负载均衡和冗余备份。同时为了保证网络的安全可靠,建成的网络要具有防止 DDOS 攻击和抗蠕虫病毒扩展的能力。网络的可管理性也是要考虑的因素。

二、网络拓扑

实际网络拓扑如图 4-1-1 所示。

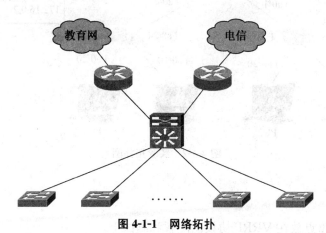

图 4-1-1 网络拓扑

三、需求分析

(1) 为实现两条 Internet 线路的冗余备份和负载均衡,可使用 VRRP 技术。

(2) 为保证网络的安全可靠性,可使用 VLAN 技术,合理规划网络的管理范围,同时可使用 ACL 技术实现对蠕虫病毒的过滤。

(3) 为方便网络管理,可给所有交换机配备管理用地址,从而实现远程管理。

四、实验环境及实验拓扑

（1）二层交换机 STAR-S2126G 两台；
（2）RG-1762 两台；
（3）三层交换机 RG-S3760 一台；
（4）PC 机六台。
实验拓扑结构如图 4-1-2 所示。

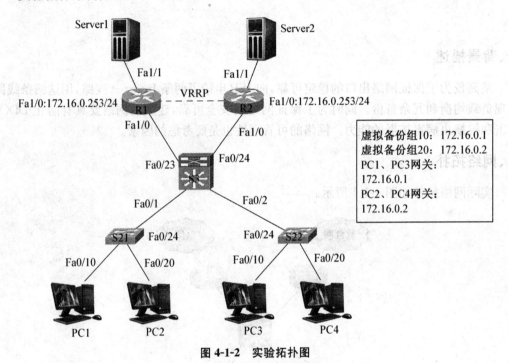

图 4-1-2 实验拓扑图

五、配置步骤

说明：本实验重点放在 VRRP 协议的配置和测试上。

【第一步】 设备基本配置及连通性测试

1. 配置交换机 S21

```
switch# configure terminal
switch(config)# hostname S21
S21(config)#
```

2. 配置交换机 S22

```
switch#configure terminal
switch(config)#hostname S22
S22(config)#
```

3. 配置交换机 S3

```
switch#configure terminal
switch(config)#hostname S3
S3(config)#
```

4. 配置路由器 R1

```
router#configure terminal
router(config)#hostname R1
R1(config)#enable password yctc
R1(config)#interface fastEthernet 1/0
R1(config-if)#ip address 172.16.0.254 255.255.255.0
R1(config-if)#no shutdown
R1(config-if)#exit
R1(config)#line vty 0 4
R1(config-line)#password yctc
R1(config-line)#login
```

5. 配置路由器 R2

```
router#configure terminal
router(config)#hostname R2
R2(config)#enable password yctc
R2(config)#interface fastethernet 1/0
R2(config-if)#ip address 172.16.0.253 255.255.255.0
R2(config-if)#no shutdown
R2(config-if)#exit
R2(config)#line vty 0 4
R2(config-line)#password yctc
R2(config-line)#login
```

6. 网络连通性测试

```
R1#ping 172.16.0.253
Sending 5, 100-byte ICMP Echoes to 172.16.0.253, timeout is 2 seconds:
   <press Ctrl+C to break>
```

!!!!!
Success rate is 100 percent (5/5), round-trip min/avg/max = 1/1/1 ms
R2#ping 172.16.0.254
Sending 5, 100-byte ICMP Echoes to 172.16.0.254, timeout is 2 seconds:
   < press Ctrl+C to break >
!!!!!
Success rate is 100 percent (5/5), round-trip min/avg/max = 1/1/1 ms

【第二步】 在路由器上配置 VRRP 功能

虚拟备份组的 IP 地址如图 4-1-2 所示。

1. 路由器 R1 的配置

```
R1(config)#interface fastethernet 1/0
R1(config-if)#vrrp 10 priority 110
R1(config-if)#vrrp 10 ip 172.16.0.1
R1(config-if)#vrrp 20 ip 172.16.0.2
```

2. 路由器 R2 的配置

```
R2(config)#interface fastethernet 1/0
R2(config-if)#vrrp 10 ip 172.16.0.1
R2(config-if)#vrrp 20 priority 150
R2(config-if)#vrrp 20 ip 172.16.0.2
```

3. VRRP 的验证

通过上述配置,虚拟组 10 以 R1 为主路由器,R2 为备份路由器;虚拟组 20 以 R2 为主路由器,R1 为备份路由器。验证如下:

```
R1#show vrrp brief
Interface           Grp Pri Time   Own Pre State    Master addr    Group addr
FastEthernet 1/0    10  110  -   -    P  Master   172.16.0.254   172.16.0.1
FastEthernet 1/0    20  100  -   -    P  Backup   172.16.0.253   172.16.0.2
R2#show vrrp brief
Interface           Grp Pri Time   Own Pre State    Master addr    Group addr
FastEthernet 1/0    10  100  -   -    P  Backup   172.16.0.254   172.16.0.1
FastEthernet 1/0    20  150  -   -    P  Master   172.16.0.253   172.16.0.2
R1#show vrrp
FastEthernet 1/0 - Group 10
  State is Master
  Virtual IP address is 172.16.0.1 configured
  Virtual MAC address is 0000.5e00.010a
```

    Advertisement interval is 1 sec
    Preemption is enabled
      min delay is 0 sec
    Priority is 110
    Master Router is 172.16.0.254 (local), priority is 110
    Master Advertisement interval is 1 sec
    Master Down interval is 3 sec
FastEthernet 1/0 - Group 20
    State is Backup
    Virtual IP address is 172.16.0.2 configured
    Virtual MAC address is 0000.5e00.0114
    Advertisement interval is 1 sec
    Preemption is enabled
      min delay is 0 sec
    Priority is 100
    Master Router is 172.16.0.253, pritority is 150
    Master Advertisement interval is 1 sec
    Master Down interval is 3 sec

R2#show vrrp
FastEthernet 1/0 - Group 10
    State is Backup
    Virtual IP address is 172.16.0.1 configured
    Virtual MAC address is 0000.5e00.010a
    Advertisement interval is 1 sec
    Preemption is enabled
      min delay is 0 sec
    Priority is 100
    Master Router is 172.16.0.254, pritority is 110
    Master Advertisement interval is 1 sec
    Master Down interval is 3 sec
FastEthernet 1/0 - Group 20
    State is Master
    Virtual IP address is 172.16.0.2 configured
    Virtual MAC address is 0000.5e00.0114
    Advertisement interval is 1 sec
    Preemption is enabled
      min delay is 0 sec

```
        Priority is 150
        Master Router is 172.16.0.253 (local),priority is 150
        Master Advertisement interval is 1 sec
        Master Down interval is 3 sec
```

4. 网络连通性测试

对于连接到 S21 和 S22 上的主机,可设置它们的地址为 172.16.0.3/24～172.16.0.252 之间,网关可设置为 172.16.0.1 或 172.16.0.2。

经测试可 ping 通任意一个虚拟网关。

Ethernet adapter 本地连接:

```
        Connection-specific DNS Suffix  . :
        IP Address. . . . . . . . . . . : 172.16.0.3
        Subnet Mask . . . . . . . . . . : 255.255.255.0
        Default Gateway . . . . . . . . : 172.16.0.1
```

```
        C:\>ping 172.16.0.1
        Pinging 172.16.0.1 with 32 bytes of data:
        Reply from 172.16.0.1:bytes=32 time<1ms TTL=63
        Reply from 172.16.0.1:bytes=32 time<1ms TTL=63
        Reply from 172.16.0.1:bytes=32 time<1ms TTL=63
        Reply from 172.16.0.1:bytes=32 time<1ms TTL=63
```

```
        C:\>ping 172.16.0.2
        Pinging 172.16.0.2 with 32 bytes of data:
        Reply from 172.16.0.2:bytes=32 time<1ms TTL=63
        Reply from 172.16.0.2:bytes=32 time<1ms TTL=63
        Reply from 172.16.0.2:bytes=32 time<1ms TTL=63
        Reply from 172.16.0.2:bytes=32 time<1ms TTL=63
```

【第三步】 VRRP 功能测试

根据 VRRP 的功能,在主路由器失效的情况下,备份会在一定时间内切换为主路由器。在启动了抢占模式后,在路由器故障恢复后,VRRP 会重新计算,主路由器切换到备份状态,故障路由器为主状态。

1. 网络正常运行情况下

```
        R1#show vrrp brief
        Interface           Grp Pri Time  Own Pre State   Master addr    Group addr
        FastEthernet 1/0    10  110   -    -   P  Master  172.16.0.254   172.16.0.1
        FastEthernet 1/0    20  100   -    -   P  Backup  172.16.0.253   172.16.0.2
```

```
R2#show vrrp brief
Interface         Grp Pri Time  Own Pre State   Master addr    Group addr
FastEthernet 1/0  10  100  -    -   P   Backup  172.16.0.254   172.16.0.1
FastEthernet 1/0  20  150  -    -   P   Master  172.16.0.253   172.16.0.2
```

2. R1 出现故障的情况

可将三层交换机 S3 与路由器 R1 间的线路拔掉来人为制造故障。并用带参数-t 的命令进行测试,观察丢包的情况。

```
R1#show vrrp brief
Interface         Grp Pri Time  Own Pre State  Master addr  Group addr
FastEthernet 1/0  10  110  -    -   P   Init   0.0.0.0      172.16.0.1
FastEthernet 1/0  20  100  -    -   P   Init   0.0.0.0      172.16.0.2
```

```
R2#show vrrp brief
Interface         Grp Pri Time  Own Pre State   Master addr    Group addr
FastEthernet 1/0  10  100  -    -   P   Master  172.16.0.253   172.16.0.1
FastEthernet 1/0  20  150  -    -   P   Master  172.16.0.253   172.16.0.2
```

3. 当 R1 恢复正常后的情况

```
R2#show vrrp brief
Interface         Grp Pri Time  Own Pre State   Master addr    Group addr
FastEthernet 1/0  10  100  -    -   P   Backup  172.16.0.254   172.16.0.1
FastEthernet 1/0  20  150  -    -   P   Master  172.16.0.253   172.16.0.2
```

```
R1#show vrrp brief
Interface         Grp Pri Time  Own Pre State   Master addr    Group addr
FastEthernet 1/0  10  110  -    -   P   Master  172.16.0.254   172.16.0.1
FastEthernet 1/0  20  100  -    -   P   Backup  172.16.0.253   172.16.0.2
```

整个过程中,数据包的丢包情况和连接变化情况如下:

```
C:\>ping 172.16.0.1 -t
Pinging 172.16.0.1 with 32 bytes of data:
```

R1 工作正常的情况

```
Reply from 172.16.0.1: bytes=32 time<1ms TTL=63
Reply from 172.16.0.1: bytes=32 time<1ms TTL=63
Reply from 172.16.0.1: bytes=32 time<1ms TTL=63
```

```
Reply from 172.16.0.1: bytes=32 time<1ms TTL=63
Reply from 172.16.0.1: bytes=32 time<1ms TTL=63
Reply from 172.16.0.1: bytes=32 time<1ms TTL=63
```

R1 出现故障

```
Request timed out.
Reply from 172.16.0.1: bytes=32 time<1ms TTL=63
Reply from 172.16.0.1: bytes=32 time<1ms TTL=63
Reply from 172.16.0.1: bytes=32 time<1ms TTL=63
Reply from 172.16.0.1: bytes=32 time<1ms TTL=63
Reply from 172.16.0.1: bytes=32 time<1ms TTL=63
```

R1 恢复正常

```
Request timed out.
Reply from 172.16.0.1: bytes=32 time<1ms TTL=63
Reply from 172.16.0.1: bytes=32 time<1ms TTL=63
Reply from 172.16.0.1: bytes=32 time<1ms TTL=63
```

实验 4.2　单核心网络

一、背景描述

某高校要在新校区构建网络系统,建设目标是要实现办公自动化、业务综合管理、多媒体视频会议、信息发布和信息查询、内外网互通。既要方便用户使用网络资源,也要保证特殊部门的安全需求(如财务处)。既要保证网络方便管理和控制,也要保证主干网络的数据流量的高速流动。

二、网络拓扑

网络的实际拓扑如图 4-2-1 所示。

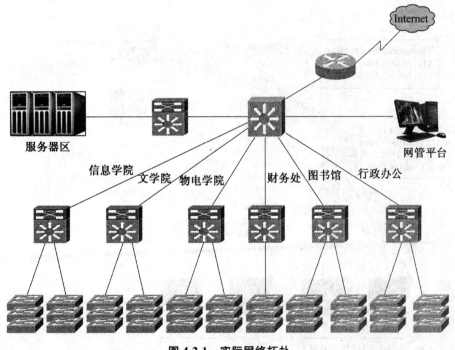

图 4-2-1　实际网络拓扑

三、需求分析

（1）为了保证网络便于管理，同时考虑主干线路的高速率运行。系统可采用三级设计模式，即核心层、汇聚层和接入层。

（2）为了解决部门间的安全控制，可使用 VLAN 分隔不同部门的流量。

（3）由于网络规模较大，部门较多，可考虑多区域动态路由协议 OSPF。

（4）为便于管理，可给每台设备配置管理地址。

（5）为了解决地址空间不足的问题，可考虑内部使用私有地址，通过 NAT 技术实现与外部网络的通信。

四、实验环境及实验拓扑

（1）二层交换机 STAR-S2126G 四台；

（2）RG-1762 一台；

（3）三层交换机 RG-S3760 三台；

（4）PC 机六台。

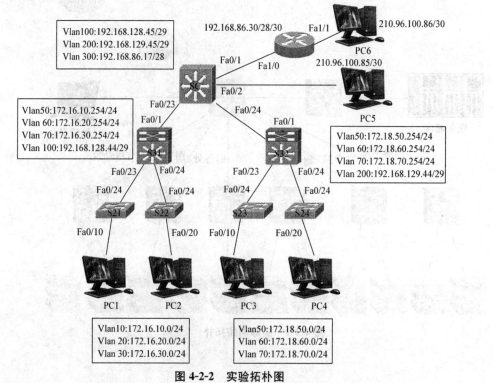

图 4-2-2　实验拓扑图

五、实验步骤

【第一步】 网络设备的基本配置

1. S21 基本配置

```
Switch#configure terminal
Switch(config)#hostname S21
```

划分三个虚网

```
S21(config)#vlan 10
S21(config-vlan)#vlan 20
S21(config-vlan)#vlan 30
S21(config-vlan)#exit
S21(config)#enable secret level 1 0 yctc
S21(config)#enable secret level 15 0 yctc
```

将相应端口划分到相应虚网

```
S21(config)#interfac range fastEthernet 0/1-10
S21(config-if-range)#switchport access vlan 10
S21(config-if-range)#interface range fastethernet 0/11-20
S21(config-if-range)#switchport access vlan 20
S21(config-if-range)#interface range fastethernet 0/21-22
S21(config-if-range)#switchport access vlan 30
S21(config-if-range)#exit
```

配置主干

```
S21(config)#interface fastEthernet 0/24
S21(config-if)#switchport mode trunk
```

设置交换机管理地址

```
S21(config-if)#int vlan 1
S21(config-if)#ip address 192.168.0.1 255.255.255.0
S21(config-if)#no shut
S21(config-if)#exit
S21(config)#ip default-gateway 192.168.0.254
S21(config)#end
```

2. 交换机 S22 的基本配置

```
sw3#configure terminal
sw3(config)#hostname S22
S22(config)#vlan 10
S22(config-vlan)#vlan 20
S22(config-vlan)#vlan 30
S22(config-vlan)#exit
S22(config)#enable secret level 1 0 yctc
S22(config)#enable secret level 15 0 yctc
S22(config)#interface range fastEthernet 0/1-10
S22(config-if-range)#switchport access vlan 10
S22(config-if-range)#exit
S22(config)#interface range fastEthernet 0/11-20
S22(config-if-range)#switchport access vlan 20
S22(config-if-range)#exit
S22(config)#interface range fastEthernet 0/21-22
S22(config-if-range)#switchport access vlan 30
S22(config-if-range)#exit
S22(config)#interface fastEthernet 0/24
S22(config-if)#switchport mode trunk
S22(config-if)#exit
S22(config)#interface vlan 1
S22(config-if)#ip address 192.168.0.2 255.255.255.0
S22(config-if)#no shut
S22(config-if)#exit
S22(config)#ip default-gateway 192.168.0.254
S22(config)#end
```

3. 交换机 S23 的基本配置

```
sw4#conf t
sw4(config)#hostname S23
S23(config)#vlan 50
S23(config-vlan)#vlan 60
S23(config-vlan)#vlan 70
S23(config-vlan)#exit
S23(config)#enable secret level 1 0 yctc
S23(config)#enable secret 15 0 yctc
S23(config)#enable secret level 15 0 yctc
```

```
S23(config)#interface range fastEthernet 0/1-10
S23(config-if-range)#switchport access vlan 50
S23(config-if-range)#exit
S23(config)#interface range fastEthernet 0/11-20
S23(config-if-range)#switchport access vlan 60
S23(config-if-range)#exit
S23(config)#interface range fastEthernet 0/21-22
S23(config-if-range)#switchport access vlan 70
S23(config-if-range)#exit
S23(config)#interface fastEthernet 0/24
S23(config-if)#switchport mode trunk
S23(config-if)#exit
S23(config)#interface vlan 1
S23(config-if)#ip address 192.168.0.3 255.255.255.0
S23(config-if)#no shut
S23(config-if)#exit
S23(config)#ip default-gateway 192.168.0.254
S23(config)#end
```

4. 交换机 S24 的基本配置

```
SW3#configure terminal
SW3(config)#hostname S24
S24(config)#vlan 50
S24(config-vlan)#vlan 60
S24(config-vlan)#vlan 70
S24(config-vlan)#vlan 200
S24(config-vlan)#exit
S24(config)#enable secret level 1 0 yctc
S24(config)#enable secret level 15 0 yctc
S24(config)#interface range fastEthernet 0/1-10
S24(config-if-range)#switchport access vlan 50
S24(config-if-range)#exit
S24(config)#interface range fastEthernet 0/11-20
S24(config-if-range)#switchport access vlan 60
S24(config-if-range)#exit
S24(config)#interface range fastEthernet 0/21-22
S24(config-if-range)#switchport access vlan 70
S24(config-if-range)#exit
```

```
S24(config)#interface vlan 1
S24(config-if)#ip address 192.168.0.4 255.255.255.0
S24(config-if)#no shutdown
S24(config-if)#exit
S24(config)#ip default-gateway 192.168.0.254
S24(config)#end
```

5. 交换机 S31 的基本配置

```
S31#configure t
S31(config)#vlan 10
S31(config-vlan)#vlan 20
S31(config-vlan)#vlan 30
S31(config-vlan)#vlan 100
S31(config-vlan)#exit
S31(config)#interface fastEthernet 0/23
S31(config-if)#switchport mode trunk
S31(config-if)#exit
S31(config)#interface fastEthernet 0/24
S31(config-if)#switchport mode trunk
S31(config-if)#exit
S31(config)#interface fastEthernet 0/1
S31(config-if)#switchport mode trunk
S31(config-if)#exit
S31(config)#interface vlan 1
S31(config-if)#ip address 192.168.0.5 255.255.255.0
S31(config-if)#no shut
S31(config-if)#exit
```

给相应虚网配置 IP 地址,并作为相应虚网主机的网关

```
S31(config)#interface vlan 10
S31(config-if)#ip address 172.16.10.254 255.255.255.0
S31(config-if)#no shutdown
S31(config-if)#exit
S31(config)#interface vlan 20
S31(config-if)#ip address 172.16.20.254 255.255.255.0
S31(config-if)#no shut
S31(config-if)#exit
S31(config)#interface vlan 30
```

实验 4.2 单核心网络

```
S31(config-if)# ip address 172.16.30.254 255.255.255.0
S31(config-if)# no shutdown
S31(config-if)# exit
S31(config)# interface vlan 100
S31(config-if)# ip address 192.168.128.44 255.255.255.248
S31(config-if)# no shutdown
S31(config-if)# exit
```

6. 交换机 S32 的基本配置

```
s37602# configure t
s37602(config)# hostname S32
S32(config)# vlan 50
S32(config-vlan)# vlan 60
S32(config-vlan)# vlan 70
S32(config-vlan)# vlan 200
S32(config-vlan)# exit
S32(config)# enable secret level 1 0 yctc
S32(config)# enable secret level 15 0 yctc
S32(config)# interface fastEthernet 0/1
S32(config-if)# switchport mode trunk
S32(config-if)# exit
S32(config)# interface fastEthernet 0/23
S32(config-if)# switchport mode trunk
S32(config-if)# exit
S32(config)# interface fastEthernet 0/24
S32(config-if)# switchport mode trunk
S32(config-if)# exit
S32(config)# interface vlan 1
S32(config-if)# ip address 192.168.0.6 255.255.255.0
S32(config-if)# no shut
S32(config-if)# exit
S32(config)# interface vlan 50
S32(config-if)# ip address 172.18.50.254 255.255.255.0
S32(config-if)# no shut
S32(config-if)# exit
S32(config)# interface vlan 60
S32(config-if)# ip address 172.18.60.254 255.255.255.0
S32(config-if)# no shutdown
```

```
S32(config-if)#exit
S32(config)#interface vlan 70
S32(config-if)#ip address 172.18.70.254 255.255.255.0
S32(config-if)#no shutdown
S32(config-if)#exit
S32(config)#interface vlan 200
S32(config-if)#ip address 192.168.129.44 255.255.255.248
S32(config-if)#no shutdown
S32(config-if)#exit
```

7. 交换机 SC 的基本配置

```
sw1#configure t
sw1(config)#hostname SC
SC(config)#enable secret level 1 0 yctc
SC(config)#enable secret level 15 0 yctc
SC(config)#interface fastEthernet 0/23
SC(config-if)#switchport mode trunk
SC(config-if)#exit
SC(config)#interface fastEthernet 0/24
SC(config-if)#switchport mode trunk
SC(config-if)#exit
SC(config)#interface fastEthernet 0/1
SC(config-if)#switchport access vlan 300
%Warning：Access VLAN does not exist. Creating vlan 300
SC(config-if)#exit
SC(config)#interface vlan 1
SC(config-if)#ip address 192.168.0.254 255.255.255.0
SC(config-if)#no shutdown
SC(config-if)#exit
SC(config)#vlan 100
SC(config-vlan)#exit
SC(config)#interface vlan 100
SC(config-if)#ip address 192.168.128.45 255.255.255.248
SC(config-if)#no shutdown
SC(config-if)#exit
SC(config)#vlan 200
SC(config-vlan)#exit
SC(config)#interface vlan 200
```

```
SC(config-if)# ip address 192.168.129.45 255.255.255.248
SC(config-if)# no shutdown
SC(config-if)# exit
SC(config)# interface vlan 300
SC(config-if)# ip address 192.168.86.17 255.255.255.240
SC(config-if)# no shutdown
SC(config-if)# end
```

8. 路由器 R1 的基本配置

```
router1# configure t
router1(config)# hostname R1
R1(config)# enable password yctc
R1(config)# interface fastEthernet 1/0
R1(config-if)# ip address 192.168.86.30 255.255.255.240
R1(config-if)# no shutdown
R1(config-if)# ip nat inside
R1(config-if)# exit
R1(config)# interface fastEthernet 1/1
R1(config-if)# ip address 210.96.100.85 255.255.255.252
R1(config-if)# no shutdown
R1(config-if)# ip nat outside
R1(config-if)# exit
R1(config)# line vty 0 4
R1(config-line)# password yctc
R1(config-line)# login
```

【第二步】 OSPF 路由选择协议配置测试

1. 交换机 S31 的 OSPF 路由协议配置

```
S31(config)# router ospf
S31(config-router)# area 0.0.0.0
S31(config-router)# network 172.16.10.0 255.255.255.0 area 0.0.0.0
S31(config-router)# network 172.16.20.0 255.255.255.0 area 0.0.0.0
S31(config-router)# network 172.16.30.0 255.255.255.0 area 0.0.0.0
S31(config-router)# network 192.168.128.40 255.255.255.248 area 0.0.0.0
S31(config-router)#
```

2. 交换机 S32 的 OSPF 路由协议配置

```
S32#conf t
Enter configuration commands, one per line.  End with CNTL/Z.
S32(config)#router ospf
S32(config-router)#area 0.0.0.0
S32(config-router)#network 172.18.50.0 255.255.255.0 area 0.0.0.0
S32(config-router)#network 172.18.60.0 255.255.255.0 area 0.0.0.0
S32(config-router)#network 172.18.70.0 255.255.255.0 area 0.0.0.0
S32(config-router)#network 192.168.129.40 255.255.255.248 area 0.0.0.0
S32(config-router)#
```

3. 交换机 SC 的 OSPF 路由协议的配置

```
SC(config)#router ospf
SC(config-router)#area 0.0.0.0
SC(config-router)#network 192.168.86.16 255.255.255.0 area 0.0.0.0
SC(config-router)#network 192.168.128.40 255.255.255.248 area 0.0.0.0
SC(config-router)#network 192.168.129.40 255.255.255.248 area 0.0.0.0
SC(config-router)#
```

4. 路由器 R1 的 OSPF 路由协议的配置

```
R1(config)#router ospf
R1(config-router)#network 210.96.100.84 0.0.0.3 area 0.0.0.0
R1(config-router)#network 192.168.86.16 0.0.0.15 area 0.0.0.0
R1(config-router)#default-information originate always
R1(config-router)#
```

5. OSPF 配置验证

这里以交换机 S31 的验证为例。其他交换机和路由器的验证方法相同。重点关注是否学习到所有非连网络的信息。

(1) 查看路由表,应该有 7 个非直连网络的信息。

```
S31#show ip route
Type:  C - connected, S - static, R - RIP, O - OSPF, IA - OSPF inter area
       N1 - OSPF NSSA external type 1, N2 - OSPF NSSA external type 2
       E1 - OSPF external type 1, E2 - OSPF external type 2

Type Destination IP     Next hop      Interface Distance Metric    Status
---- -----------------  ------------  --------- -------- -------   -------
```

O E2	0.0.0.0/0	192.168.128.45	VL100	110	1	Active
C	172.16.10.0/24	0.0.0.0	VL10	0	0	Active
C	172.16.20.0/24	0.0.0.0	VL20	0	0	Active
C	172.16.30.0/24	0.0.0.0	VL30	0	0	Active
O	172.18.50.0/24	192.168.128.45	VL100	110	3	Active
O	172.18.60.0/24	192.168.128.45	VL100	110	3	Active
O	172.18.70.0/24	192.168.128.45	VL100	110	3	Active
C	192.168.0.0/24	0.0.0.0	VL1	0	0	Active
O	192.168.86.16/28	192.168.128.45	VL100	110	2	Active
C	192.168.128.40/29	0.0.0.0	VL100	0	0	Active
O	192.168.129.40/29	192.168.128.45	VL100	110	2	Active
O	210.96.100.84/30	192.168.128.45	VL100	110	3	Active

(2) 查看 S31 的邻居

```
S31#show ip ospf neighbor
Neighbor ID      Pri  State       DeadTime  Address         Interface
--------------- ---  -----------  --------  --------------- ---------
192.168.129.45   1   full/BDR     00:00:33  192.168.128.45  VL100
```

【第三步】 测试网络连通性

主要测试网络连通性以及不同 VLAN 用户间的连通性。

1. 网络连通性测试

将 vlan 10 内用户的主机地址设为 172.16.10.195/24,并将网关地址设为 172.16.10.254。然后测试到各个网络的连通性。举例如下:

```
C:\>ping 192.168.128.44
Pinging 192.168.128.44 with 32 bytes of data:
Reply from 192.168.128.44: bytes=32 time<1ms TTL=64
Reply from 192.168.128.44: bytes=32 time<1ms TTL=64
Reply from 192.168.128.44: bytes=32 time<1ms TTL=64
Reply from 192.168.128.44: bytes=32 time<1ms TTL=64
```

```
C:\>ping 192.168.86.17
Pinging 192.168.86.17 with 32 bytes of data:
Reply from 192.168.86.17: bytes=32 time<1ms TTL=63
Reply from 192.168.86.17: bytes=32 time<1ms TTL=63
Reply from 192.168.86.17: bytes=32 time<1ms TTL=63
Reply from 192.168.86.17: bytes=32 time<1ms TTL=63
```

```
C:\>ping 210.96.100.85
Pinging 210.96.100.85 with 32 bytes of data:
Reply from 210.96.100.85: bytes=32 time<1ms TTL=61
Reply from 210.96.100.85: bytes=32 time<1ms TTL=61
Reply from 210.96.100.85: bytes=32 time<1ms TTL=61
Reply from 210.96.100.85: bytes=32 time<1ms TTL=61
```

2. 测试各 VLAN 主机间的通信

这里以 vlan 10 和 vlan 50 主机间的通信为例。将 vlan 50 中的主机 IP 地址设置为 172.18.50.195,并将网关设置为 172.18.50.254。测试结果如下:

```
C:\>ping 172.18.50.195
Pinging 172.18.50.195 with 32 bytes of data:
Reply from 172.18.50.195: bytes=32 time<1ms TTL=125
Reply from 172.18.50.195: bytes=32 time<1ms TTL=125
Reply from 172.18.50.195: bytes=32 time<1ms TTL=125
Reply from 172.18.50.195: bytes=32 time<1ms TTL=125
```

【第四步】 NAT 功能配置及测试

1. 在 R1 上配置 NAT 功能

```
R1(config)#access-list 10 permit any
R1(config)#ip nat inside source list 10 interface fastEthernet 1/1 overload
R1(config)#interface fastEthernet 1/0
R1(config-if)#ip nat inside
R1(config-if)#exit
R1(config)#interface fastEthernet 1/1
R1(config-if)#ip nat outside
```

2. 测试 NAT 功能

为便于测试,将 PC6 的 IP 地址设置为 210.96.100.86。以模拟外网环境。

(1) 查看地址转换信息

分别从 vlan 10 和 vlan 50 中的主机 ping PC6。

```
R1#show ip nat translations
Pro  Inside global      Inside local      Outside local     Outside global
icmp 210.96.100.85      172.16.10.195     210.96.100.86     210.96.100.86
```

```
R1#show ip nat translations
Pro  Inside global      Inside local      Outside local     Outside global
icmp 210.96.100.85      172.18.50.195     210.96.100.86     210.96.100.86
```

(2) 打开 NAT 的调试功能

从 vlan 10 中的主机 PC1 ping PC5,观察到的信息如下所示。

```
R1# debug ip nat
NAT: [A] pk 0x03f60064 s 172.16.10.195->210.96.100.85:512 [10511]
NAT: [B] pk 0x03f65734 d 210.96.100.85->172.16.10.195:512 [9714]
NAT: [A] pk 0x03f5f228 s 172.16.10.195->210.96.100.85:512 [10512]
NAT: [B] pk 0x03f50104 d 210.96.100.85->172.16.10.195:512 [9716]
NAT: [A] pk 0x03f6244c s 172.16.10.195->210.96.100.85:512 [10513]
NAT: [B] pk 0x03f64754 d 210.96.100.85->172.16.10.195:512 [9718]
NAT: [A] pk 0x03f50794 s 172.16.10.195->210.96.100.85:512 [10514]
NAT: [B] pk 0x03f60898 d 210.96.100.85->172.16.10.195:512 [9720]
```

(3) 打开 NAT 的地址调试功能

从 vlan 10 中的主机 PC1 ping PC5,观察到的信息如下所示。

```
R1# debug ip nat address
R1# NAT: address:port for use to translation
  210.96.100.85 : 0
NAT: address:port for use to translation
  210.96.100.85 : 0
NAT: address:port for use to translation
  210.96.100.85 : 0
NAT: address:port for use to translation
  210.96.100.85 : 0
```